JN271032

EiC 電子情報通信学会編

新版 光デバイス

東京工業大学名誉教授　工学博士
末 松 安 晴

電子情報通信学会
大学シリーズ
E-4

コロナ社

電子通信学会教科書委員会

委員長	前長岡技術科学大学長 元東京工業大学長	工学博士	川上 正光	
副委員長	早稲田大学教授	工学博士	平山 博	
	芝浦工業大学学長 東京大学名誉教授	工学博士	柳井 久義	
幹事長兼 企画委員長	東京工業大学教授	工学博士	岸 源也	
幹事	慶応義塾大学教授	工学博士	相磯 秀夫	
	東京大学教授	工学博士	菅野 卓雄	
	早稲田大学教授	工学博士	堀内 和夫	
企画委員	東京大学教授	工学博士	神谷 武志	
	東京工業大学教授	工学博士	末松 安晴	
	東京工業大学教授	工学博士	当麻 喜弘	
	早稲田大学教授	工学博士	富永 英義	
	東京大学教授	工学博士	宮川 洋	

(五十音順)

序

　当学会が"電子通信学会大学講座"を企画刊行したのは約20年前のことであった．その当時のわが国の経済状態は，現在からみるとまことに哀れなものであったといわざるを得ない．それが現在のようなかりにも経済大国といわれるようになったことは，全国民の勤勉努力の賜物であることはいうまでもないが，上記大学講座の貢献も大きかったことは，誇ってもよいと思うものである．そのことは37種，総計約100万冊を刊行した事実によって裏付けされよう．

　ところで，周知のとおり，電子工学，通信工学の進歩発展はまことに目覚ましいものであるため，さしもの"大学講座"も現状のままでは時代の要請にそぐわないものが多くなり，わが学会としては全面的にこれを新しくすることとした．このような次第で新しく刊行される"大学シリーズ"は従来のとおり電子工学，通信工学の分野は勿論のこと，さらに関連の深い情報工学，電力工学の分野をも包含し，これら最新の学問・技術を特に平易に叙述した学部レベルの教科書を目指し，1冊当りは大学の講義2単位を標準として全62巻を刊行することとした．

　当委員会として特に意を用いたことの一つは，これら62巻の著者の選定であって，当該科目を講義した経験があること，また特定の大学に集中しないことなどに十分意を尽したつもりである．

　次に修学上の心得を参考までに二，三述べておこう．
①　"初心のほどはかたはしより文義を解せんとはすべからず．まず，大抵にさらさらと見て，他の書にうつり，これやかれやと読みては，又さきによみたる書へ立かえりつつ，幾遍も読むうちには，始めに聞えざりし事も，そろそろと聞ゆるようになりゆくもの也．"本居宣長──初山踏（ういやまぶみ）

② "古人の跡を求めず，古人の求めたる所を求めよ．"芭蕉——風俗文選

　換言すれば，本に書いてある知識を学ぶのではなく，その元である考え方を自分のものとせよということであろう．

③ "格に入りて格を出でざる時は狭く，又格に入らざる時は邪路にはしる．格に入り格を出でてはじめて自在を得べし．"芭蕉——祖翁口訣

　われわれの場合，格とは学問における定石とみてよいであろう．

④ 教科書で勉強する場合，どこが essential で，どこが trivial かを識別することは極めて大切である．

⑤ "習学これを聞といい，絶学これを鄰といい，この二者を過ぐる，これを真過という．"肇法師——宝蔵論

　ここで絶学とは，格に入って格を離れたところをいう．

⑥ 常に（ⅰ）疑問を多くもつこと，（ⅱ）質問を多くすること，（ⅲ）なるべく多く先生をやり込めること等々を心掛けるべきである．

⑦ 書物の奴隷になってはいけない．

要するに，生産技術を master したわが国のこれからなすべきことは，世界の人々に貢献し喜んでもらえる大きな独創的技術革新をなすことでなければならない．

これからの日本を背負って立つ若い人々よ，このことを念頭において，ただ単に教科書に書いてあることを覚えるだけでなく，考え出す力を養って，独創力を発揮すべく勉強されるよう切望するものである．

　昭和 55 年 7 月 1 日

電子通信学会教科書委員会
委員長　川上　正光

新版執筆にあたって

　本書が多くの皆様方から愛読されて，発刊後の1/4世紀を経たことは，基礎の原理を中心に執筆した筆者の望外の喜びであった．本書が執筆された1986年は，光ディスクが漸く普及しはじめ，また，本格的な光ファイバ通信の幹線建設が始まろうとしていた頃であった．その後，光技術は目覚ましい発展を遂げ，2010年には，商用の光通信システムの性能指数は，1979年頃の最初の商用光通信システムと比べて，30年間でじつに1億倍に増加した．

　こうして，インターネットの展開は，半導体レーザがその中核技術の一つとなっている光ファイバ通信の発展なしには，達成され得なかったであろうと言われるに至った．また，この間に液晶平面ディスプレイが発展し，さらに，CCDなどの画像センサが普及し，効率の高い発光ダイオードが照明用に，そして太陽電池が電力発生用に著しく発展した．

　このように，今日に至るまで光技術，そしてその基となっている光デバイスは予想をはるかに超えて発展し，社会や生活のあり方，産業や経済のあり方を大きく変えてきた．光システムそして光デバイスは，今後，いっそう大きな飛躍に向けた転換期にさしかかっている．

　昨2010年は，レーザ誕生50周年で，光技術は社会の隅々にまで波及して重要性を増してきた．この際，光デバイスの発展を見据えて，この間の変化を見直して書き直し，新版として出版することになった．動的単一モードレーザや面発光レーザなどの基礎的な考えは，独立させて学びやすくした．さらに，光センサや光ディスプレイを充実した．他方では，新しいデバイスの基となっている現象に遭遇するごとに，その原理と数学の基礎を正確に伝えようという考え方は一貫させた．そして，光デバイスの応用分野は新しい発展に対応して書

き直し，参考文献を広く追加した．

　この新版の出版までの間に，上林利生長岡技術科学大学教授は数式表現を厳密にチェックされ，また，東京工業大学の伊賀健一学長，荒井滋久，小山二三夫，浅田雅洋の諸教授，西山伸彦准教授のご助力，また，本書のご利用者や読者の方々からの貴重なご意見，そしてコロナ社のご努力と電子情報通信学会の理解がなければ，この新版発刊はあり得なかったであろう。各位に深謝する次第である．

　本書の校正段階で，千年に一度と言われる東日本大震災が起こり，未曾有の巨大津波による大災害によって，多くの尊い命が奪われるとともに，原発など技術のリスクへの課題も明かにされた．ここに謹んで哀悼の意を捧げるとともに，海外から寄せられた多大な温情に感謝しつつ，この困難の中から立ち上がろうとの願いをこめて．

　　平成23年5月

　　　　　　　　　　　　　　　　　　　　　　　　末　松　安　晴

旧版のはしがき

　光エレクトロニクスの進歩につれて，それまでは主にテレビジョンの撮像や表示用に限られた観があった光とエレクトロニクスの関連技術が急速に密度の濃いものになってきた．特に，レーザが発明されてから1/4世紀が経過した今日，レーザ技術がようやく信頼性のある技術に発展した結果として，光通信や光記録・再生等の基本技術が光エレクトロニクスの主要な分野に定着してきた．それに伴って，光エレクトロニクスはエレクトロニクス技術の中に重要な地位を占めるに至った．光デバイスはこの光エレクトロニクス技術の中核をなすものである．

　これまでのエレクトロニクスで用いられている電子デバイスの動作原理は，電子やホールの運動現象に依存している．これに対して，光デバイスでは固体中の電子と光波の相互作用現象が主役をなし，これまでにない新しい現象として登場した．したがって，初めて光デバイスを学ぶ者が最もとまどうのが，なぜ光が出るのか，なぜ光が増幅されるのか，等の疑問についてであろう．

　本書を執筆するに際して，この疑問を避けて通ることが困難であるとの結論に達するのにはかなり長い時間を必要とした．その理由は，この固体中の電子と光波の相互作用の現象が，これまでエレクトロニクスで常識として教えられてきた，固体中の電子の運動の基礎理論からはかなり距離があるからである．

　幸いと言うべきか不幸と言うべきか，筆者は学生のころにトランジスタが世に出てきた時期に遭遇して，固体中の電子の運動を理解するのに，いま，学生諸君が光と電子の相互作用の現象を理解するのと同様の困惑を感じた一人であった．しかし，間もなくこのトランジスタの難解な理論を電気の学生やエンジニアは難なく克服した．同様にして，いまは難しくみえる光デバイスの基礎理論についても，若い学生諸君はやがて容易に克服するであろうと考えるに至ったのである．東京工業大学の電気の学生が講義を通してこの洗礼を受け，受難を経験した．その結論は，学部の学生にもこの基礎理論を理解してもらう必要があり，かつ理解され得るものであるとの方向に傾いた．

このような観点から，本書は光デバイスの基礎となる理論および事項の展開に最初の半分を費やし，後半で各種の光デバイスについて述べた．第1章は，光デバイスへの導入であり，その背景となる光エレクトロニクス，および光デバイスの形態について述べた．

本書で扱う光デバイスの基礎事項として，まず，第2章で量子力学の基本的な事項を述べた．次いで，第3章では半導体において光がどのように放出され，吸収され，そして増幅されるかについて現象論的に解説した．これらの準備のもとに，第4章において光が増幅される現象の基礎を量子論を用いて固め，光波と電子の相互作用の現象について，なじみ深い電磁気学の分極に置き換えて説明した．さらに，第5章では光デバイスに多用される光導波路の基本的な性質について説明した．ただし，デバイス特性のみに興味がある場合には，これらの部分は簡略にすませてもよい．

光デバイス自体については第6章以降で扱った．第6章と第7章では主として半導体レーザや発光ダイオード等の光源の性質の解析とその特性，および，その変調特性について述べた．第8章では受光デバイスとその受光感度，および撮像・表示デバイスについて概説した．第9章では光回路に用いられる各種の光コンポーネントや，光エレクトロニクスの主要な光伝送手段に用いられる光ファイバの性質について述べた．第10章では光デバイスの応用について，光エレクトロニクスの観点から解脱した．

本書は上に述べたように，やや新しい趣向で執筆したが，浅学非才のため至らない箇所が多いことを恐れている．今後大方の叱正を得て改良を加えたい．

本書の執筆に際しては，伊賀健一教授や古屋一仁助教授，特に荒井滋久講師や浅田雅洋博士らの傾聴に値する意見を受け入れ，また難易度については研究室の学生諸君の意見を取り入れた．ここに熱心な御協力を感謝する次第である．また，自身最初の試みとして，時の流れに従ってすべてワードプロセッサを用いて執筆した．最後に，電子通信学会教科書委員会の先生方，およびコロナ社の編集の方々には出版に際して大変お世話になった．ここに，深く感謝申し上げる次第である．

昭和61年2月　　　　　　　　　　　雪の中でCDを聞きながら

　　　　　　　　　　　　　　　　　　　　　　　末　松　安　晴

目　次

1．光デバイスの光エレクトロニクス的背景
1.1 は じ め に ……………………………………………………………… *1*
1.2 光エレクトロニクス分野の背景 ………………………………………… *3*
1.3 光デバイスと波長帯 ……………………………………………………… *6*
1.4 光デバイスの基礎 ………………………………………………………… *7*

2．量子力学の基礎
2.1 量子力学発達の背景と物質の粒子・波動の2面性 …………………… *8*
2.2 シュレディンガーの波動方程式 ………………………………………… *11*
2.3 波 動 関 数 ………………………………………………………………… *13*
2.4 括弧ベクトル：ブラベクトルとケットベクトル ……………………… *15*
2.5 期 待 値 と 跡 ……………………………………………………………… *17*
演 習 問 題 ………………………………………………………………………… *18*

3．半導体による発光と吸収
3.1 電 子 遷 移 ………………………………………………………………… *19*
3.2 自然放出と吸収および誘導放出 ………………………………………… *22*
3.3 電 子 の 寿 命 ……………………………………………………………… *24*
3.4 半導体の電気的性質 ……………………………………………………… *27*
3.5 ヘテロ構造とキャリヤの注入ならびに共鳴トンネル注入 …………… *32*
　　3.5.1 ヘ テ ロ 接 合 ………………………………………………………… *32*
　　3.5.2 ヘテロ接合の電圧電流特性 ………………………………………… *34*

  3.5.3　共鳴トンネル注入……………………………………………37
3.6　化合物半導体とエネルギー間隔……………………………………37
  3.6.1　化合物半導体のエネルギー間隔……………………………37
  3.6.2　半導体の屈折率と吸収係数…………………………………40
  3.6.3　混晶のエピタキシー…………………………………………44
演　習　問　題……………………………………………………………45

4. 光波と電子の相互作用

4.1　は　じ　め　に………………………………………………………*46*
4.2　波動方程式による光増幅の表現……………………………………*48*
4.3　密度行列による分極の表し方………………………………………*51*
4.4　密度行列の運動方程式………………………………………………*53*
4.5　2準位系近似の物質の分極と光の増幅……………………………*56*
4.6　誘導放出と電子遷移：レート方程式………………………………*61*
4.7　電子遷移と誘導放出のまとめ………………………………………*63*
4.8　多準位系の分極………………………………………………………*63*
4.9　量子構造とひずみ量子構造…………………………………………*65*
演　習　問　題……………………………………………………………*68*

5. 光誘電体導波路

5.1　光導波路と集光………………………………………………………*69*
5.2　導　波　モ　ー　ド…………………………………………………*72*
5.3　等価屈折率と閉じ込め係数…………………………………………*77*
5.4　二次元導波路—矩形導波路—………………………………………*79*
5.5　光伝搬の電力整合と曲り損失………………………………………*81*
5.6　周　期　構　造………………………………………………………*84*
5.7　集　光　と　出　射…………………………………………………*89*
演　習　問　題……………………………………………………………*91*

6. 半導体レーザと発光デバイス

- 6.1 はじめに……………………………………………………………… *92*
- 6.2 発光ダイオード（LED）……………………………………………… *93*
- 6.3 半導体レーザ（レーザダイオード，LD）………………………… *98*
  - 6.3.1 はじめに………………………………………………………… *98*
  - 6.3.2 半導体レーザの基本的構造…………………………………… *100*
  - 6.3.3 半導体レーザの発振しきい値と光出力……………………… *102*
- 6.4 半導体レーザの波長………………………………………………… *107*
- 6.5 半導体レーザの方程式……………………………………………… *112*
- 6.6 ファブリ・ペロ（FP）型半導体レーザ（多モードレーザ）…… *114*
- 6.7 動的単一モードレーザ（単一モードレーザ）…………………… *118*
- 6.8 垂直共振器面発光レーザ（VCSEL）……………………………… *129*
- 6.9 量子カスケードレーザ……………………………………………… *131*
- 6.10 光増幅器…………………………………………………………… *132*
- 6.11 発光ダイオードと半導体レーザの光波の特質の比較………… *133*
- 6.12 各種のレーザ……………………………………………………… *135*
- 演習問題………………………………………………………………… *138*

7. 発光デバイスの直接変調

- 7.1 光変調………………………………………………………………… *139*
- 7.2 半導体レーザの直接変調…………………………………………… *141*
- 7.3 発光ダイオードの直接変調………………………………………… *150*
- 演習問題………………………………………………………………… *152*

8. 受光・撮像・表示デバイス

- 8.1 はじめに……………………………………………………………… *153*
- 8.2 光検出器……………………………………………………………… *154*
- 8.3 pinフォトダイオード……………………………………………… *155*

8.4 アバランシェ・フォトダイオード（APD）……………………… *158*
8.5 実際の光検出器……………………………………………………… *162*
8.6 撮像デバイス………………………………………………………… *164*
8.7 太 陽 電 池…………………………………………………………… *169*
8.8 表示デバイス………………………………………………………… *170*
演 習 問 題……………………………………………………………… *175*

9. 光線路と光コンポーネント

9.1 光 フ ァ イ バ……………………………………………………… *176*
9.2 光ファイバと光デバイスの結合…………………………………… *184*
9.3 光 回 路 素 子………………………………………………………… *186*
9.4 光変調器，光スイッチ，光偏向器………………………………… *191*
9.5 光 集 積 回 路………………………………………………………… *196*
演 習 問 題……………………………………………………………… *200*

10. 光デバイスの応用

10.1 は じ め に………………………………………………………… *201*
10.2 光 通 信…………………………………………………………… *201*
10.3 光情報記録・再生…………………………………………………… *203*
10.4 像情報の入出力……………………………………………………… *204*
10.5 光 情 報 処 理………………………………………………………… *204*
10.6 光計測と医療への応用……………………………………………… *204*
10.7 光 電 力 応 用………………………………………………………… *206*

付　　　　録（分布反射器とこれを用いたレーザ共振回路の一般解析）…… *207*
文　　　　献……………………………………………………………………… *208*
演習問題解答…………………………………………………………………… *211*
索　　　　引……………………………………………………………………… *224*

1. 光デバイスの光エレクトロニクス的背景

> 「物は栄えればやがて衰え，時は窮まればやがて転じ，あるときは質に，あるときは文に傾くのは，自然の法則に従った変化なのである．」
>
> （史記：野口訳）

1.1 はじめに

光エレクトロニクスは，次に述べるような，3面的な特徴をもつ技術でる．まず，**表1.1**に示すように，

1) 光が宇宙で最高速で伝わる電磁波として，情報の伝送および処理にかかわる電子通信工学的な技術的側面をもち，

表1.1 光エレクトロニクス技術の特徴

```
1) 電 磁 波
      光 通 信
         周波数大：大容量情報伝送（時間領域）
         集 光 性：高密度伝送（空間領域）
      光コンピューティング
2) 視   覚
      像情報：可視光；視感度
      照明，パネルディスプレイ
3) 高エネルギー
      化学反応：光子のエネルギー（hf）大
             写真フィルム
      殺  菌
4) エネルギー密度大
      情報記録，読出し
      加   工
      医   療
5) 非接触計測
      センサ
6) 太陽エネルギーの利用
      太陽電池
```

2）光のスペクトルが目に感じる視覚の波長帯にあるために，人間の情報捕獲に直接にからむ像情報の検出や処理および表示などに用いられて，画像工学的な技術的側面をもち，さらに，

3）光は小さな空間に集光できるので光記録や高密度のエネルギー利用に応用されて，光エネルギー技術的側面をも合わせてもっている．

他方では，印刷や写真技術，照明や太陽エネルギー利用技術もその基礎になっており，このように光エレクトロニクスは人間の社会生活に直結した諸技術と深いかかわりがある．光エレクトロニクスはオプトエレクトロニクス，あるいは光・量子エレクトロニクス，さらにフォトニクスなどともいわれ，光を手段に用いる電子技術を包括した技術である．

最初，テレビジョン技術に基づいて出現した光電管や撮像管，ブラウン管（CRT）などは，光と電子の変換作用を行うための装置であり，画像工学の分野や計測に用いられている．その後，発光ダイオードや受光デバイスのような半導体光デバイスが出現した．さらに光デバイスや電子デバイスなどを組み合わせた，フォトカプラのような光学的手段を応用した光・電子デバイス技術が出現し，当初はこのような分野がオプトエレクトロニクスと呼ばれた．現在は，この言葉がもっと広い意味に用いられている．

光エレクトロニクスや光・量子エレクトロニクスなどという言葉が一般的になり始めたのは，レーザが出現してからのことである．レーザの原理に繋がった誘導放出の考えは，1917年にA.アインシュタインによって認識された．1953年にはJ.vonノイマンが講義の中で，半導体を含めて電子の熱平衡を崩せば光増幅できることを述べ，1956年にはA.L.SharlowとC.H.Townesが「光メーザ」（今日のレーザ）を提案した．1960年にMaimanによってルビーレーザが発明され，1961年にはJavan, Bennett, HerriotによってHe-Neガスレーザが，さらに1962年にはHallら[†]，Nathanら[†2]およびQuistら[†3]の各グループ

[†] Hall, Fenner, Kingsley, Soltys, Carlson
[†2] Nathan, Dumke, Burns, Dill, Lasher
[†3] Quist, Rediker, Keyes, Krag, Lax, McWhoter, Zeiger

によって，それぞれ独立に GaAs 半導体レーザ，そして *Holonyak* らにより GaAsP 半導体レーザ[†] のパルス動作の実験が成功した．引き続いて，その他の各種のレーザが開発されるとともに，その応用分野が開拓されていった．

レーザ出現後の 10 年間は，このようなレーザの開発とコヒーレント光を用いたさまざまな可能性追求の検討がなされ，レーザなどに関する量子電子工学の基礎が確立された．そして，各種レーザの開発，光材料の開発，計測への応用，光通信への応用，光記録への応用，医療への応用，レーザ加工，核融合や化学反応への応用などの，さまざまな開発や試みが行われて，次第にその長所と短所や限界が明らかにされていった．この間に，テレビジョンと電子計算機の普及によって画像表示・伝送・処理の技術が急速な進歩を遂げた．また，コピー機の発達は事務処理の方法を一新した．

1980 年以降においては，これらの研究開発の成果が結実し始め，現在では，光ファイバ通信は急速に普及が進んで情報通信の社会基盤となり，インターネットなどの通信技術の革新に貢献している．一方では，大容量光メモリなどの光ディスク技術の開発・普及が進んだ．また，他方では，レーザ光による切断・溶接・焼入れなどの加工技術の開発・普及，計測，光レジスト露光源，材料製造，医療など，さらにレーザ照明や芸術などの各種の形でレーザ技術の開発・普及が進んでいる．また，液晶や有機 EL によるパネルディスプレイ，発光ダイオードによる照明，太陽光による電力発生など，光エレクトロニクスは極めて広範な分野にまたがって発達しているのが現状である．

1.2 光エレクトロニクス分野の背景

光エレクトロニクスの基盤技術は，図 *1.1* に示すように，主として，

1) 時系列的な電気信号（情報）の伝送・処理機能を果たす電子工学的および高周波工学的技術と，

[†] N.Holonyak.Jr., S.F.Bevacqua（1962）

4   1. 光デバイスの光エレクトロニクス的背景

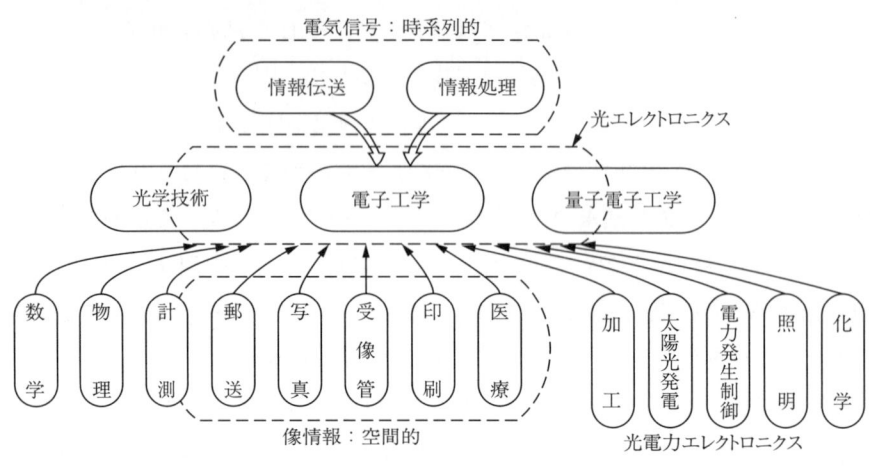

図 1.1 光エレクトロニクスの背景

2) 空間的な画像（像情報）の処理・記録機能を果たす光学的技術，光情報処理技術，ディスプレイ，および照明，

3) エネルギーの発生，加工，検出・変換機能，センサなどから成る．

このように，光エレクトロニクスは光学的技術，量子電子工学と電子工学や電力工学の融合技術であり，電子工学の機能を多様化，高性能化させるのに役立っている．

図 1.2 は，通信と情報伝送・処理および像情報技術のみに着目した光エレクトロニクス装置と応用分野を表している．電気通信は耳を介する音声情報の伝送に加えて，情報収集能力が格段に大きな視覚を仲介にした，より自然な映像通信の比重が増加している．レーザディスクを通して光記録・メモリ・再生技術が，電子計算機や家電製品への光の応用を広げている．また，平面表示装置（ディスプレイ）の発展は著しい．いずれにしろ，これらの技術の主要な応用は，人体機能を中心にして進展しているようである．

これらの，光エレクトロニクス関連の技術分野をまとめると次のようになる．

1) 情報伝送：光通信
2) 情報記録・再生：光ディスク，電子印刷
3) 像情報の入出力：TV，平面表示，プリンタ，スキャナ

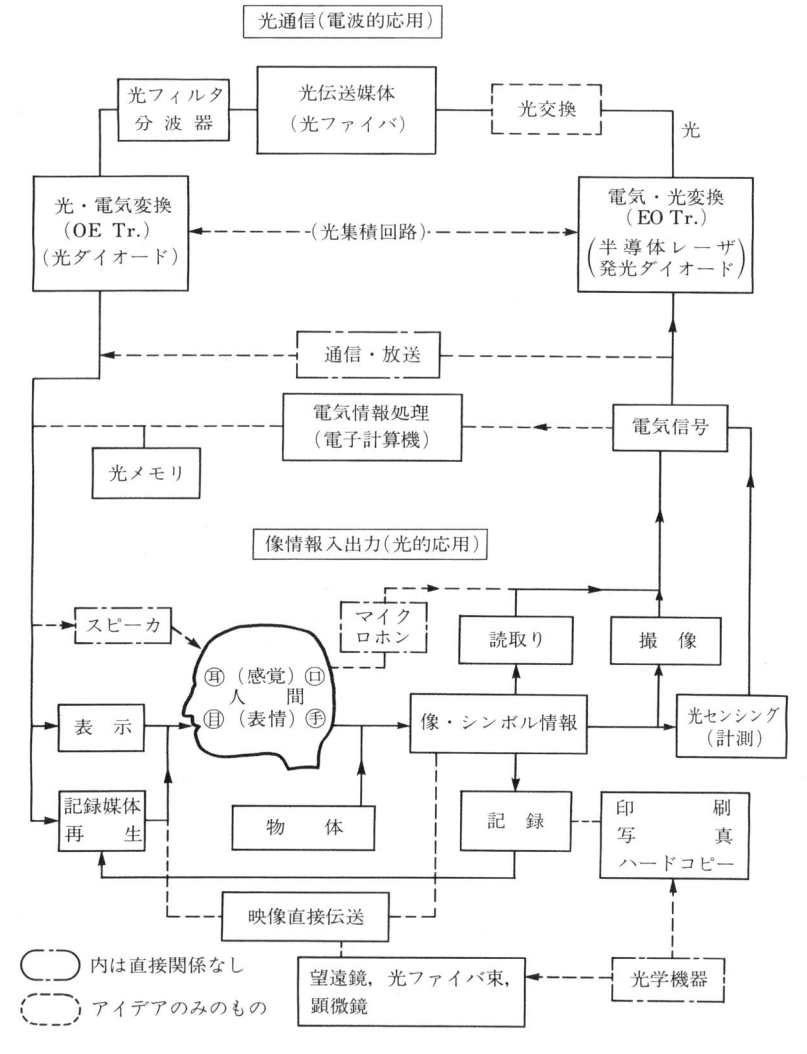

図 1.2 光エレクトロニクスと情報伝送・処理

4) 光情報処理：画像処理，光コンピューティング
5) 光計測：各種センサ，ファイバセンサ（ファイバ・ジャイロスコープ）
6) 医療応用：マイクロ医療，レーザ支援医療
7) 光電力エレクトロニクス：太陽光発電，照明，加工，発生

8) 材料プロセスへの応用：光援用材料プロセス，光レジスト露光技術，同位体分離
9) レーザ照明・芸術

1.3 光デバイスと波長帯

光デバイスは主に半導体を用いて作られ，次のような種類がある．
1) 光源：発光ダイオード，半導体レーザ
2) 検出：フォトダイオード
3) 撮像・表示デバイス

このような光デバイスは，電子デバイスの助けなしには動作できない．そして，光コンポーネントと光線路は光デバイスと密接に関連して用いられる光特有の部品である．

本書では，主に光情報伝送と光記録および映像情報技術用などの光エレクトロニクスで主要な役割を果たしている各種の光デバイスについて述べる．光デバイスは，個々の用途によって異なる波長で用いられる．

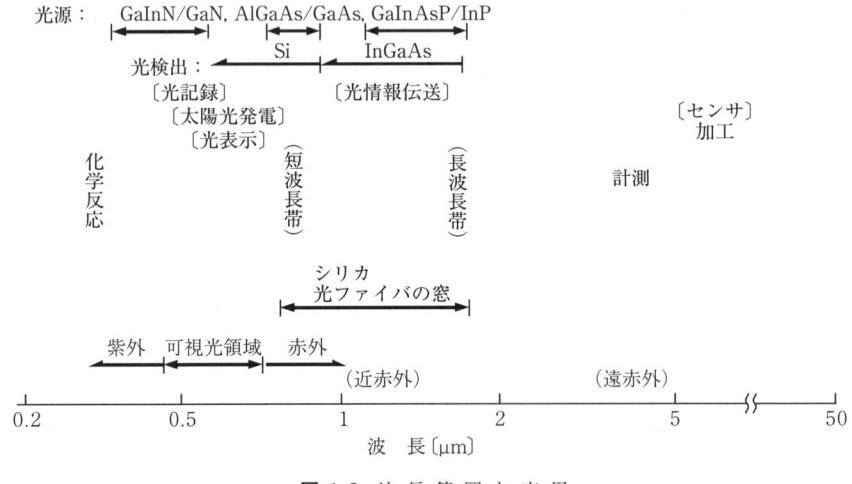

図 1.3 波長範囲と応用

光線路に用いられるシリカ光ファイバは，図 *9.3* のように波長 $0.8 \sim 1.7$ μm の間で損失が少なく，いわゆる透明な「窓」になる波長帯がある．このため，図 *1.3* に示すように，光情報伝送用については $0.8 \sim 1.7$ μm の波長帯が主に用いられている．このうちで，$0.8 \sim 0.9$ μm の間は短波長帯と呼ばれ，また，$1.2 \sim 1.7$ μm の間は長波長帯と呼ばれ，それぞれ異なった材料で作られた光デバイスが用いられる．さらに，波長が長い赤外域はセンサに用いられる．

これに対して，図 *8.13* の比視感度曲線に示すように，人間の視覚は $0.4 \sim 0.7$ μm の可視光波長帯に感じる．このために映像情報技術に用いられる撮像・表示デバイスは，感度がこの可視光波長帯に合わせてある．さらに，光記録や感光，化学反応を用いるような分野では，波長が短いほうが記録密度が高く，また化学作用が進みやすく，$0.2 \sim 0.8$ μm の紫外から可視の波長帯が用いられている．

1.4 光デバイスの基礎

光デバイスは物質中の電子と光波とが相互に作用して，光を出したり光を検出する．また，光を導いたり，光を集めたりする現象もこの技術の一つの柱になっている．そこで，物質の状態や発光，吸収など電子の分極に関連した現象，および光導波の現象について，一貫した理解を進めておく必要があろう．

そのためには，
1） このような現象に関連した量子力学の基礎の理解，
2） 光に関連した半導体の性質の理解，および，
3） 光導波と集光の原理の理解が必要になる．

本書では，第 *2* 章から第 *5* 章をこれらの基礎としており，そのうちの第 *4* 章では光によって電子が遷移したり，電子が遷移して光が増幅される現象を量子力学に基づいて理論的に述べた．ついで，第 *6* 章から第 *8* 章で光デバイスの基礎について述べ，最後の第 *10* 章で光デバイスの典型的な応用について触れている．

2. 量子力学の基礎

> 「本を努む．本立ちて道生ず．」
> 　　　　　　　　　　（論語：諸橋訳）

　光波と電子のエネルギーのやり取りが光デバイス動作の基本である．そこで，最初の四つの章で基礎事項について要約して述べる．第 *2* 章と第 *4* 章で，光波と電子の相互作用を理解するための量子力学的な理論的背景を，第 *3* 章で光デバイスの基礎になる半導体の性質について，さらに，第 *5* 章では光デバイスで多用される光導波路の基礎について述べる．

　現象の理論的な理解は，その導出過程を見極めることにほかならない．

2.1 量子力学発達の背景と物質の粒子・波動の 2 面性

　(*a*)　波動・粒子の 2 面性　　光デバイスは量子力学に基礎を置いている．この量子力学は電子のように質量やエネルギーが小さいものの物理的な振る舞いを表すのに用いられる．ところで，19 世紀までの物理学は，質量が大きくて巨視的に扱える物理現象が主な対象であり，ニュートン力学とマクスウェルの電磁気学とが主要な理論的支えになっていた．しかし，19 世紀末に電子線や原子からの光放射などが見いだされ，ニュートン力学では説明のできないいくつかの現象が増え，新しい力学体系を作りだす試みがなされるようになった．

　1900 年にプランクは，黒体放射の強さが波長に依存するという実験事実を説明するために，「光エネルギーの授受は大きさが不連続に起こり，hf の整数倍を単位にして行われる」という「量子仮説」を行った．ここに f は電磁波の周波数，h は次式で与えられるプランクの定数で，その後に出現した量子力学において主要なパラメータになった．

$$h = 6.62618 \times 10^{-34} \ [\text{Js}]$$

1905年にアインシュタインは，1902年に観測されたレナードの光電効果の実験を説明するために「光は，

$$\begin{aligned} E &= hf \\ &= \hbar\omega \end{aligned} \qquad (2.1)$$

の大きさを有する量子からなる」との，「光量子仮説」を提唱した．これは，光は波動としての振る舞いと同時に粒子としての振る舞いをすることを述べたもので，光は「波動・粒子の2面性」をもつとの概念が明らかにされたのである．ここに

$$\hbar = \frac{h}{2\pi}, \quad \omega = 2\pi f \qquad (2.2)$$

である．

後年，1923年に，コンプトンはX線の散乱の実験を行って，この光の粒子性を実証した．

（b）量子仮説　一方，バルマーは1885年に，励起された水素原子の発する光のスペクトルが特定の波長からなり，不連続になる実験を行った．ボーアは，1913年にこの実験事実を説明するために，「原子内の電子は特定の軌道上でのみ運動し，一つの軌道から他の軌道に遷移するときに，それらの軌道上でもつエネルギーの差に相当する周波数の光を吸収または放出する」との「量子仮説」を提案した．

（c）物質波　このようなさまざまな実験的および理論的な研究を基礎にして，1924年にド・ブロイは「物質波」の概念を明らかにした．この物質波の概

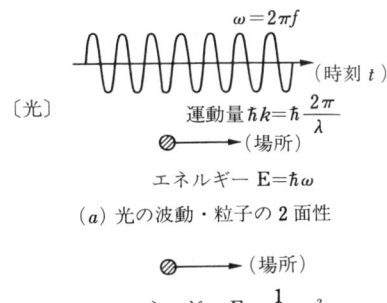

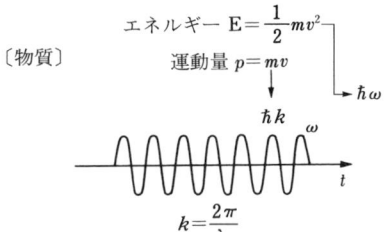

図2.1　波動・粒子の2面性

念は,電子や原子のようにそれまで粒子として考えられてきた物質粒子は,巨視的に見れば粒子性を示すと考えてよいが,微視的に見ると,図 2.1 に示すように波動性を示すと考えたほうがよい,という考え方である.この考えは,アインシュタインの提唱になる「光は波動・粒子の2面性を示す」との考え,すなわち光は,巨視的には波動性を示し,微視的な現象に関しては粒子性を示すという考えと,対をなすものである.

この物質波の考えに立つと,物質がもつエネルギー E は式(2.1) で与えられ,運動量 p は次式で与えられることになる.

$$p = \frac{h}{\lambda} = \hbar k \qquad (2.3)$$

ここに,k は波の伝搬定数で,λ をその波長とすれば,次式となる.

$$k = \frac{2\pi}{\lambda}$$

ところで,m をイオン粒子の質量,v をその速度,また e をその電荷,V をその加速電圧とすれば

$$p = mv = \sqrt{2meV} \qquad (2.4)$$

の関係が得られるので,この粒子を物質波として考えた場合の波長 λ は

$$\lambda = \frac{h}{mv} = \frac{h}{\sqrt{2meV}} \qquad (2.5)$$

となる.上に述べたように,その後に行われた X 線に関する実験などによって,物質が粒子と波動の2面性をもつことが明らかになり,予測されていた物質波が実在することが実証された.

(d) 不確定性原理 さて,現実に微視的な粒子の位置や運動量などの物理量を測定するには光や電子を用いてこれを被測定物にあててみる必要がある.このとき,測定される粒子のエネルギーとプローブとして測定に用いる光や電子のエネルギーの大きさが近いと,その観測過程で,図 2.2 のように,測定される粒子の位置,運動量,あるいはエネルギーは,プローブをあてること

により乱され，その位置や運動量が不確定になる．このことは，位置と時間によって物理量を正確に表すというニュートンの力学が準拠する根拠が成り立たなくなることを意味する．この位置と運動量の不確定性を Δx と Δp とし，その測定の時間を Δt，この測定により乱されて不確定になるエネルギー幅を ΔE とすれば

$$\Delta p \cdot \Delta x \geqq \frac{1}{2}\hbar \qquad (2.6)$$

$$\Delta t \cdot \Delta E \geqq \frac{1}{2}\hbar \qquad (2.7)$$

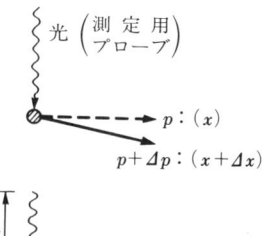

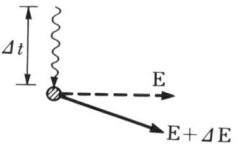

図 2.2 測定による物理量の不確定性

となり，この関係を「不確定性原理」という．すなわち，位置を正確に決めようとすれば運動量が不正確になり，エネルギーを正確に測定しようとすれば，時刻が不正確になる．この不確定性原理の導入によって，微視的な物理現象に対して，ニュートン力学を適用するには近似度がわるく，もっと近似度のよい新しい力学が必要になることが示された．

2.2 シュレディンガーの波動方程式

（a）エネルギーとハミルトニアン　1926年にシュレディンガーは粒子性と波動性の2面性を両立させ，古典力学とも矛盾なくつながる「物質波の波動方程式」を導入し，波動力学または量子力学の基礎を開いた．この考えは，ハイゼンベルグなどの独自の理論展開とも協調して発展し，微視的にも近似度の高い量子力学が完成されていった．

さて，ド・ブロイの物質波は時間的に角周波数

$$\omega = \frac{E}{\hbar} \qquad (2.8)$$

で振動し，伝搬定数

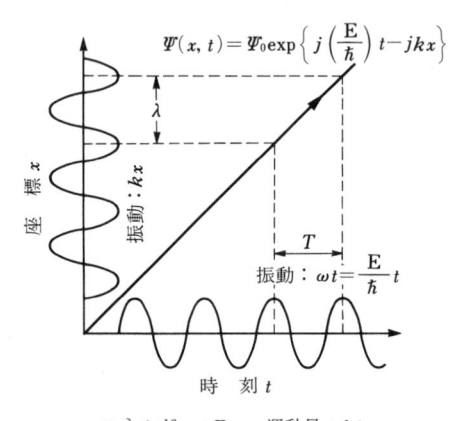

$$k = \frac{p}{\hbar} \qquad (2.9)$$

で伝搬する波である．この波動を表す波動関数は，Ψ_0 を定数として，時刻 t と，座標 x に関して，次のように表される（図 **2.3**）．

$$\Psi(x, t) = \Psi_0 \exp\left\{ j\left(\frac{E}{\hbar}\right) t - jkx \right\} \qquad (2.10)$$

一方，ハミルトンの古典力学によると，粒子の全エネルギー E は粒子のハミルトニアン H に等しく，これは粒子の運動エネルギーと位置のエネルギーの和で表される．したがって，この粒子の位置を q，運動量を p，質量を m，位置のエネルギーを $V(q)$ とすれば，そのハミルトニアン（すなわち全エネルギー）は次式で与えられる．

$$\begin{aligned} H(p, q) &= \frac{p^2}{2m} + V(q) \\ &= E \end{aligned} \qquad (2.11)$$

（**b**）**シュレディンガーの波動方程式の導入**　そこで，式 (**2.10**) の波動関数の関係を満たしながら，同時に式 (**2.11**) のエネルギーの関係をも同時に満足させるような波動方程式を新しく作る必要がある．波動関数が式 (**2.10**) のように波として伝搬するには，少なくとも

$$\nabla^2 = \frac{\partial^2}{\partial x^2} + \frac{\partial^2}{\partial y^2} + \frac{\partial^2}{\partial x^2} \qquad (2.12)$$

の演算子が，この新しく作られる波動方程式中に含まれている必要がある．ここで

$$E \to -j\hbar \frac{\partial}{\partial t}, \quad p \to j\hbar \nabla \qquad (2.13)$$

の等価交換を新たに仮定すると，式 (**2.11**) のエネルギーが演算子を使って直接的に得られる．

このようにして，次に示す量子力学的なハミルトニアン（ハミルトン演算子）が導入された．

$$H = -\frac{\hbar^2}{2m}\nabla^2 + V(r) \tag{2.14}$$

そして，波動方程式中に波動関数の時間的な変化をもち込むために，時間に関しては一次微分が導入される．このようにしてエネルギーを導き出すことにすれば，次の波動方程式が導入される．

$$\begin{aligned}-j\hbar\frac{\partial \Psi}{\partial t} &= \left\{-\frac{\hbar^2}{2m}\nabla^2 + V(r)\right\}\Psi \\ &= H\Psi\end{aligned} \tag{2.15}$$

上式で，波動関数が式 (2.10) で表されるとき，式 (2.9) の関係を用いて演算を行えば，上式の右辺は，式 (2.11) で表されるエネルギーと一致する．さらに，左辺はエネルギー E となり，右辺と左辺は一致する．その上，波動としての性質は式 (2.10) のように保たれている．

したがって，この方程式を用いれば，エネルギー関係を保ちながら，所望の形で波動関数が導かれる．

この方程式 (2.15) は「シュレディンガーの波動方程式」といわれ，量子力学の基本的な方程式になっている．この方程式の解は，上述したように式 (2.10) の形になる．

2.3 波 動 関 数

(a) 固有状態 量子力学の最大の特徴は，古典力学で系の状態を表すのに用いられる位置の代わりに，「状態」を用いることである．

さて，一つの系にはいくつかの固有状態がある．固有状態 l にある粒子の固有波動関数 Ψ_l は，次式のシュレディンガーの方程式から求められる．

$$-j\hbar\frac{\partial \Psi_l}{\partial t} = \left\{-\frac{\hbar^2}{2m}\nabla^2 + V(r)\right\}\Psi_l \qquad (2.16)$$
$$= \mathrm{H}\Psi_l$$

波動関数 Ψ_l は粒子の波動としての性質を表すのみならず，その絶対値の2乗

$$\Psi_l{}^*\Psi_l = \Psi_l(r)^*\Psi_l(r) = |\Psi_l(r)|^2 \qquad (2.17)$$

は，その粒子が位置 r に存在する確率を表す (**図 2.4**). すなわち，粒子自身は空間的に拡がっていて，一つの点で粒子が存在する確率密度を表す. この確率を全空間で積分したものがその粒子自身の存在確率で，これは1となり，次の関係が得られる.

$$\int \Psi_l{}^*\Psi_l dv = 1 \qquad (2.18)$$

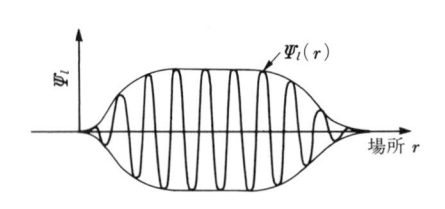

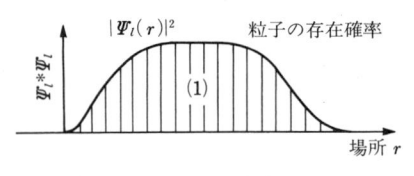

図 2.4 粒子の存在確率

さて，式 (2.16) のシュレディンガーの方程式の定常解は

$$\Psi_l(r, t) = \Psi_l(r)\exp\left(j\frac{\mathrm{E}_l}{\hbar}t\right) \qquad (2.19)$$

となる. Ψ_l は固有状態 l を表す波動関数で，E_l は状態 l の固有エネルギーである. 波動関数は $\mathrm{E}_l/\hbar = \omega_l$ の角周波数で時間的に振動する. ここで，式 (2.14) のハミルトニアンを用いると，式 (2.16) の波動方程式は

$$-j\hbar\frac{d\Psi_l}{dt} = \mathrm{E}_l\Psi_l$$
$$= \mathrm{H}\Psi_l \qquad (2.20)$$

とも表される.

(**b**) **直交関係** さて，式 (2.16) の形の二階定係数微分方程式の固有解は，必ず直交関数系であり，固有波動関数間には次の関係が成り立つ.

$$\int \Psi_l{}^* \Psi_m \, dv = \delta_{lm} \qquad (2.21)$$

ここに δ_{lm} はクロネッカーの δ で，$l = m$ であれば $\delta_{lm} = 1$ で，$l \neq m$ であれば $\delta_{lm} = 0$ となる．このように，状態 l の波動関数と状態 m の波動関数とは直交する．これらの状態の間では，それぞれの状態が直交するので，各状態は互いに独立である．

2.4 括弧ベクトル：ブラベクトルとケットベクトル

量子力学では，最初に述べたように，粒子の振る舞いは，その粒子がこれらのどの状態にあるかによって表す．そこで座標ベクトルとの類推によって，固有状態 l と固有状態 m とが，それぞれ直交する単位ベクトルであると考えることにする．このようにすれば，直交する単位ベクトル間にはベクトルの内積の関係，すなわち直交関係が成り立つので，式 (2.21) の直交関係が満足される．そして，これらのそれぞれ直交する固有状態は，固有状態の数だけある多次元の座標軸の方向を向く単位ベクトルになぞらえて考える．このような意味で単位ベクトルと考えた固有状態を，状態ベクトルという．このようにして，位置の単位ベクトルが直交関係（内積）にあるように，状態ベクトル間にも次のようなベクトルの内積と同様の，正規化した直交関係がある（正規直交関数）．

$$\int \Psi_l{}^* \Psi_l \, dv = \langle \Psi_l | \Psi_l \rangle = 1 \qquad (2.22)$$

$$\int \Psi_l{}^* \Psi_m \, dv = \langle \Psi_l | \Psi_m \rangle = 0 \qquad (2.23)$$

状態ベクトル $\langle \Psi_l |$ と $| \Psi_l \rangle$ とは一つの括弧（ブラケット〈　〉）内の半分ずつ，すなわち，ブラとケットで表される．そこで，ブラケットという言葉を二分割して，それぞれブラベクトルおよびケットベクトルという．ここで，上式の関係から，$\langle \Psi_l |$ と $| \Psi_l \rangle$ とはそれぞれ複素共役の関係にある．$| \Psi_m \rangle$ と $\langle \Psi_l |$ は $\langle \Psi_l | \Psi_m \rangle$ の形で，空間積分で用いることを前提にしていて，積分記号を書く手

間を省いて表したものである．$|\Psi_m\rangle$ と $\langle\Psi_l|$ を単独に用いる場合には，これらを Ψ_m, Ψ_l^* それ自体であると考えて用いればよい．

古典力学では物理量は空間ベクトルの和で表される空間座標の一点を用いて指定される（**図 2.5**）．量子力学では，実際の測定と結びつく古典的な物理量は，次節で述べるように演算子を波動関数で挟んだ空間積分で表され，空間座標には無関係な量になる．そして，空間座標を用いる代わりに，状態ベクトルの和で表される状態空間の一点を用いて表されることになる．

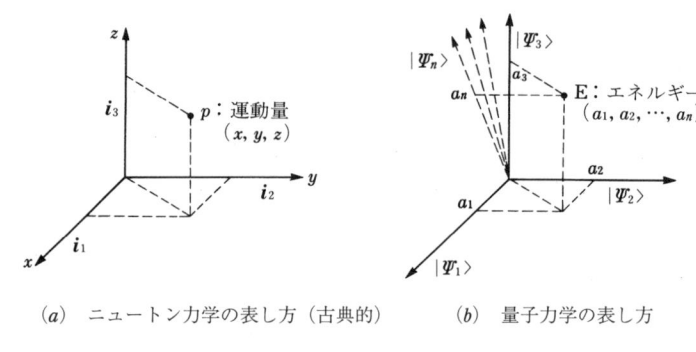

(a) ニュートン力学の表し方（古典的）　　(b) 量子力学の表し方

図 2.5　状態による物理変数の指定

この状態ベクトルに関するシュレディンガーの波動方程式は，式 (2.19) と式 (2.20) から

$$-j\hbar\frac{d|\Psi_l\rangle}{dt} = \mathrm{H}|\Psi_l\rangle \tag{2.24}$$

$$j\hbar\frac{d\langle\Psi_l|}{dt} = \langle\Psi_l|\mathrm{H} \tag{2.25}$$

となる．このようにして，任意の状態は，次のように，a_l という重みを持つおのおのの固有状態ベクトル Ψ_l の和で表される．

$$\Psi = \sum_l a_l \Psi_l \tag{2.26}$$

$$|\Psi\rangle = \sum_l a_l |\Psi_l\rangle \tag{2.27}$$

2.5 期待値と跡

(a) 期待値 古典力学で取り扱う物理量は測定により求められる量であり，実験と直接に結びつけられるので理解しやすい．量子力学では古典力学に対応する物理量（物理変数）は式 (2.13) のように波動関数に働く演算子（オペレータ）で表されている．したがって，量子力学で扱う物理量はそのままでは測定とは無縁で，観念的な存在である．そこで，量子力学的な物理量を，測定ができる可測量，すなわち，古典力学的で身近な物理量に変換する必要が生じる．量子力学的な物理量（オペレータ）を古典的な物理量に変換するには，粒子は波動関数の2乗の形で確率的に分布しているとの関係を利用する．すなわち，量子力学的な物理量を，波動関数で挟んで（図 2.6），これを全空間内の平均値としたものを「期待値」という．この期待値は量子力学的な物理量（オペレータ）を測定ができる古典的な物理量に変換したものである．

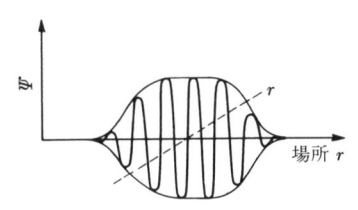

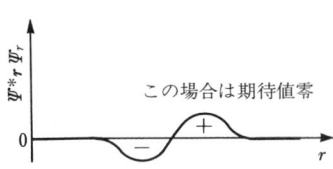

図 2.6 振動粒子の位置 r の期待値の例

いま，A を量子力学的なオペレータとすれば，その期待値 $\langle A \rangle$ は次式で表される．

$$\langle A \rangle = \int \Psi^* A \Psi \, dv = \langle \Psi | A | \Psi \rangle \tag{2.28}$$

(b) 跡 (trace) 物理変数（物理量）A を，次式のように，$\langle \Psi_l |$ と $| \Psi_m \rangle$ で挟んだ A_{lm} を，l, m に関する A のマトリックス要素という．

$$A_{lm} = \int \Psi_l^* A \Psi_m \, dv = \langle \Psi_l | A | \Psi_m \rangle \tag{2.29}$$

ここで，物理変数 A の対角要素 A_{ll} をすべての状態 l について足し合わせたものを，次式のように表して**跡**という．

$$\mathrm{Tr}(A) = \sum_l A_{ll} \tag{2.30}$$

この跡の運算を行うには，次式で表される大きさが1のアイデンティティ (identity) オペレータの助けを借りると便利である．

$$\sum_l |\Psi_l\rangle\langle\Psi_l| = \boldsymbol{I} \tag{2.31}$$

大きさが変わらないので，このオペレータを式中のどの位置へも挿入でき，次に示すように，各種の演算において多用される．跡の表現形式を用いると，物理変数 A の期待値は式 (2.29) より，次式のようになる（演習問題2.2参照）．

$$\langle A \rangle = \mathrm{Tr}\{|\Psi\rangle\langle\Psi|A\} \tag{2.32}$$

ここにオペレータ $|\Psi\rangle\langle\Psi|$ は，物理変数 A を状態 Ψ に投影する役割を果たすもので，投影オペレータとも呼ばれる．上式のように，物理変数 A の期待値は，A を Ψ に投影した $|\Psi\rangle\langle\Psi|A$ の跡で与えられる．なお，これらの関係式においては，オペレータ間では交換関係が成り立たないので，順序を入れ替えることができない．これは，オペレータが作用すると状態が変わるので，どちらを先に作用させるかで結果が異なるというオペレータの物理的な性質による．しかし，マトリックス要素のような演算子ではない数は，式の中で任意に交換して順序を変えてもよい．

演習問題

2.1 波長 $1\,\mu\mathrm{m}$ の光波運動量と常温の熱エネルギー $0.03\,\mathrm{eV}$ をもつ電子の運動量の比を求めよ．

2.2 式 (2.32) を導け．

2.3 半導体中の自由電子は緩和時間 $\tau = 10^{-13}$ 秒程度の平均時間で衝突を繰り返している．したがって，この電子のエネルギーを観測できる最大の時間 Δt は τ になる．衝突しなければ，電子は一つのエネルギー値にあるとして，この電子のエネルギー幅はいくらになるか．

3. 半導体による発光と吸収

> 「大人は虎変す．」
> （易経：諸橋訳）

本章では，ひとまず量子論の議論を離れて，半導体中の電子の振る舞いや遷移，光の放出や吸収などについて述べることにする．

3.1 電子遷移

(a) 自然放出 半導体の二つのエネルギー準位の間で電子が遷移する様子について考えることにする．図3.1は半導体の伝導帯と価電子帯を典型

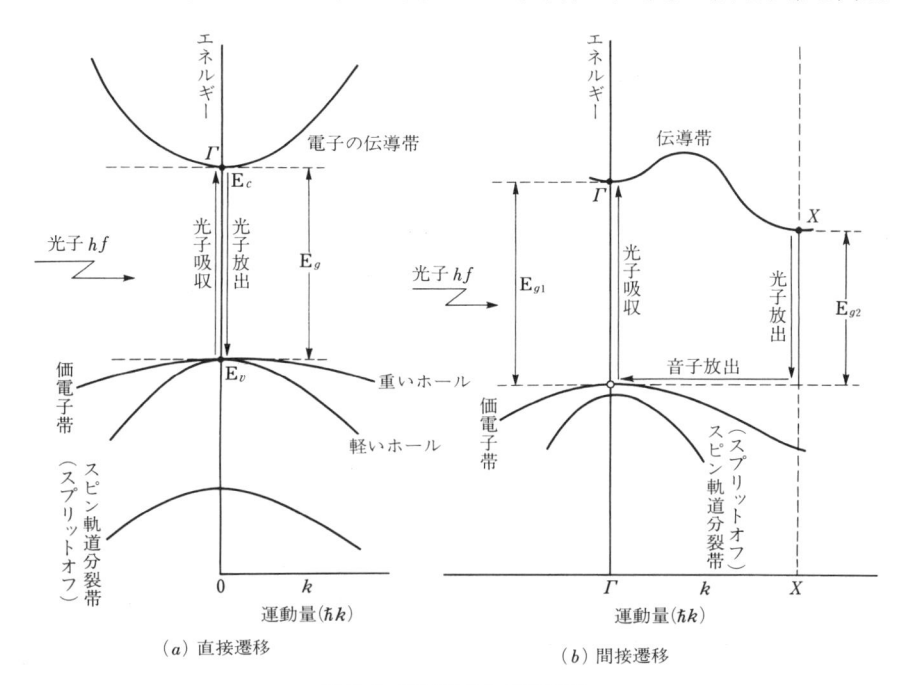

図3.1 直接遷移と間接遷移

的に示している．いま，図(**a**)のように，エネルギー準位の高い伝導帯に電子（少数キャリヤとする）を注入すると，この電子は，キャリヤの再結合時間またはキャリヤの寿命時間と呼ばれる一定の時間の後に，伝導帯からエネルギー準位の低い価電子帯に遷移してホールと再結合し，このときに失ったエネルギーを光に換えて放出する．このような光の放出過程を自然放出という．1個の電子の遷移に伴って1個の光子を放出するので，放射性再結合ともいう．後で述べるように，半導体によっては電子遷移の際に光を出さない非発光遷移もある．

電子遷移の様子は**図 3.2**(**a**)に示すように，電子と光子の二つの粒子間の衝突現象として考えてもよい．古典力学に従えば，光子が発生する前のⅠの状態と，遷移によって光子が発生した後のⅡの状態を比較すると，状態Ⅰと状態Ⅱの間で

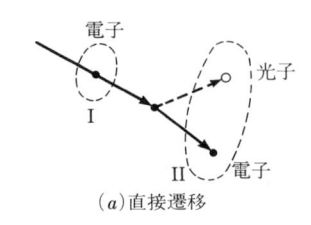

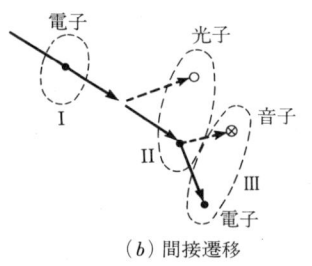

(a)直接遷移

(b)間接遷移

図 3.2 電子遷移と衝突モデル

1) エネルギーと，
2) 運動量とが，それぞれ保存されなければならない．

伝導帯の電子のエネルギーを E_c，価電子帯のそれを E_v とすれば，エネルギー間隔は $E_g = E_c - E_v$ となる．光子の周波数を f，角周波数を ω とすれば，光子のエネルギーは $hf = \hbar\omega$ となる．λ を波長，c を光速とすれば，第 **2** 章で述べたように，エネルギー間隔 E_g と放出される光子の波長との間には次の関係がある．

$$E_g = hf = \hbar\omega = \frac{hc}{\lambda} \qquad (3.1)$$

したがって，放出される光波の波長（間隔波長ともいう）$\lambda_g (=\lambda)$ は，次のようになる．

$$\lambda_g \text{(μm)} = \frac{hc}{E_g}$$
$$= 1.2398/E_g \text{(eV)} \qquad (3.2)$$

間隔波長はエネルギー間隔に反比例して短くなる．間隔波長 1 μm に相当するエネルギー間隔は 1.2398 eV になる．この間隔波長に相当する角周波数を間隔角周波数ともいう．

一方では，第 2 章で述べたように，波の運動量は量子力学における波動関数に作用するオペレータ $p = j\hbar \partial/\partial x$ となる．したがって，式 (2.10) で表される波動関数の伝搬定数を $k = 2\pi/\lambda$ とすれば，上に述べた運動量オペレータをこの波動関数に作用させて，運動量は $\hbar k = 2\pi\hbar/\lambda$ となる．電子の波長が数 nm なのに対して光波の波長は数百 nm となり，電子のそれに対して十分に小さく，電子の遷移に際して光波の運動量は無視してよい．

(**b**) **直接遷移と間接遷移**　さて，図 3.1(*a*) のように，二つの準位間でそれぞれの準位の谷と山とが k に対して一致する場合には，伝導帯の谷にある電子は価電子帯の山にある電子の空の状態に遷移し，運動量を保ってホールと再結合し，容易に遷移が起こる．このような遷移を「直接遷移」という．

これに対して，図 3.1(*b*) のように，二つの準位の山と谷とが一致しない場合には，電子は運動量を変えないで，一度仮の準位に遷移し，それからエネルギーをほぼ保ちながらフォノン（音子）を放出または吸収して運動量を変え，価電子帯の山に移ってホールと再結合する（フォノンのエネルギーは小さいので）．このような場合には電子は 2 段階の過程で遷移するので「間接遷移」といい遷移しにくい．このように間接遷移ではフォノン（角周波数：ω_{phonon}，運動量：$\hbar k_q$）も遷移に関与するので，その運動量までを考慮すると，衝突現象は図 3.2(*b*) のようになって総合の運動量が保存される．

このように電子遷移の際には次の条件が成り立つ．

(ⅰ) エネルギー保存則の成立
$$\hbar\omega = E_g \pm \hbar\omega_{phonon} \qquad (3.3)$$

(ⅱ) 運動量保存則の成立
$$\hbar(k_c - k_v) = \hbar k_{photon} \pm \hbar k_q$$
$$\simeq \pm \hbar k_q \qquad (3.4)$$

ここで述べたエネルギー保存の関係（ⅰ）では，フォノンのエネルギーは小さくて，室温の電子遷移では後から述べる電子分布によるエネルギー幅の中に入ってしまうので，事実上，式 (3.1) のように無視することが多い．運動量保存の関係（ⅱ）で，$\hbar k_{photon}$ のフォトンの運動量を無視したのは，電子の波長に比べて光の波長が十分に大きく，電子の運動量が十分に大きいからである（演習問題 2.1）．

電子遷移は上述のような衝突現象と考えるほかに，図 3.3 のように電気双極子から電磁波が放射される現象として考えることもできる．この電気双極子は間隔角周波数 ω で振動し，再結合までの電子の寿命時間の間に光波を放出して消滅する．この電気双極子は，後の第 4 章で詳述するように放出する光の周波数で振動する．

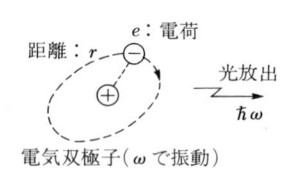

図 3.3 電子の作る電気双極子と光の放出

3.2 自然放出と吸収および誘導放出

(**a**) **ボルツマン分布**　　図 3.4 のように，上の準位にある電子は，下の準

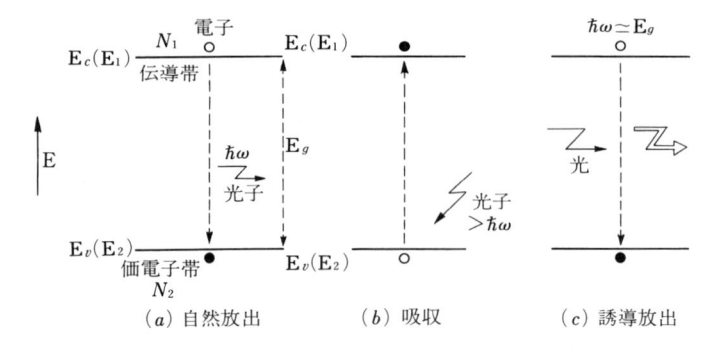

図 3.4 自然放出と吸収および誘導放出における電子エネルギー E の変化

位の状態に空き（ホール）があれば，光を放出して下の準位に遷移する．これを自然放出という．エネルギー E_1 の状態1にある電子密度を N_1，E_2 の状態2にある電子密度を N_2 とすれば，熱平衡の下では，下の準位の電子は熱励起で上の準位に励起され，上の準位の電子は自然放出で光を出して下の準位に遷移して平衡が保たれる．結果として，k_B をボルツマン定数，T を絶対温度として，N_2 と N_1 の大きさの比は次式のボルツマン分布で表される．

$$\frac{N_2}{N_1} = \exp\left(\frac{E_1 - E_2}{k_B T}\right) \tag{3.5}$$

したがって，エネルギー間隔が $k_B T$（室温では 0.03 eV）に近ければ上の準位の電子の存在確率も大きくなる．しかし，光放射のようにエネルギー間隔が 1 eV に近い半導体では，エネルギー間隔が $k_B T$ に比べて 30 倍ほども大きく，上の準位には電子がほとんど存在しない（演習問題 3.1）．

（**b**）**吸　　　収**　　いま，エネルギー間隔 E_g と同じエネルギー $\hbar\omega$ をもつ光が入射すると，図 3.4 (b) のように，より多くの電子が，密度の大きな下の準位より上の準位に遷移して，光を吸収する．これが光の吸収過程である．

（**c**）**ポンピング（キャリヤの注入）**　　さて，電子の注入などにより上の準位の電子密度を下の準位の電子密度より大きくすることをポンプする，ないしはポンピングするという．半導体では，このポンプが pn 接合によるキャリヤの注入によって効率よくできる特徴があり，レーザ動作で顕著な利点となっている．

（**d**）**誘 導 放 出**　　上の準位の電子密度が下の準位のより大きな状態（これを反転分布という）では，エネルギー間隔とほぼ一致するエネルギーをもって入射する光は，図 (c) のように，電子を上の準位より下の準位に誘導的に遷移する．このとき，放出される光は入射光に加わるので，入射した光は増幅される．これを誘導放出という．この誘導放出の状態を，先に述べたように励起された電子が作る電気双極子のモデルで考えると，この電気双極子は入射光の位相に同期して振動し，それと位相のあった光を放出する．放出された光は入

射光と同相になって加わり，増幅されることになる．

(**e**) **自然放出と誘導放出に関するアインシュタインの関係** 図 3.4 の上の準位の電子密度は，下の準位との関係で，式 (3.5) のボルツマン分布に従っている．一方，上の準位の電子は自然放出で光子を放出して下の準位に遷移する．放出された光子は再び吸収されて，誘導放出により電子密度に比例して，下の準位の電子を上の準位に，そして，上の準位の電子を下の準位に遷移させる．このとき，上の準位からの誘導放出と，下の準位からの誘導放出の，電子1個当りの確率は同じになる．こうして，上の準位の電子密度と下の準位の電子密度は平衡して安定している．

半導体では，全体としてのエネルギー平衡には，3.3 節で述べる非発光遷移や，半導体結晶の格子欠陥による電流の漏れ，さらには，3.4 節で述べる状態密度などをも取り入れなければならない．ごく簡単のために両状態はそれぞれ一つずつとし，自然放出と誘導放出のみによるエネルギー平衡を考えると，自然放出の確率と誘導放出の確率の間には比例関係がある．この関係をアインシュタインの関係[†]といい，レーザ動作原理である誘導放出に関する最初の認識として知られている．

3.3 電子の寿命

(**a**) **自然放出の寿命時間** すでに述べたように，伝導帯の電子は一定の時間ののちに自然放出を行って価電子帯に遷移する．上の準位に励起されてから下の準位に自然放出で遷移するまでの時間を，電子の自然放出寿命時間または再結合寿命時間という．遷移した電子は価電子帯の最上部にある電子のいない準位に遷移する．この価電子帯の電子のない部分はホールと呼ばれ，電子はホールと再結合するともいわれる．

熱平衡時の伝導帯の電子および価電子帯のホールの密度をそれぞれ N_0 およ

[†] A.Einstain, Phys.Z.**18**,121 (1917)

(a) 熱平衡　　　(b) 低注入時　　　(c) 高注入時

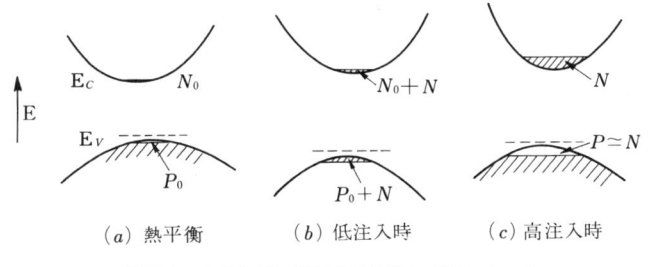

図 3.5 エネルギー図における注入電子とホール

びP₀としよう．電子を密度Nだけ余分に注入すると，**図 3.5**のように，ホールも電荷中性の原理によりNだけましてP_0+Nになる．光デバイスのように高注入レベルで動作させるときは，$P_0 \ll N$となるので，図(c)のように，注入電子とホールはほぼ等しくなる．

(b) 発光遷移と非発光遷移

電子の寿命は，電子の遷移の状態および注入された領域から電子が漏れる機構により変わる．電子の遷移には2種類あり，**図 3.6**(a)のような発光を伴う発光遷移と，図(b)のような発光のない非発光遷移とがある．図(b)はオージェ効果と呼ばれる非発光遷移で，2個の電子が衝突してエネルギーと運動量がそれぞれ反対に変化して遷移する．こうして，エネルギーと運動量が保存されるもので，この種の遷移では光は放出されない．

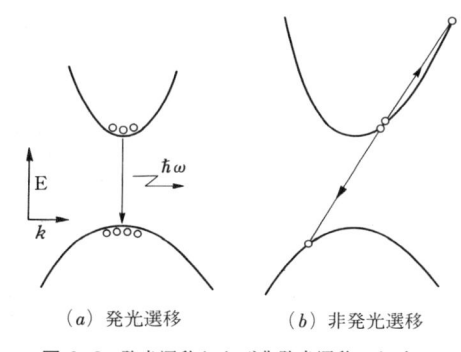

(a) 発光遷移　　　(b) 非発光遷移

図 3.6 発光遷移および非発光遷移における電子エネルギー E と運動量 k

ここで，1個の電子と1個のホールとが発光再結合する確率をB_rとすれば，発光再結合するまでの時間，寿命時間τ_r（これを放射性再結合時間ともいう）は

$$\frac{1}{\tau_r} = B_r(P_0+N)$$
$$\simeq B_r N; \quad P_0, N_0 \ll N \tag{3.6}$$

となる．発光再結合係数 B_r の値は，GaInAsP/InP の場合に $B_r=$ $(0.5\sim1.5)$ 10^{-10}〔cm³/s〕($\lambda_g=1.3\,\mu m$)，$(1.5\sim2)\,10^{-10}$〔cm³/s〕($\lambda_g=1.5\,\mu m$) 程度である．

オージェ効果の起こる確率を C_r とすれば，これは2個の電子（またはホール）の衝突に関係するので，この非発光遷移による寿命 τ_{non} は，電子密度（またはホール密度）と遷移した先の準位のホール（または電子）の密度の積に反比例する．すなわち

$$\frac{1}{\tau_{non}} = C_r(N_0+N)(P_0+N)+D$$
$$(\text{または} = C_r(P_0+N)^2) \qquad (3.7)$$

となる．上式中 D は，結晶の不完全性により再結合する割合を表す．以上の両効果が混在するときの電子の寿命 τ_s は，次式で与えられる．

$$\begin{aligned}\frac{1}{\tau_s} &= \frac{1}{\tau_r}+\frac{1}{\tau_{non}} \\ &= B_r(P_0+N)+C_r(P_0+N)^2+D \\ &= B_rN+C_rN^2+D\,;\quad P_0,\ N_0\ll N \end{aligned} \qquad (3.8)$$

ここで，発光再結合に対する非発光再結合の割合は，材料や波長帯により異なる．0.85 μm 短波長帯の AlGaAs/GaAs 系の材料では非発光再結合は少なく，近似的に式(3.6)で表される．エネルギー幅の小さな 1.55 μm 長波長帯の GaInAsP/InP では，非発光再結合の割合が増す（50 % にも達することがある）．後者の場合，電子の寿命は上式より，注入レベルが低い間は第1項が支配的で N に反比例するが，注入レベルが高くなると第2項の寄与が増し，この効果は N^2 に反比例する．

なお，格子欠陥のある半導体結晶では，伝導帯の電子は格子欠陥を介して非発光的に価電子帯へ抜け落ちる（D の効果）．

発光の効率 η_s は，次式で与えられる．

$$\eta_s = \frac{\tau_s}{\tau_r} = \frac{\frac{1}{\tau_r}}{\frac{1}{\tau_r}+\frac{1}{\tau_{non}}} = \frac{1}{1+\frac{\tau_r}{\tau_{non}}} \qquad (3.9)$$

AlGaAs/GaAs などではこの値は 1 に近いが,GaInAsP/InP では数十 % から 10 % 程度まで小さくなることがある.

3.4 半導体の電気的性質

ここで,半導体の電気的性質についてまとめておこう.

(**a**) **導 電 率** 導電率 $\bar{\kappa}$ の半導体に電界 E を加えると電流密度 J の電流が流れる.

$$J = \bar{\kappa} E \qquad (3.10)$$

ここに,N と P を電子とホールの密度,e を電子電荷,μ を移動度として

$$\bar{\kappa} = Ne\mu_n + Pe\mu_p \qquad (3.11)$$

(**b**) **移 動 度** τ_i をキャリヤと格子点との衝突による緩和時間とし,m^* を有効質量とすれば,移動度 μ は次式で表される.

$$\mu = \frac{e\tau_i}{m^*} \qquad (3.12)$$

伝導帯の底近くでは,次式のように電子のエネルギーは運動量の 2 乗に比例して増加する.

$$E = E_c(k) = E_c + \frac{1}{2}\frac{d^2 E}{dk^2}k^2 = E_c + \frac{(\hbar k)^2}{2m^*} \qquad (3.13)$$

したがって

$$m^* = \frac{\hbar^2}{\frac{d^2 E}{dk^2}} \qquad (3.14)$$

緩和時間 τ_i は,キャリヤの波動関数が一定に保たれる時間である.また τ_i は光とキャリヤの相互作用が一貫して行われる時間で,重要なパラメータである.

表 3.1 半 導 体
(Handbook of Electronic Materials, Vol 2, Electronic

結 晶	密 度 $[g/cm^3]$	対 称 性	格子定数$[Å]$ a_0	c_0	融 点 $[℃]$	固有熱抵抗 $[W/cm\ K]$	熱膨張係数 $(\times 10^{-6}/K)$	誘電率 直流 ε_0	光 ε_∞
BN	3.45	立方晶系, せん亜鉛鉱	3.615		2 700		3.5	7.1	4.5
	2.255	六方晶系, ルチル	2.51	6.69	3 000	0.8	$a_0=-2.9$ $c_0=40.5$	3.8	4～5
BP	2.97	立方晶系, せん亜鉛鉱	4.538		2 000	8×10^{-3}			
BAs	5.22	立方晶系, せん亜鉛鉱	4.777						
AlN	3.26	六方晶系, ルチル	3.111	4.980	2 400	0.3	4.03～6.09	9.14	4.84
AlP	2.40	立方晶系, せん亜鉛鉱	5.4625		2 000	0.9			
AlAs	3.598	立方晶系, せん亜鉛鉱	5.6611		1 740	0.08			
AlSb	4.26	立方晶系, せん亜鉛鉱	6.1355		1 080	0.56	4.88	14.4	10.24
GaN	6.10	六方晶系, ルチル	3.180	5.166	600		$a_0=5.59$ $c_0=3.17$		4
GaP	4.129	立方晶系, せん亜鉛鉱	5.4495		1 467	1.1	5.81	11.1	9.036
GaAs	5.307	立方晶系, せん亜鉛鉱	5.6419		1 238	0.54	6.0	13.18	10.9
GaSb	5.613	立方晶系, せん亜鉛鉱	6.094		712	0.33	6.7	15.69	14.44
InN	6.88	六方晶系, ルチル	3.533	5.692	1 200				
InP	4.787	立方晶系, せん亜鉛鉱	5.868		1 070	0.7	4.5	12.35	9.52
InAs	5.667	立方晶系, せん亜鉛鉱	6.058		943	0.26	5.19	14.55	11.8
InSb	5.775	立方晶系, せん亜鉛鉱	6.478		525	0.18	5.04	17.72	15.7
InBi		八方晶系	5.015	4.78	110	0.011			

1) 300 K の移動度, ただし*印の値は 77 K の値
2) 波長が 5 400～5 900 Å の屈折率

3.4 半導体の電気的性質

の 諸 定 数
Property Information Center, New York (1971) による)

電気抵抗 [Ω·cm]	移動度[1] [cm²/Vs] 電子	ホール	有効質量 電子	ホール	エネルギー間隔 [eV] 0 K	77 K	300 K	仕事関数 [eV]	屈折率[2] n_0	n_e
10^{10}							14.5 D 8.0 I		2.117	
10^{18}							3.8		2.20	1.66
10^{-2}	500						2 I		3〜3.5	
			1.2	0.26(l) 0.31(h)			1.46 I			
10^{12}	14						5.9		2.206	2.16
10^{-5}	80				2.52		2.45		3.4	
	180		0.11	0.22	2.25 I		2.13 I 2.9 D		3.3	
5	200	300	0.39	0.11 (l) 0.5 (h)			2.218 D 1.62 I	4.86	3.4	
10^9	150		0.19	0.6	3.48		3.39		2.0	2.18
1	2 100*	1 000*	0.35	0.14 (l) 0.86 (h)	2.885 D 2.338 I		2.78 D 2.261 I	1.31	3.452	
0.4	16 000*	4 000*	0.0648	0.082(l) 0.45 (h)	1.522 D	1.51 D	1.428 D	4.35	4.025	
0.04	10 000*	6 000*	0.049	0.056(l) 0.33 (h)	0.8128 D		0.70 D	4.76	3.8	
4×10^{-3}							2.4			
0.008	44 000	1 200*	0.077	0.8	1.4205 D	1.4135 D	1.3511 D 2.25 I	4.65	3.45	
0.03	120 000*	200	0.027	0.024(l) 0.41 (h)	0.4105 D	0.404 D	0.356 D	4.55	4.558	
0.06	10^6	1 700	0.0135	0.016(l) 0.438(h)	0.2355 D	0.228 D	0.18 D	4.42	4.22	
10^{-4}	30									

表 3.1 に半導体のエネルギー間隔，移動度，有効質量，あるいは熱抵抗などの諸定数を示す．表の移動度は不純物濃度が小さな固有状態における値である．**図 3.7** に示すように半導体のキャリヤの移動度は，電子とホールでは大きく異なり，また，不純物濃度の大きさによって大幅に変化する．

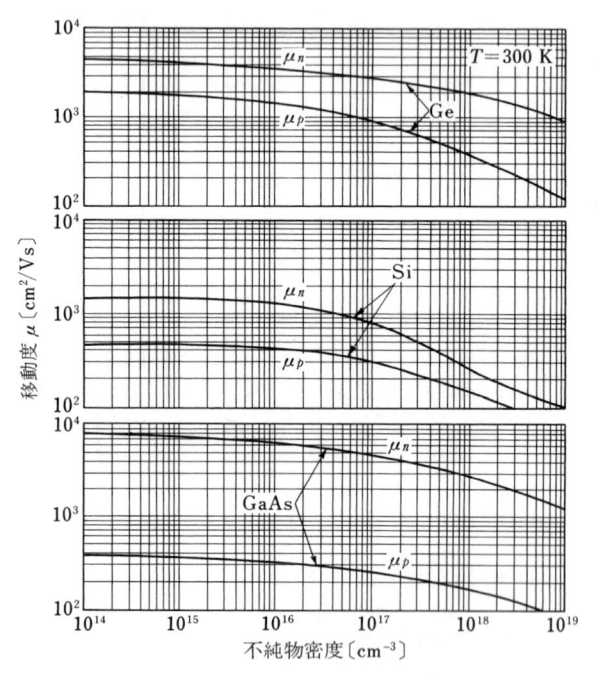

図 3.7 移動度のキャリヤ密度依存性
(S. M. Sze and J. C. Irvin：" Resistivity, Mobility, and Impurity Levels in GaAs, Ge and Si at 300 K", Solid State Electron, **11**, 599 (1968) による)

(c) 状態密度 伝導帯および価電子帯の状態密度は

$$g_c = \frac{1}{2\pi^2}\left(\frac{2m_n^*}{\hbar^2}\right)^{3/2}(E-E_c)^{1/2}$$
$$g_v = \frac{1}{2\pi^2}\left(\frac{2m_p^*}{\hbar^2}\right)^{3/2}(E_v-E)^{1/2}$$
(3.15)

また，エネルギー E の状態を占める確率，すなわちフェルミ分布関数（伝導帯

について f_c, 価電子帯について f_v) は, フェルミ準位を E_f とすれば

$$f_c = \frac{1}{1+\exp\left(\frac{E-E_f}{k_BT}\right)} \tag{3.16}$$

$$f_v = \frac{1}{1+\exp\left(\frac{E_f-E}{k_BT}\right)} \tag{3.17}$$

となる.

(*d*) **キャリヤ密度**　電子とホールの密度 N, P はそれぞれ

$$N = \int g_c(E-E_f) f_c dE \tag{3.18}$$

$$P = \int g_v(E_f-E) f_v dE \tag{3.19}$$

で表される.

(*e*) **中 和 条 件**　密度 N_0, P_0 の不純物のドナー, アクセプタについては, 電荷の中和条件が成り立ち

$$N+N_0 = P+P_0 \tag{3.20}$$

となる. 発光デバイスでは, 発光領域は不純物濃度が少ない場合が多いが, 電子の注入レベルを上げると, この中和条件によりそれに伴ってホール密度も増加するのは前述のとおりである.

(*f*) **熱 抵 抗**　一方, 光デバイスの温度上昇を決める熱抵抗 R_{th} は, P_{opt} を消費電力, ΔT を上昇温度とすると, 次式で与えられる.

$$R_{th} = \frac{\Delta T}{P_{opt}} = \frac{\rho_{th} l}{S} \quad [\text{K/W}] \tag{3.21}$$

ここに ρ_{th} は固有熱抵抗, l と S はそれぞれ熱抵抗体の長さと断面積である. 表 *3.1* に半導体の固有熱抵抗を示す. $L=1$ [μm], $S=3\times300$ [μm²] の InP 結晶を例にすれば, $\rho_{th}=0.7$ [W/cmK] であり, $R_{th}=35$ [℃/W] になる.

3.5 ヘテロ構造とキャリヤの注入ならびに共鳴トンネル注入

3.5.1 ヘテロ接合

(**a**) **拡散電位**　多くの光デバイスではヘテロ接合，またはヘテロ構造を用いる．ヘテロ構造は異なった組成の半導体で作られた接合をいう．図 **3.8** は伝導型の異なるヘテロ接合のエネルギー分布を示す．ϕ_j, χ_j, E_{gj} はそれぞれ，各領域 ($j=1, 2$) の仕事関数，電子親和力およびエネルギー間隔幅である．仕事関数の差が次式に示す接合の拡散電位 V_d になる．

$$V_d = V_{d_1} + V_{d_2} = \frac{\phi_2 - \phi_1}{e} \tag{3.22}$$

ここに，V_{d_1} および V_{d_2} はそれぞれ n および p 領域の空乏層による電位差であり，各領域の空乏層の厚さ d_1, d_2 が不純物濃度に反比例するのは，通常の pn 接合の場合と同じである．

なお，エネルギー eV_d は，通常は，小さいほうのエネルギー間隔に近い値であり，この場合は E_{g_2} である．

(**b**) **エネルギー分布**　二つの半導体では電子親和力やエネルギー間隔幅

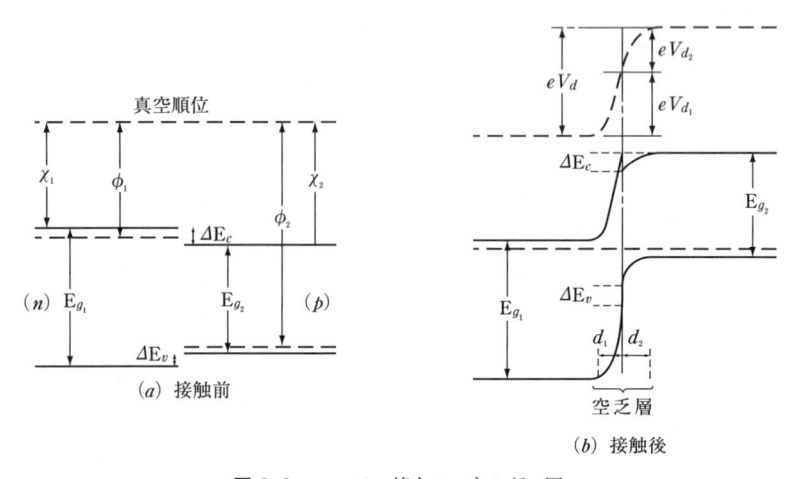

図 **3.8** pn ヘテロ接合のエネルギー図

に差があり，図に示したように，伝導帯や価電子帯が滑らかにつながらず，ΔE_c, ΔE_v の差が現れる．nn または pp の同じ伝導型でも**図 3.9**(a) のように同様なことが現れ，空乏層が現れる．もし，界面に欠陥などにより界面準位が存在すると，この界面準位により電子の捕獲が行われる．接合面では，フェルミ準位の高い側から低い側へ電子が移動して，図 3.9(a) のように境界付近に空乏層ができ，電子の流れを防げる．

(**c**) **障壁容量** pn ヘテロ接合には，図 3.8 のように，幅がそれぞれ d_1, d_2 の空乏層が現れ，静電容量が現れる．このとき，面積 S 当りの静電容量 C は，ほぼ通常の pn 接合の場合と同様にして求められ，次式のように与えられる．

$$C = \left\{ \frac{e\varepsilon_1\varepsilon_2 N_d P_a}{2(V_d-V)(\varepsilon_1 N_d+\varepsilon_2 P_a)} \right\}^{1/2} S \qquad (3.23)$$

ここに，ε_1, ε_2 は領域 1 (n 側), 2 (p 側) の誘電率で N_d, P_a は領域 1 (n 側) の

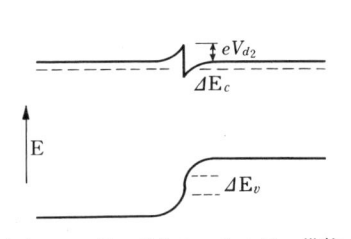

(a) nn ヘテロ接合のエネルギー準位

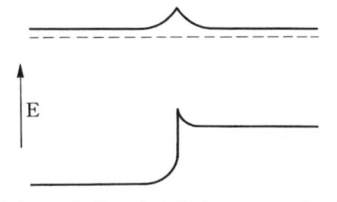

(b) 界面準位がある場合の nn ヘテロ接合のエネルギー準位

図 3.9 nn ヘテロ接合のエネルギー図

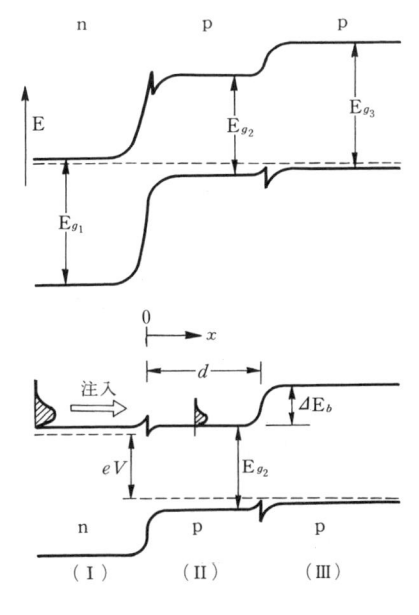

図 3.10 二重ヘテロ接合

ドナー密度と領域2（p側）のアクセプタ密度とである．また，V_d, V は拡散電位と印加電圧である．この関係は，普通の pn 接合の場合にも当てはまる．

図3.10 は，エネルギー間隔 E_{g2} の材料の両側を E_{g1}, E_{g3} の材料で挟んだ二重ヘテロ接合のエネルギー準位図を概念的に示す．**図3.11** は GaAs の両側を AlGaAs で挟んだ二重ヘテロ接合の実際の電位分布の解析例を表している．

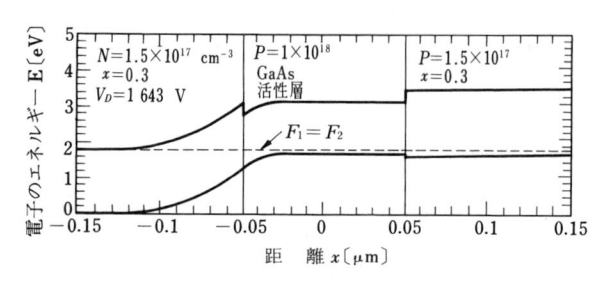

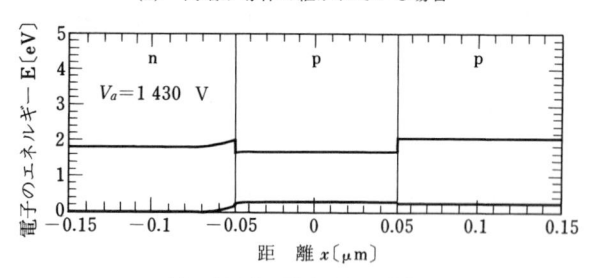

図3.11 AlGaAs/GaAs 二重ヘテロ接合の電位分布
(Casy and Panish：Heterostructure Lasers, Quantum Electronics, Principles and Applications, Academic Press (1978) による)

3.5.2 ヘテロ接合の電圧電流特性

(a) ヘテロ接合の電流　ヘテロ接合に電圧 V を印加したとき，通常の pn 接合の場合と同様に p 側に注入される少数キャリヤ N は，熱平衡時の p 領域の小数キャリヤの電子密度を N_0 とすれば

$$N = N_0 \exp\left\{\frac{e(V-V_d)}{k_B T}\right\} \tag{3.24}$$

ここに N_i を p 側の固有電子密度, P_a をアクセプタ密度とすれば次式となる.

$$N_0 = \frac{N_i^2}{P_a}$$

D_n を電子の拡散定数, τ_s をその寿命時間とすれば, 拡散長 L_n は

$$L_n = \sqrt{D_n \tau_s} \tag{3.25}$$

となる. ここで, 接合面に垂直な方向を x として, キャリヤの拡散方程式

$$\frac{d^2 N}{dx^2} - \frac{N - N_0}{L_n^2} = 0 \tag{3.26}$$

を解いて N を求めれば, 接合面に垂直な x 方向のキャリヤ分布は

$$\exp\left(-\frac{x}{L_n}\right)$$

となって減少する. したがって, キャリヤ密度は次式のように求められる.

$$N - N_{p_0} = N_0 \left[\exp\left\{\frac{e(V - V_d)}{k_B T}\right\} - 1\right] \exp\left(-\frac{x}{L_n}\right) \tag{3.27}$$

このとき, 接合に流れる電流密度 J_n は, 接合面 $x=0$ 点のキャリヤ密度の傾きに比例し

$$\begin{aligned}
J_n &= e D_n \left(\frac{dN}{dx}\right)_{x=0} \\
&= \frac{e D_n N_0}{L_n} \exp\left\{\frac{e(V - V_d)}{k_B T} - 1\right\} \\
&= J_0 \left[\exp\left\{\frac{e(V - V_d)}{k_B T}\right\} - 1\right]
\end{aligned} \tag{3.28}$$

となる. ここに

$$J_0 = \frac{e D_n N_0}{L_n} \tag{3.29}$$

である. 接合を通して流れる注入電流密度 J_n は, 印加電圧 V とともに指数関数的に増加する.

(**b**) **二重ヘテロ接合の注入電流**　　図 *3.10* のような, 二重ヘテロ接合では, 順バイアス V により注入された電子は, 反対側のヘテロ障壁 $\varDelta E_b$ によって, 幅 d の中間の領域 (Ⅱ) に閉じ込められる. このとき, 領域 (Ⅱ) の電子の分布 N は式 (*3.24*) から, $x=d$ で $I=0$ ($dN/dx=0$) となることから

$$N - N_0 = N_0 \left[\exp\left\{\frac{e(V-V_d)}{k_B T}\right\} - 1 \right] \frac{\cosh\left(\frac{d-x}{L_n}\right)}{\cosh\left(\frac{d}{L_n}\right)}$$

となる．したがって，注入電流密度は，式 (3.28) の右辺の第1式から

$$\begin{aligned}J_n &= eD_n \left(\frac{dN}{dx}\right)_{x=0} \\ &= J_0 \left[\exp\left\{\frac{e(V-V_d)}{k_B T}\right\} - 1 \right]\end{aligned} \quad (3.30)$$

となる．ここに

$$J_0 = \frac{eD_n N_0}{L_n} \tanh \frac{d}{L_n}$$

である．したがって，注入されたキャリヤの密度は

$$N - N_0 = J_n \left(\frac{L_n}{eD_n}\right) \frac{\cosh \frac{d-x}{L_n}}{\sinh \frac{d}{L_n}} \quad (3.31)$$

となる．挟まれたヘテロ層の厚さが拡散長に比べて十分に小さくて，$d \ll L_n$ であり，その上に注入量が大きくて，$N \gg N_0$ であれば

$$N = J_n \frac{L_n}{eD_n} \frac{L_n}{d} = \left(\frac{\tau_s}{ed}\right) J_n \quad (3.32)$$

となり，N は d に反比例して大きくなる．

ヘテロ接合の電圧電流特性は，**図 3.12** のように，普通の pn 接合の場合と同じで，拡散電位 V_d 以上の順バイアス電圧を加えると電流が流れる．

(**c**) 二重ヘテロ接合からのキャリヤ漏洩

二重ヘテロ接合に注入され，閉じ込められたキャリヤは，図 3.10 に示すように高いエネルギーでもキャリヤのすそ野が分布する

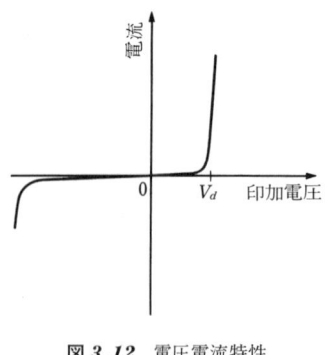

図 3.12 電圧電流特性

(式 (3.16))．したがって，キャリヤの一部はヘテロ障壁を乗り越えて漏洩する．この漏洩電流は，温度が高くなると顕著になり，レーザ特性を劣化させるので，二重ヘテロ接合レーザではヘテロ障壁の大きな材料の組合せが重要である（詳細は参考文献 (45)，(63) などを参照されたい）．

(d) 順バイアス時の微分抵抗　順バイアス時には，拡散電位 V_d 以上の印加電圧で折れ線的に大きな電流が流れる．そこで，このときの電流の傾きを次式の微分抵抗 r で表すと便利なことが多い．式 (3.28) または式 (3.30) より，順方向電流 I については

$$\frac{1}{r} = \frac{dI}{dV} = I\frac{e}{k_B T} \tag{3.33}$$

となる．ここに，室温では $e/(k_B T) = 39.5$ である．微分抵抗 r は電流 I に反比例して減少する．

3.5.3　共鳴トンネル注入

後で述べるように (6.9 節)，量子井戸構造では共鳴トンネル現象により電子注入が行われる[†]．例えば，図 6.30 のように薄い絶縁膜層を介して，その両側の量子井戸構造の電子準位が同じになるように電位差が加えられると，電子注入が効率的に行われる．

3.6　化合物半導体とエネルギー間隔

3.6.1　化合物半導体のエネルギー間隔

(a) 混　　晶　3.1 節で述べたように発光の波長は結晶のエネルギー間隔で決まる．二つ以上の異なった原子で構成される結晶を混晶といい，そのような半導体を化合物半導体という．図 3.13 はⅡ～Ⅵ族までの各種の原子を示す．光デバイスにはⅢ～Ⅴ族の化合物半導体がしばしば用いられる．

[†]　L.Esaki and R.Tsu (1970)

3. 半導体による発光と吸収

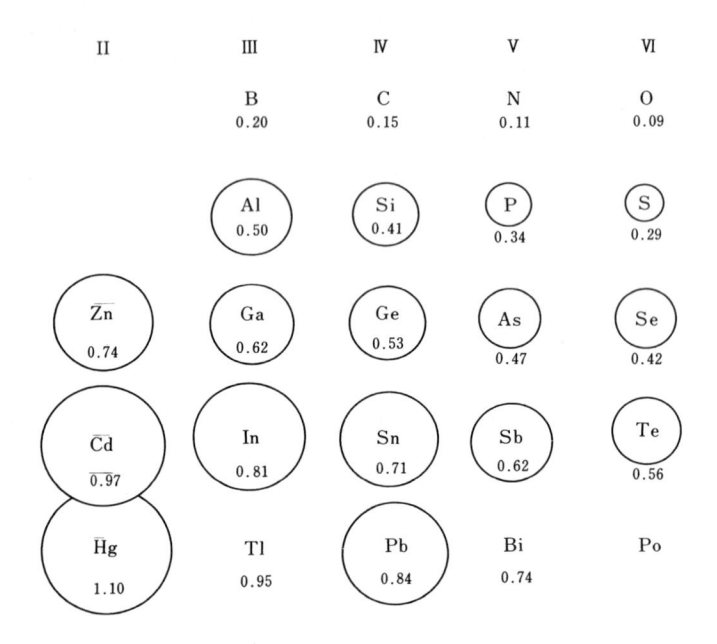

II	III	IV	V	VI
	B 0.20	C 0.15	N 0.11	O 0.09
	Al 0.50	Si 0.41	P 0.34	S 0.29
Zn 0.74	Ga 0.62	Ge 0.53	As 0.47	Se 0.42
Cd 0.97	In 0.81	Sn 0.71	Sb 0.62	Te 0.56
Hg 1.10	Tl 0.95	Pb 0.84	Bi 0.74	Po

(注) 下段の数字は原子半径〔Å〕, 円はおよその大きさを表す.

図 3.13 化合物半導体を構成する元素

代表的な GaAs の化合物は ZnS 型であり, 図 **3.14** のように配置されている.

　混晶では, 構成原子の組成を変えることによってエネルギー間隔がかなりの範囲にわたって自由に変えられる特徴がある. また, 混晶原子の平均間隔である格子間隔を一定に保てば (これを格子整合という), 組成の異なる混晶を何層にもわたって成長できるのでヘテロ構造が容易に形成できる. そして, このようなヘテロ構造では, 組成の変化に伴ってエネルギー間隔が場所的に変化するので, 一定の波長の光に対しては, 場所的に光の発生や吸収, ならびに透明にできる. さらに, 混晶は直接遷移型のものも多い. これらの理由から, 光デバイスには化合物半導体が多く用いられる.

　代表的な化合物半導体には, $Al_xGa_{1-x}As$, $Ga_xIn_{1-x}As_yP_{1-y}$, GaInNAs や GaN などがあり, III 族同士の割合 x, および V 族同士の割合 y を変えて化合物半導体のエネルギー間隔を変える.

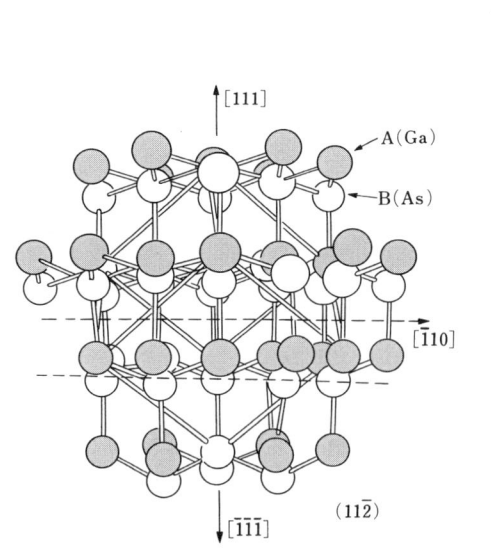

図 3.14 ZnS 型の化合物半導体の元素の配列

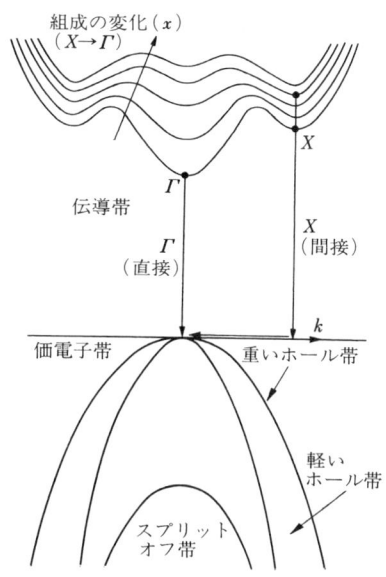

図 3.15 組成の変化による直接遷移型から間接遷移型への変化

(b) Γ 遷移と X 遷移　$Al_xGa_{1-x}As$ を例にとると，そのエネルギー図は **図 3.15** のように直接遷移型の主な谷 Γ の外に間接遷移型の衛星谷 X がある．Al を含まない GaAs 結晶では，Γ が X より低く，直接遷移型である．Al が入ると，同じⅢ族の Ga と置き換わる．この状態は，混晶 AlAs が混晶 GaAs を置き換えると考えてもよい．ところで，混晶 AlAs のエネルギー間隔は，**図 3.16** に

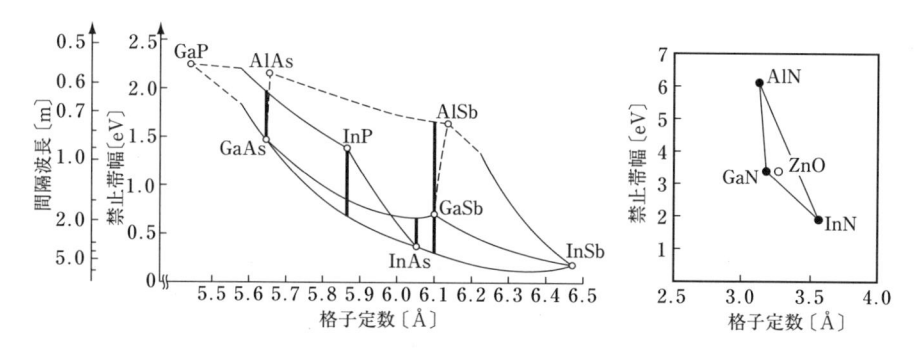

図 3.16 混晶と格子定数およびエネルギー間隔に相当する間隔波長

3. 半導体による発光と吸収

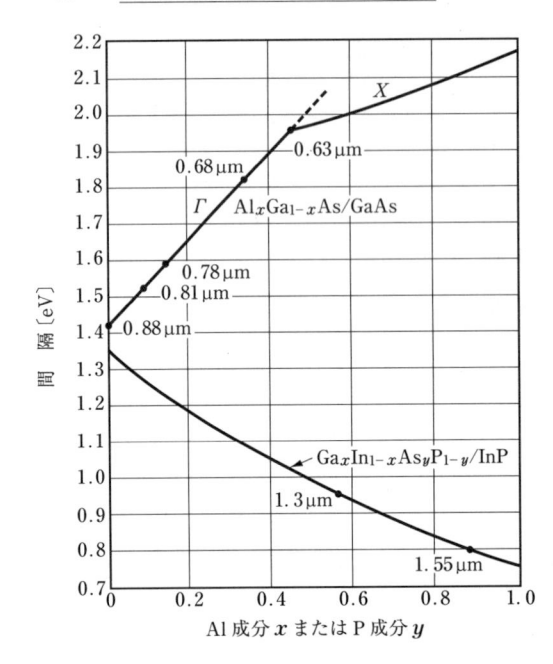

図 3.17 $Al_xGa_{1-x}As$ および $Ga_xIn_{1-x}As_yP_{1-y}$ のエネルギー間隔に相当する間隔波長と組成の関係。$Ga_xIn_{1-x}As_yP_{1-y}$ は InP と格子整合条件を満たすように，x と y との関係を選んである（伊賀健一による）．

混晶	材料			間隔波長 [μm]
	活性	クラッド	基板	0.5　　1　　　5　　10
III-V	GaInN	GaN	GaN	
	AlGaAs	AlGaAs	GaAs	
	GaInAsP	GaInP	GaAs	
	GaInAsP	AlGaInP	GaAs	
	AlGaInP	AlGaInP	GaAs	
	GaInAs	GaAs	GaAs	量子ドット
	GaInNAs	GaAs	GaAs	
	AlGaInAs	InP	InP	
	GaInAsP	InP	InP	
	AlGaAsSb	AlGaAsSb	GaSb	
	InAsSbP	InAsSbP	InAs	
IV-VI	PbSnSeTe	PbSnSeTe	PbTe	
II-VI	ZnSSe		GaAs	

図 3.18 各種の化合物半導体のエネルギー間隔に相当する間隔波長
(Y.Suematsu and K.Iga, JLT, **26**, 9, p.1133 (2008) による)

示すように，GaAs のエネルギー間隔より大きい．そのために，AlAs の割合を増すと，全休の混晶の間隔がほぼ組成比 x に比例して増加する．Al の割合を増して x の値を零から増していくと，図 *3.15* のように，衛星谷 X のほうが主な谷 Γ より低くなる．そして，遷移は衛星谷を通じて行われるようになる。こうして x が一定の値以上になると間接遷移型になる．$Al_xGa_{1-x}As$ では間接遷移型になるのは $x=0.45$ からである．

図 *3.17* は化合物半導体の混晶組成とそのエネルギー間隔に相当する間隔波長の例を示している．式 (*3.2*) のエネルギー間隔との関係で与えられる波長を間隔波長という．図 *3.18* は各種の化合物半導体と間隔波長（放出波長ともいう）の関係を示している．

3.6.2 半導体の屈折率と吸収係数

(*a*) **半導体の屈折率**　半導体は間隔波長 λ_g 以下の波長の光を吸収する．しかし，それ以上の長い波長の光に対しては透明で吸収が少なく，誘電体として扱われる．

半導体の屈折率は，間隔波長の近傍以上の波長では，間隔波長 λ_g と一致する波長で最も大きくなって 3.5 前後の値であるが，それより大きな波長に対しては，屈折率は小さくなる．図 *3.19* (*a*) は，$Ga_xIn_{1-x}As_yP_{1-y}$ の場合を示している．波長が λ_g の 2 倍程度になると，屈折率が 10 % 程度下がる．この傾向は他の半導体についても酷似している．したがって，一定の波長の光に対する化合物半導体の屈折率は，半導体のエネルギー間隔によって異なる．

エネルギー間隔の小さな半導体の両側をエネルギー間隔の大きな半導体で挟んだ二重ヘテロ構造にすると，挟まれた中間の部分の屈折率が大きくなり，両側は損失がなくて，そのうえに屈折率が小さくなるので光導波路が形成されて，光が閉じ込められる．

(*b*) **吸　　収**　間隔波長より短い波長の光は吸収されるが，長い波長の光の吸収は少ない．しかし，完全に透明というわけではなくて，間隔波長より長い波長でも各種の要因により少しは吸収される．波長が間隔波長に近けれ

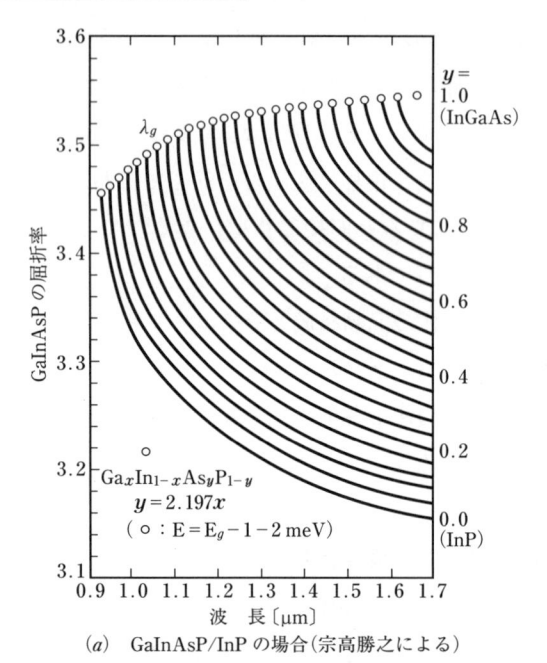

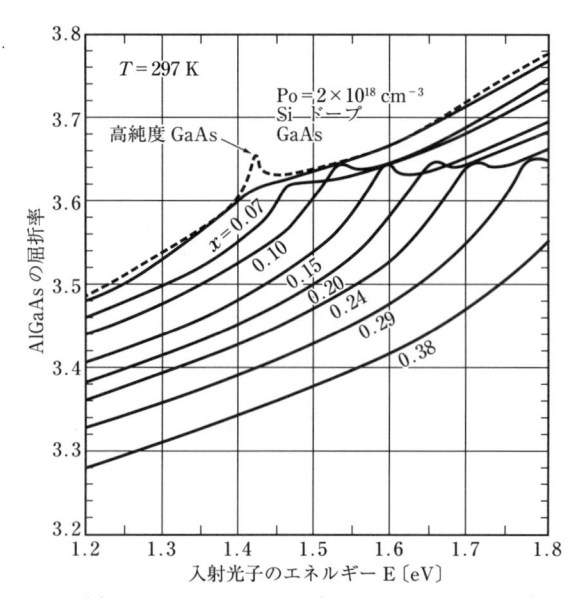

(a) GaInAsP/InP の場合（宗高勝之による）

(b) AlGaAs/GaAs の場合（Casy and Panish による）

図 **3.19** 半導体の屈折率の波長特性

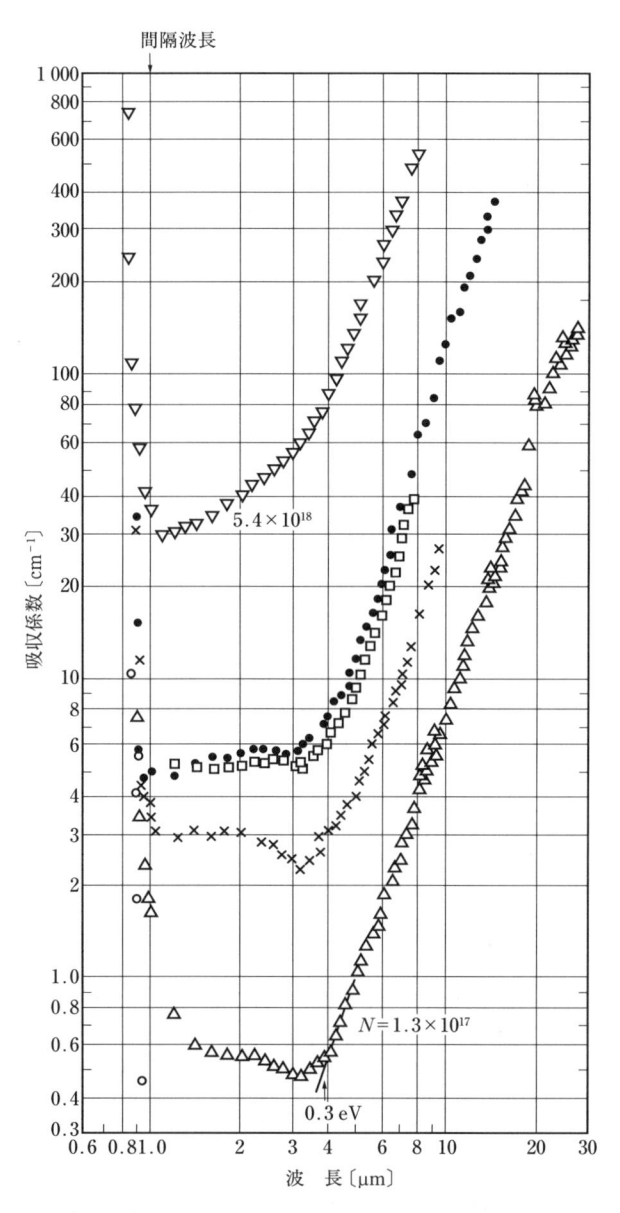

図 3.20 n-GaAs の吸収波長特性. パラメータはドーパント/cm^3 (Pankov: Optical Process in Semiconductors, Prentice-Hall (1971) による)

ば，不純物により作られたキャリヤによる導電性の吸収があり，**図3.20**に示すように，不純物の濃度に比例して吸収係数が増加する．ここに，用いた吸収を表す単位〔cm^{-1}〕は 1 cm の厚さで光の強さが $1/e$（e：自然対数の根）になる値として定義されている．この図は n 形の GaAs で，不純物濃度 N をパラメータにして示してある．図で波長がさらに長くなると格子の振動により吸収が増加する．

この半導体の吸収係数 α_{ab} の不純物濃度 N への依存性は，理論的にはおおよそ次式で与えられる．

$$\alpha_{ab} = B \left(\frac{2\pi\hbar^2}{m^* k_B T} \right)^{3/2} \times \exp\left(-\frac{E_c - E_v}{k_B T} \right) N \qquad (3.34)$$

（c）注入キャリヤの効果　　注入されたキャリヤはプラズマ状態となり，電磁気学の教科書にあるように，電離層での電波の反射現象と同じで，屈折率を δn だけ下げる．この値は，n を屈折率とすれば

$$\frac{\delta n}{n} = \frac{-e^2 N}{2\, m^* \omega^2 \varepsilon_0\, n^2} \qquad (3.35)$$

となる．この値は半導体レーザでは 0.5％程度にもなる．つぎに，このプラズマで吸収される係数 $\delta\alpha_{ab}$ は，同様にして

$$\delta\alpha_{ab} = \frac{e^2 \lambda^2 N}{4\pi^2 \varepsilon_0\, nc^3 m^* \tau_i} \qquad (3.36)$$

となる．ここに，τ_i は先に述べたキャリヤ衝突の緩和時間である．高注入時には数 cm^{-1} 程度の吸収が起こる．

3.6.3　混晶のエピタキシー

Al$_x$Ga$_{1-x}$As や Ga$_x$In$_{1-x}$As$_y$P$_{1-y}$ のような結晶は，GaAs や InP のような基板結晶の上にエピタキシーで層状に結晶成長させる．これを記号的に Al$_x$Ga$_{1-x}$As/GaAs や Ga$_x$In$_{1-x}$As$_y$P$_{1-y}$/InP で表し，「/」以下は基板を示す．その際，良質の大きな結晶を得るには組成の異なる結晶の間に両方の結晶の格子間隔を一致させる必要があり，この条件を格子整合条件という．Ga$_x$In$_{1-x}$As$_y$P$_{1-y}$ を

InP 基板に格子整合させるには，x と y との間にバーガーの関係と称する一定の関係が必要になる．

エピタキシアル成長技術は光デバイス作成の基礎であり，これには有機金属蒸気成長技術（MOVPE），分子ビームエピタキシアル成長技術（MBE）や，液相エピタキシアル成長技術（LPE），気相エピタキシアル成長技術（VPE）などが用いられている．

なお，膜厚が数十 nm 以下の薄膜になると，格子整合からずれても結晶の質が悪化することはない．むしろ薄膜にひずみが加わって，後から述べるひずみ量子井戸構造の特性を活かせる場合もある．

演 習 問 題

3.1 波長 1.5 μm の自然放出光を出す物質の，上の準位と下の準位の電子数の比を室温で求めよ．

3.2 GaInAsP/InP の発光再結合係数の値を $B_r = 10^{-10}$ 〔cm³/s〕として，注入電子密度を $N = 10^{18}$ 〔cm^{-3}〕とすれば，放射性結合時間（自然放出の寿命時間）はいくらか．

3.3 GaAs に電子密度 $N = 10^{18}$ 〔cm^{-3}〕の注入を行ったときの，プラズマ効果による屈折率と吸収の大きさを求めよ．また，電子注入された GaAs の相対的な屈折率変化を求めよ．

4. 光波と電子の相互作用

> 「求むれば即ち之れを得，舎つれば即ち之れを失う．」
> （孟子：諸橋訳）

4.1 はじめに

本章では，第 *2* 章の量子力学の基礎と，第 *3* 章の光半導体の基礎を受けて，光デバイスの基礎となる光波と電子の相互作用を，量子力学的に表す方法について述べる．

(*a*) **分　極**　電子は物質内で偏移し，正の電荷（半導体ではホール）との間で分極を作る．この分極は，**図 *4.1*** に示すように，物質の二つのエネルギー準位の振動 ω_1, ω_2 による角周波数 $\omega_{12}=\omega_1-\omega_2$ のビートを作り，二つの準位間のエネルギー差に相当する固有の角周波数 ω_{12} で振動する．

これは，図 (*b*) に示すように，ビートに相当する電荷の縞(しま)が原子の周りを角周波数 ω_{12} で振動していることに相当する．二つの準位間のエネルギー差が光波のエネルギーに等しいときには，分極の周波数は光の周波数と等しくなり，光波の周期と同期してエネルギーのやり取りを効率的にする．電子が上の準位にあれば，電子は光の電界で減速され，エネルギーを失って上の準位から下の準位に遷移し，光はその差のエネルギーを得て増幅される．逆の場合には，電子は加速され，エネルギーを得て上の準位に遷移し，光はエネルギーを失って吸収される．本章では，このような現象に関与する物質中の電子群に着目している．

(*b*) **本章の目的**　本章では，このような電子と光波の相互作用を量子力学的に表し，光デバイス動作の理論的な背景としたい．解析の手段には，概念的にやや難しいが応用範囲が広い密度行列の手法を用いる．これを用いて，ま

4.1 はじめに

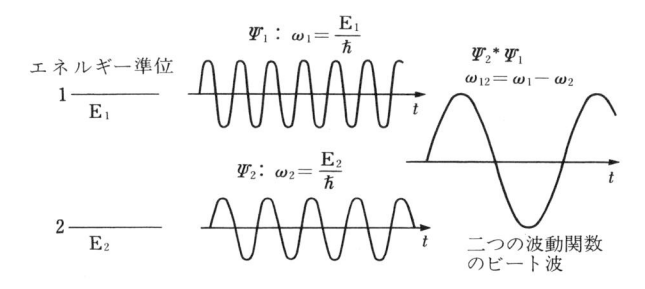

(a) 準位 1, 2 間で作る分極ビート角周波数 $\omega_{12} = \omega_1 - \omega_2$

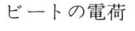

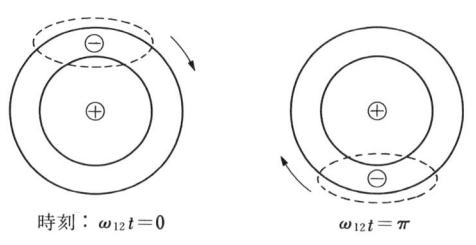

(b) 電子のビート振幅の振動
角周波数 ω_{12} で振動して振動分極を作る

図 4.1 電子分極の振動

ず物質の分極率を求め,エネルギーの蓄積を示す分極率の実部と,吸収や誘導放出を表す虚部を求め,第 3 章で述べた電子遷移との関連を調べ,光波の増幅過程を求める.そして,これらの解析を元に,誘導放出に基づく電子と光波のエネルギー(光子密度)の時間的な変化の割合を表すレート方程式を導くことにする.

本章で理解したい主要な結論は四つある.まず,4.2 節の,光の増幅・吸収を古典的に表す式 (*4.15*) である.次に 4.5 節の,電子が遷移する物質の分極が式 (*4.32*) で表され,光の周期で振動していること,さらに,4.5 節の,電子遷移によって起こる光の吸収や誘導放出の現象が,分極率に虚部をもたらして電磁波の吸収や増幅作用をすることを示す,式 (*4.46*) である.最後に,4.7 節の,光子と電子が相互に作用する誘導放出によって,光子密度と電子密度が時間的に変化する現象を表すレート方程式 (*4.54*) および (*4.55*) である.

これらの式を導出し，実態に応じてこれを変形して現実問題の解析に役立てるためには，これがどのようにして導かれたかを知っておく必要がある．このための手段に用いるのが密度行列である．したがって，密度行列は補助的な手段であって，なんらかの具体的な現象を表すのではない．しかし，この密度行列を用いれば，解析的に現象を理解しようとする読者には，光と電子の相互作用を理解するのに大変な助けになろう．

4.2 波動方程式による光増幅の表現

(a) マクスウェルの方程式と分極　　光もその一種である電磁波の波動的な性質は，次式のマクスウェルの方程式から導かれる

$$\nabla \times \boldsymbol{H} = \frac{\partial \boldsymbol{D}}{\partial t} + \boldsymbol{i}, \quad \nabla \times \boldsymbol{E} = -\frac{\partial \boldsymbol{B}}{\partial t} \tag{4.1}$$

ここに，$\boldsymbol{E}$ は電界（太字は時間ベクトル，以下に同じ），$\boldsymbol{H}$ は磁界，$\boldsymbol{D}$ は電束密度，$\boldsymbol{B}$ は磁束密度，$\boldsymbol{i}$ は電流密度である．$\boldsymbol{D}, \boldsymbol{B}, \boldsymbol{i}$ については，分極 $\boldsymbol{P}$，真空の誘電率 ε_0，屈折率 n，誘電率 $\varepsilon = n^2 \varepsilon_0 (= \varepsilon_r \varepsilon_0 (\varepsilon_r：比誘電率))$，導電率 $\bar{\kappa}$，透磁率 μ を用いると，さらに次のように表すことができる．

$$\boldsymbol{D} = \varepsilon_0 \boldsymbol{E} + \boldsymbol{P} = \varepsilon_0 \boldsymbol{E} + \boldsymbol{P}_b + \boldsymbol{P}_l = \varepsilon_0 n^2 \boldsymbol{E} + \boldsymbol{P}_l \tag{4.2}$$

$$\boldsymbol{i} = \bar{\kappa} \boldsymbol{E}, \quad \boldsymbol{B} = \mu \boldsymbol{H} \tag{4.3}$$

上式 (4.2) で $\boldsymbol{P}_l$ はレーザ作用に直接関与する物質中の電子群の作る分極を特に他から分離して表し，$\boldsymbol{P}_b$ はレーザ作用に関与しない物質中の電子群のみの寄与による分極を表す．これらの分極は，分極率 χ_l，屈折率 n を用いると

$$\boldsymbol{P}_l = \chi_l \varepsilon_0 \boldsymbol{E}, \quad \boldsymbol{P}_b = (n^2 - 1) \varepsilon_0 \boldsymbol{E} \tag{4.4}$$

ここに，n はレーザ作用に直接関与しない電子群が作る屈折率（レーザに用いる InP 半導体では約 3.5）である．これに対して χ_l はレーザ作用に直接的に寄与する電子群が作る分極率で，後で述べるように光の増幅に関係する．じつは，後述するように，この χ_l は量子力学的に求めることができる．また式 (4.3) では光波帯における物質の磁気作用は極めて小さいので，近似的に μ を μ_0 で

表すことが多い.

式 (*4.4*) の分極率を実部 $\chi_{l,re}$ と虚部 $\chi_{l,im}$ (損失) に分けて

$$\chi_l = \chi_{l,re} - j\chi_{l,im} \tag{4.5}$$

と表せば,実部は屈折率の変化,虚部は損失(負となれば利得)を示す.

(**b**) **波動方程式**　式 (*4.1*) 〜 (*4.4*) より,次の波動方程式が得られる.

$$\nabla^2 \boldsymbol{E} - \varepsilon_0 \mu n^2 \frac{\partial^2 \boldsymbol{E}}{\partial t^2} = \mu \frac{\partial^2 \boldsymbol{P}_l}{\partial t^2} + \bar{\kappa}\mu \frac{\partial \boldsymbol{E}}{\partial t} \tag{4.6}$$

ここで,光の電解 E を,角周波数 ω で高速に変化する部分 $\exp\{j(\omega t - kz)\}$ と,分極 P_l のために時間的に(進行方向にも)緩やかに変化する振幅 E_s(簡単のために,以下では空間の z 成分のみで表す)との積で次式のように表す.

$$E = E_s \exp\{j(\omega t - kz)\} \tag{4.7}$$

ここに,μ を μ_0 と近似し,c を真空中の光速として $\sqrt{\varepsilon_0 \mu_0} = 1/c$ を用いると

$$k = \frac{\omega n}{c} = \frac{2\pi n}{\lambda} \tag{4.8}$$

(**c**) **光波の増幅・減衰**　式 (*4.6*) に式 (*4.7*) を代入して $\partial^2 E_s/\partial t^2$,などの微小な変化項を無視すれば

$$\frac{n}{c}\frac{\partial E_s}{\partial t} + \frac{\partial E_s}{\partial z} = (g_b - \alpha_b)E_s - j\Delta k E_s \tag{4.9}$$

が得られる.ここに

$$\begin{cases} g_b = -\dfrac{k}{2n^2}\chi_{l,im} & (4.10\,a) \\[2mm] \alpha_b = \dfrac{\mu_0 c}{2n}\bar{\kappa} & (4.10\,b) \end{cases}$$

$$\Delta k = \frac{k}{2n^2}\chi_{l,re} \tag{4.10\,c}$$

となり,g_b は利得係数(電界),α_b は損失係数(電界)を示す.g_b や α_b などと,サフィックス b を付けたのは,一様なバルク状材料の値を意味する.

この式は,光の電界の大きさが分極の影響を受けて時間的にも場所的にも変

化することを示している．

 (ⅰ) **空間的増幅** ここで，一定の時間で観測して $(\partial/\partial t=0)$，E_0 を一定値とすると，式 (4.9) から，レーザ作用による電界の進行方向の変化は

$$E_s = E_0 \exp\{(g_b-\alpha_b)z - j\Delta k z\} \qquad (4.11a)$$

$$E = E_0 \exp\{(g_b-\alpha_b)z + j(\omega t - (k+\Delta k)z)\} \qquad (4.11b)$$

となる．

 上式から $g_b-\alpha_b>0$ となれば，進行方向に光は増幅されることになる．その条件は，$\chi_{l,im}$ が負の値で，かつ次式が満たされる場合である．

$$-\chi_{l,im} > \frac{\bar{\kappa}}{\varepsilon_0 \omega} \qquad (4.12)$$

 (ⅱ) **時間的増幅** 次に，一定の位置で観測 $(\partial/\partial z=0)$ すると，式 (4.9) から，レーザ作用による時間的な変化は

$$E_s = E_0 \exp\left\{\left(\frac{G_b}{2} - \frac{1}{2\tau_p}\right)t + j\Phi(t)\right\} \qquad (4.13)$$

となる．ここに

$$\begin{cases} G_b = -\dfrac{\omega}{n^2}\chi_{l,im} = 2\dfrac{c}{n}g_b & (4.14a) \\[2mm] \dfrac{1}{\tau_p} = \dfrac{1}{\varepsilon_0 n^2}\bar{\kappa} = 2\dfrac{c}{n}\alpha_b & (4.14b) \end{cases}$$

$$\frac{\partial \Phi(t)}{\partial t} = -\frac{\omega}{2n^2}\chi_{l,re} = -\frac{c}{n}\Delta k \qquad (4.14c)$$

となり $\partial\Phi(t)/\partial t$ は光波の位相変化分を示す．τ_p は，$G_b=0$ の場合の，その場の光子の寿命時間を示す．

 また

$$g_b = \frac{n}{2c} G_b \qquad (4.15)$$

ここで，光子密度 S と光波のエネルギー密度が，次の関係にあることを用いると

$$S = \frac{\varepsilon |E_s|^2}{2\hbar\omega} \tag{4.16}$$

となり, 式(**4.9**), (**4.14 a, b**) から

$$\frac{\partial S}{\partial t} = \left(G_b - \frac{1}{\tau_p}\right)S \tag{4.17}$$

が得られる. このように G_b は単位時間当りの光子の増幅係数, τ_p は光子が損失のために消滅する光子寿命時間を表す.

式(**4.17**)から$(G_b - 1/\tau_p) > 0$, または, 式(**4.11 a**)から$(g-\alpha) > 0$ となれば光波が増幅される. その条件はともに $-\chi_{l,im} > \bar{\kappa}/(\varepsilon_0\omega)$ である.

このように, 媒質の分極率の虚部が $\chi_{l,im}$ が負になることは, その空間の光が増幅されることを表している. 以上の説明は分極率 χ を通した場合の話であるが, 以下の節においては, この分極率を量子力学的に求め, レーザ作用の基礎的理解の助けにしたい (ただし, 急ぐ場合には以下の **4.3～4.5** 節は簡略に済ませてもよい).

4.3 密度行列による分極の表し方

(**a**) **量子現象の統計平均** 第 **2** 章で述べたように, 古典的な物理量はそれに対応する量子力学的な物理変数の期待値として求められる. しかし, 結晶のように電子の数が多くて, 系の状態をすべて求めることが困難な場合には, その期待値を得ることが大変に難しくなる. 特にこれから述べるような光と電子の相互作用などがあると, 固有状態を求めるのは実質的に不可能になる. このような場合には, これから述べるように, 統計処理の助けを得ると便利である.

まず, 結晶内の電子の状態を例に取って説明しよう. 電子は数が多くて, すべての電子について状態を求めるのは不可能である. そこで, とりあえず, 結晶内の一つの電子についてその状態を近似的に求める. その後, 結晶内の多数の電子が, このようにして近似的に求めた状態を占める確率を統計的に求める.

すなわち，一電子近似の状態と，その状態を占める確率量とを併用して，全体の状態を近似的に表す．このようにして求めた状態を元にして，相互作用がある場合の状態を表し，所望の物理変数の期待値を求めることにする．

(b) 密度行列 ここで図 **4.2** のように，まず系に一つの電子しか存在しない場合を考えれば，その固有状態が求められ，これを Φ_m とする．ここで，電子と光の相互作用がある場合の状態を考え，その固有状態 Ψ_n を Φ_m で展開して表す．このようにして相互作用がある場合の粒子の固有状態は

$$|\Psi_n\rangle = \sum_m a_m |\Phi_m\rangle \tag{4.18}$$

となる．そして，系内の電子が状態 $|\Psi_n\rangle$ を占める確率を p_n とする．このようにすると，物理変数 R〔ここでは電気双極子モーメント：式 (**4.30**) とする〕の統計平均的な期待値は，第 **2** 章で述べたように次のように統計的に表され

$$\langle R \rangle = \sum_n p_n \langle \Psi_n | R | \Psi_n \rangle \tag{4.19}$$

ここで，次式の密度行列と呼ばれるオペレータ ρ を用いると便利である．

$$\rho = \sum_n p_n |\Psi_n\rangle \langle \Psi_n| \tag{4.20}$$

この密度行列を用いて式 (**4.19**) を書き直すと，式 (**2.31**) の Ψ を Φ に代えた $I = \sum_l |\Phi_l\rangle\langle\Phi_l|$ の関係を用いて次式のように表される（演習問題 **4.3** 参照）．

$$\langle R \rangle = \sum_{m,l} (\rho_{ml} R_{lm}) \tag{4.21}$$

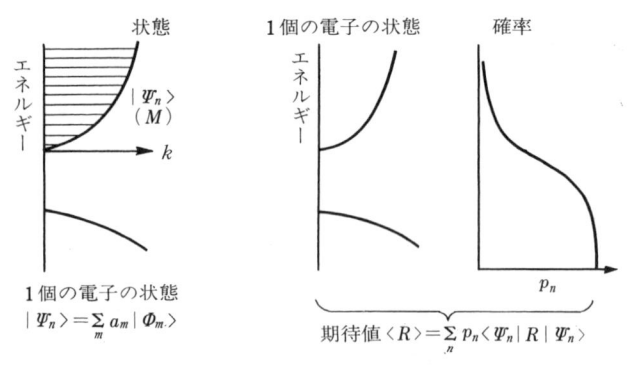

図 **4.2** 期待値の表し方と統計平均的な表示

ここに

$$R_{lm} = \langle \Phi_l | R | \Phi_m \rangle \quad (4.22)$$

$$\rho_{lm} = \langle \Phi_m | \rho | \Phi_l \rangle \quad (4.23)$$

この密度行列 ρ は演算子（オペレータ）で，取り扱っている粒子が特定の状態にある確率，あるいは二つの状態間にまたがって存在する確率などを表す．すなわち，**図 4.3** のように，密度行列の対角要素（$\sum_n p_n = 1$）

$$\rho_{ll} = \sum_n p_n |a_l|^2 = |a_l|^2$$

は取り扱っている粒子が状態 $l(\Phi_l)$ にある確率を表す．また，非対角要素

$$\rho_{lm} = \sum_n p_n a_m a_l^* = a_m a_l^*$$

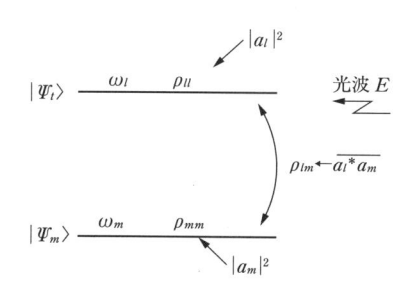

(a) 密度行列の対角および非対角要素

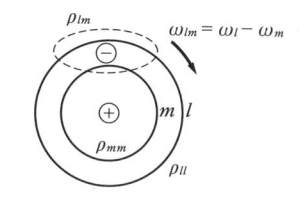

(b) 密度行列の要素と分極

図 4.3 密度行列の要素と分極

は，図 4.3 のように，状態 l と m とにまたがって存在する瞬時的な確率になり，両準位のエネルギー差のビート周波数で振動する．後から述べるように，この ρ_{lm} は二つの状態間の電子遷移に関係する分極状態の確率を表すのに必要な要素である．

この一つの電子の電気双極子モーメント $\langle R \rangle$ を用いて，この分極形成に関係する媒質の電子密度を N_b とすれば，式 (4.6) に現れた半導体の分極は次式で表される．

$$P_l = N_b \langle R \rangle \quad (4.24)$$

4.4 密度行列の運動方程式

(a) 緩和効果を無視した密度行列の運動方程式 ここで，密度行列 ρ の時間的変化を表す運動方程式を求めよう．まず，式 (4.20) を時間微分して，再び同式および式 (2.24)，(2.25) を用いれば（演習問題 4.4 参照）

$$j\hbar \frac{\partial \rho}{\partial t} = -(H\rho - \rho H)$$
$$= -[H, \rho] \qquad (4.25)$$

となる．これを密度行列の運動方程式という．

(b) 緩和効果を含む密度行列の運動方程式　　上式は，波動関数が時間によって乱されない，理想的な場合についてのみにあてはまる．現実には式 (3.12) でも述べたように，キャリヤとしての電子が格子点や他の電子などと衝突して，図 4.4 に示すようにエネルギーの値を保っているが，電子の状態が乱される．この電子の衝突により，波動関数は時間的に減衰し，衝突後にまた新しい波動関数に生まれ変わる．このような，緩和現象を運動方程式に含めると現象に即応した解が得られる．そこで，次式のように，緩和項を含んだ密度行列の運動方程式を利用するのが実際的である．

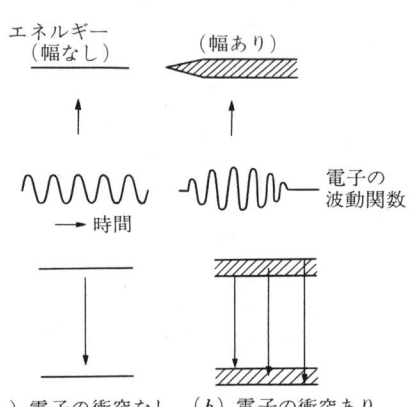

図 4.4　電子の衝突と波動関数の減衰

$$\frac{\partial \rho}{\partial t} = \frac{j}{\hbar}[H, \rho] - [緩和項] \qquad (4.26)$$

(c) 緩和現象とポンピング　　前記の緩和現象は，一種の衝突現象であり，図 4.5 に示すように，これを近似的に減衰時間 τ，あるいは減衰定数 $\gamma \,(= 1/\tau)$ で表す．この緩和項は近似的に次のように表される．まず，l 状態の電子密度を表す対角項については

$$[緩和項]_{ll} = \gamma_{ll}\rho_{ll} = \frac{\rho_{ll}}{\tau_{ll}} \qquad (4.27a)$$

この τ_{ll} による緩和現象は，電子が状態 l から抜けて行く現象を導入するものであり，電子の自然放出や格子欠陥，そしてオージェ効果などによる非発光性

再結合などを表す．また，逆に電子注入により増加するポンプ効果を次式のように表す．

$$[緩和項]_{ll} = -\Lambda \qquad (4.27b)$$

この状態を上の準位 l がポンプされたともいう．このポンプの効果は，緩和現象が負に起こったものと考えられる．

次に，非対角項については

$$[緩和項]_{lm} = \gamma_{lm}\rho_{lm} = \frac{\rho_{lm}}{\tau_{in}} \qquad (4.27c)$$

となる．この項は電子が衝突する結果，波動関数がみだれ，図 4.3 の分極がビート振動の位相をみだされる効果を表す．その緩和時間を τ_{in} で表した．

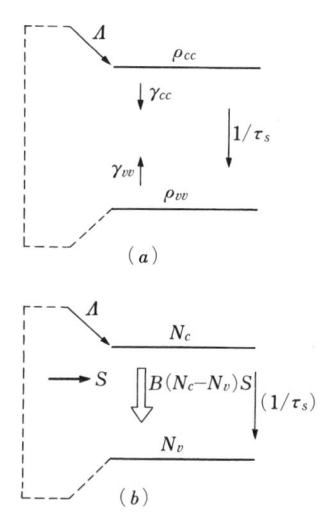

図 4.5 緩 和 現 象

(d) 密度行列マトリックス要素の運動方程式 ここで，密度行列演算子の運動方程式をマトリックス要素について表す．このようにマトリックス要素にすると，オペレータの密度行列から，「数」として扱える式になるので，数学的な取り扱いが便利になる．まず，式 (4.26) を式 (4.18) の $\langle\Phi_l|$ と $|\Phi_l\rangle$，または，$|\Phi_n\rangle$ で挟んで密度行列のマトリックス要素で表す．まず，式 (4.26) を $\langle\Phi_l|$ と $|\Phi_l\rangle$ で挟めば，密度行列の対角要素について（演習問題 4.5 参照）

$$\frac{\partial \rho_{ll}}{\partial t} = \frac{j}{\hbar}\sum_p (H_{lp}\rho_{pl} - \rho_{lp}H_{pl}) - \frac{1}{\tau_{ll}}\rho_{ll} + \Lambda \qquad (4.28)$$

となる．同様にして式 (4.26) を $\langle\Phi_l|$ と $|\Phi_m\rangle$ で挟めば，非対角要素について

$$\frac{\partial \rho_{lm}}{\partial t} = \frac{j}{\hbar}\sum_p (H_{lp}\rho_{pm} - \rho_{lp}H_{pm}) - \frac{1}{\tau_{in}}\rho_{lm} \qquad (4.29)$$

が得られる．これらの関係は，オペレータではなく，すべて，「数」として扱うことのできるマトリックス要素で表した関係式である．今後はこの関係式をもとに，解析を進める．ただし，緩和項の取扱いは，後で述べるように現象の性質に応じて柔軟に考える必要がある．

4.5 2準位系近似の物質の分極と光の増幅

(a) 電気双極子モーメント ここでは簡単のために2準位系を仮定する．光と物質の相互作用の元になる物質の分極現象は，構成原子内の電荷の偏りによって生じる．振動周期の速い光波帯では，分極は軽い電子によるものが主体になる．

ここで，r を電子の位置，$-e$ を電子の電荷とし，図 **4.6**(a) のように，分極は状態 c (伝導帯) と v (価電子帯) との間の電子遷移のみによって引き起こされるものとする．このとき，電子の偏りによる電気双極子モーメント $\langle R \rangle$ は，図 (b) のように，その電荷量と電荷間の距離の積，$R=er$ の期待値として求められる．式(4.19)の密度行列の助けを借りると

$$\begin{aligned}\langle R \rangle &= \int \Psi_v^*(er)\Psi_c dv \\ &= \langle \Psi_v | R | \Psi_c \rangle \\ &= \mathrm{T_r}\{\rho R\} \\ &= \sum_{n,l} (\rho_{nl} R_{ln}) \\ &= \rho_{cv} R_{vc} + \rho_{vc} R_{cv} \\ &= R(\rho_{cv} + \rho_{vc}) \end{aligned} \quad (4.30)$$

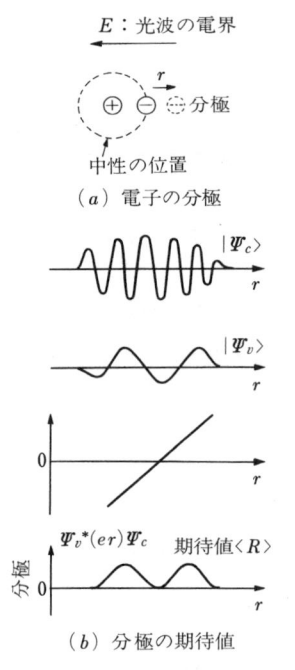

図 **4.6** 電子の分極と期待値

となり，双極子モーメントは密度行列の非対角要素 ρ_{cv} で表される．ここで双極子モーメント $R_{vc}=R$ の大きさは，式(2.19)の $\Psi_e(r)$ を用いて，次のように求められる．

$$R = R_{cv} = R_{vc} = \int \Psi_c^*(r)(er)\Psi_v(r)dv \quad (4.31a)$$

この式の具体的な演算は，半導体理論の詳細に入るので省略して，上式は次のように表される．

$$R^2 \cong \frac{\hbar^2 e^2}{6 m_0 (E_c - E_v)} \left(\frac{m_0}{m_c} - 1 \right) \frac{E_g(E_g + \Delta)}{E_g + 2\Delta/3} \quad (4.31b)$$

ここに m_0 は電子の質量，m_c は電子の有効質量，E_g はエネルギーギャップ，Δ は電子のスピンオービット分離である．ここでは，E_g がレーザのように比較的大きな場合を仮定している．さらに詳細を知りたい読者は (73) の論文を参照されたい．ダイポールの等価的な長さは InP の場合で $2 \sim 3 \text{Å}$ 程度である．

(b) 物質の分極 光増幅に関与する分極 P_l は，この一つの電子の双極子モーメント $\langle R \rangle$ を粒子数倍したものである．すなわち，N_b を有効な電子の密度とすれば

$$
\begin{aligned}
P_l &= N_b \langle R \rangle \\
&= N_b R (\rho_{cv} + \rho_{vc})
\end{aligned}
\quad (4.32)
$$

このようにして，密度行列により分極が求められる．

(c) 分極の振動 ここで，式 (4.30) から，電気双極子モーメントは，正電荷の格子点と負電荷の電子の間で，中性の状態からずれた電子の偏り成分を，二つの準位の波動関数 $\Psi_v{}^*$，Ψ_c で挟んで平均したもので，電気的な双極子を形成する．Ψ_c は $\omega_c = E_c/\hbar$ の角周波数で，Ψ_v は $\omega_v = E_v/\hbar$ の角周波数で振動しており，$\Psi_v{}^*$ は $\exp(j\omega_v t)^* = \exp(-j\omega_v t)$ で，Ψ_c は，$\exp(j\omega_c t)$ で表される．したがって，その積，$\Psi_v{}^* \Psi_c$ で作られる電気双極子は，図 4.6 のように，$\exp\{j(\omega_c - \omega_v)t\} = \exp(j\omega_{cv} t)$ で振動している．ここに

$$
\omega_{cv} = \omega_c - \omega_v = \frac{E_c - E_v}{\hbar} \quad (4.33)
$$

は，両準位間のエネルギー差に相当するエネルギー間隔角周波数である〔式 (3.2)，ここでは波長で表しているが〕．このように，密度行列の非対角要素 ρ_{cv}，ρ_{vc} は ω_{cv} に近い周波数で振動していることになる．この電気双極子にエネルギー間隔の周波数に近い周波数の光波が入射すると，電気双極子は同期して振動し，強い相互作用をして，光増幅や光吸収を発生する．

(d) 相互作用のエネルギーとハミルトニアン 光波の電界を E とする．電子が電界下で移動し，分極を作る際のエネルギーは，図 4.7(a) のように，電界 E 中で電子が位置 r だけ偏移したことに基づく位置のエネルギー $(-erE)$

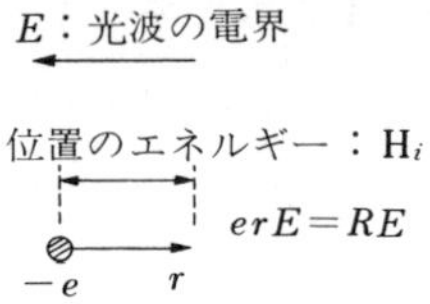

4. 光波と電子の相互作用

(a) 電子と光波の相互作用における位置のエネルギー

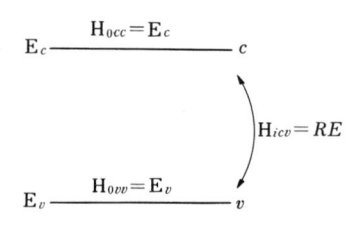

- E：光波の電界
- 位置のエネルギー：H_i
- $erE = RE$
- $-e$, r

(b) ハミルトニアンとエネルギー

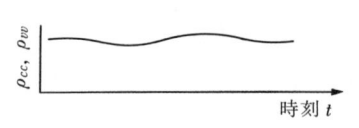

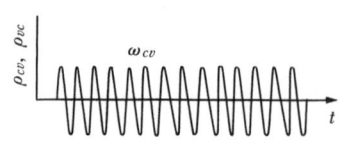

- $E_c \longrightarrow H_{0cc} = E_c \longrightarrow c$
- $H_{icv} = RE$
- $E_v \longrightarrow H_{0vv} = E_v \longrightarrow v$

(c) 密度行列の対角要素と非対角要素の時間的変化

- ρ_{cc}, ρ_{vv} vs 時刻 t
- ρ_{cv}, ρ_{vc}, ω_{cv} vs t

図 4.7 ハミルトニアンと密度行列の要素

で表される．したがって，電子と光の相互作用で生じるエネルギー，すなわち相互作用ハミルトニアン H_i は，上記の位置のエネルギーで表され

$$H_i = erE = RE \quad (4.34)$$

となる．ここで，光と電子の振動の角周波数が極めて近いと仮定すれば，状態（すなわち準位）を c から v，またはその逆の電子遷移の際にのみ，強い相互作用が起こる．このようにすれば，相互作用のハミルトニアン H_i の対角要素は同じ準位間の相互作用であるから零になり，有効な非対角マトリックス要素は

$$H_{icv} = R_{cv}E = RE \quad (4.35)$$

のみとなる．

このようにすると，全体のハミルトニアン H は，光がないときの定常状態のハミルトニアン H_0 と，光があるときの相互作用ハミルトニアン H_i との和になり

$$H = H_0 + H_i \quad (4.36)$$

となる．光がない定常状態では相互作用がないので H_0 の非対角要素はなく，$H_{0cv} = 0$ となる．H_{0cc} は準位 c のエネルギーで，これは E_c となる．

$$H_{0cc} = E_c \quad (4.37)$$

一方，光があるときの相互作用ハミルトニアン H_i は，異なる準位間にのみ作用するので，同じ準位内では作用せず，$H_{icc} = 0$ となる．

このような関係から

$$H_{cc} = H_{0cc} = E_c, \qquad H_{vv} = H_{0vv} = E_v$$
$$H_{cv} = H_{icv} = R_{cv}E = RE \qquad (4.38)$$

（e）2準位系の密度行列の時間的変化　さて，式 (4.29) において，ρ_{cv}（ρ_{pm}, ρ_{lp} など）は，図 4.7 (c) のように光の周波数で振動するので，時間的には大変速く変化する．しかし，$N_b\rho_{cc}$ および $N_b\rho_{vv}$ は注入された電子の密度であり，時間的にはキャリヤの寿命時間程度でゆっくり変化する．そこで，ρ_{cc} などの時間的な変化項は，ρ_{cv} のそれに比べて無視する．また，光の電界を次式とする．

$$E = \frac{1}{2}E_s\{\exp(j\omega t) + \exp(-j\omega t)\} \qquad (4.39)$$

このとき，ρ_{cv} は式 (4.29) より，サフィックス（添字）l, p, m などが，c か v しか取らないという 4.5 節 (a) の議論を参照して，次式のように求められる（演習問題 4.6 参照）．

$$\rho_{cv} \simeq \frac{jRE_s}{2\hbar} \frac{\exp(j\omega t)}{j(\omega-\omega_{cv}) + \dfrac{1}{\tau_{in}}} (\rho_{cc} - \rho_{vv}) \qquad (4.40)$$

さらに，演習問題解答 4.6 の式 (a) でサフィックスの c と v を交換すれば

$$\rho_{cv} = \rho_{vc}{}^* \qquad (4.41)$$

となる．この ρ_{cv} は，光波の周波数が 2 準位 c, v 間のエネルギー間隔の周波数に近い場合のみ，光波が電子と有効に相互作用して，光波の周波数のビートになり，光波の位相と同期して振動する．

（f）密度行例で表した分極　上式を式 (4.32) に代入すれば，分極は次式で表される（演習問題 4.7 参照）．

$$P_i = E_s \frac{\varepsilon B}{\omega \tau_{in}} \frac{(\omega-\omega_{cv})\cos(\omega t) - (1/\tau_{in})\sin(\omega t)}{(\omega-\omega_{cv})^2 + \dfrac{1}{\tau_{in}{}^2}} (N_c - N_v) \qquad (4.42)$$

ここでは簡単のために 2 準位近似系の準位 c にある電子の密度を N_c，準位 v にある電子の密度を N_v として（**図 4.8**）

$$N_c = N_b \rho_{cc} \qquad (4.43)$$
$$N_v = N_b \rho_{vv} \qquad (4.44)$$

のように表した．

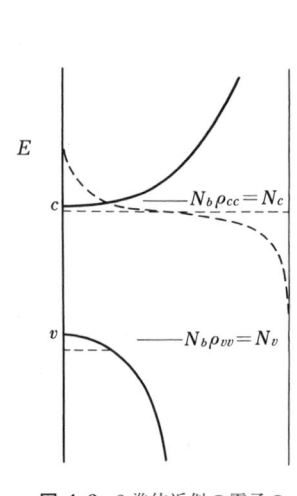

図 4.8　2準位近似の電子の状態密度

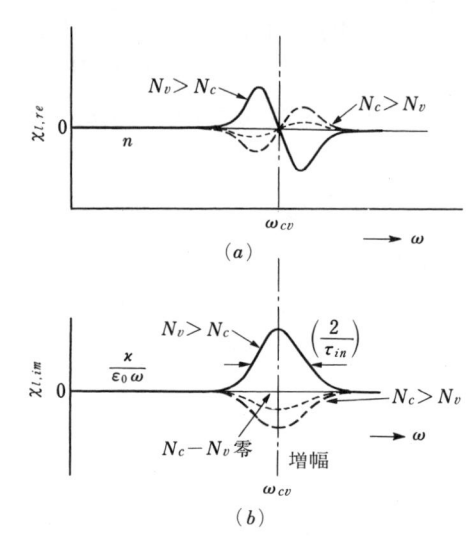

図 4.9　分極の周波数特性

ここに，Bは次式で表され，後で述べるように誘導放出の係数を表す．

$$B = \frac{\omega R^2 \tau_{in}}{\varepsilon \hbar} \qquad (4.45)$$

(g)　**2準位近似系の分極率**　式 (4.42) で，P_l による分極率 χ_l については，sin 成分は電界に比べて位相が $\pi/2$ 遅れ，cos 成分は同相であることから，分極率 χ の実部 $\chi_{l,re}$ は第1項，虚部 $\chi_{l,im}$ は第2項となり（演習問題 4.8 参照），次式

$$\chi_{l,re} = \frac{\dfrac{n^2 B}{\omega \tau_{in}}(\omega - \omega_{cv})}{(\omega - \omega_{cv})^2 + \dfrac{1}{\tau_{in}^2}}(N_c - N_v)$$

$$\chi_{l,im} = -\frac{n^2 \dfrac{B}{\omega} \cdot \dfrac{1}{\tau_{in}^2}}{(\omega - \omega_{cv})^2 + \dfrac{1}{\tau_{in}^2}}(N_c - N_v) \qquad (4.46)$$

となる.これを式(*4.10a*)または式(*4.14a*)に代入すれば,光子密度の増加の様子が求められることになり,2準位近似という近似の範囲内で本章の主目的を達成することができたわけである.上式のτ_{in}は,式(*3.12*)の移動度に関連して表され,電子が格子などと衝突する時間,すなわち緩和時間であり,半導体デバイスでは$\tau_{in}(\simeq\tau_l)\simeq 10^{-13}$秒程度である.

電子注入を行うと,図*4.9*のように$N_c>N_v$となり,式(*4.46*)より,χの符号が変わる.このようにして,虚部$\chi_{l,im}$は負の値になり,式(*4.14a*)より光は損失ではなくて,増幅されることになる.

この光が増幅される現象は,前に述べた誘導放出によるもので,光は電子遷移の際に電子が失うエネルギーを得て増幅される.このように,誘導放出が起こる状態では,分極は入射の電磁波と位相が一致して振動し,粒子系は電磁波を入射波と同相で放出してエネルギーを失い,入射した電磁波を増幅する.相互作用の角周波数の幅は電子衝突の緩和時間の逆数になる.

(***h***) **クラマス・クロニヒの関係**　式(*4.2*)の屈折率nはレーザ作用とは関係のない現象によるもので,レーザの周波数の付近では一定である.これに対して,式(*4.46*)の分極率は電磁波の角周波数とともに図*4.9*のように増加し,ω_{cv}で共振特性を示す.熱平衡状態のボルツマン分布では$N_c\ll N_v$であり,分極率の虚部$\chi_{l,im}$は図のように正で損失を表す.図*4.9*の関係は,よく知られた$\chi_{l,re}$と$\chi_{l,im}$に関するクラマス・クロニヒの関係を表している.

4.6 誘導放出と電子遷移:レート方程式

(***a***) **光子が増幅される幅**　ここで,単位時間当りの光子の増幅係数G_bは,式(*4.14a*)と(*4.46*)より

$$G_b = \frac{1/\tau_{in}^2}{(\omega-\omega_{cv})^2+1/\tau_{in}^2}\mathrm{B}(N_c-N_v) \tag{*4.47*}$$

となる.増幅係数G_bは,中心の角周波数$\omega=\omega_{cv}$で最大となり,角周波数が$(1/\tau_{in})$だけ中心よりずれると半減する.したがって,光子が増幅される角周波

数の幅 $\Delta\omega_B$ は

$$\Delta\omega_B = \frac{2}{\tau_{in}} \quad (4.48)$$

となる．

(b) 光と電子の相互作用によるキャリヤの変化 式 (4.28) に式 (4.40) を代入して整理し，式 (4.43)，(4.45) を用いると，準位 c にある電子密度 N_c が時間的に変化する割合は，$\omega=\omega_{cv}$ の中心周波数では次式で与えられる．

$$\frac{\partial N_c}{\partial t} = -\mathrm{B}\,(N_c-N_v)S - \frac{N_c}{\tau_s} + \Lambda \quad (4.49)$$

ここに，$\tau_s=\tau_{cc}$ は自然放出の寿命時間である．式 (4.49) の右辺第 1 項は誘導放出あるいは吸収効果を，第 2 項は自然放出を，第 3 項は電流の注入効果を表す．

同様にして，N_v についても求められる．

さらに，式 (4.27 b) のポンプ項 Λ は単位時間当りに注入される電子数であって，I を注入電流，V_a を注入される体積とすれば

$$\Lambda = \frac{I}{eV_a} \quad (4.50)$$

となる．キャリヤ密度が不均一になると，半導体内で電子が拡散する．この拡散によるキャリヤ密度変動も Λ に反映され，D を拡散係数とすると

$$\Lambda = D\nabla^2 N_c \quad (4.51)$$

また，半導体では，図 4.9 に示すように，注入した電子密度が一定レベル N_c 以上のときに，光は増幅される．これは，注入電子は伝導帯の底で，図 3.5(c) のようにエネルギー幅をもつので，価電子帯の上端にできる電子のないホールの密度が，ある程度以上に大きくならないと実質的な反転分布〔3.2 節 (c) 参照〕が起こらないためである．このような効果があるので，N_c を単に N とし，N_c-N_v を $N-N_g$ で置き換えて議論することが多い．

$$N_c-N_v \simeq N-N_g \quad (4.52)$$

このときには，中心波長における増幅係数 G_b は

$$G_b = \mathrm{B}\,(N-N_g) \quad (4.53)$$

4.7 電子遷移と誘導放出のまとめ

まず，2準位系の上の準位 c にある電子の密度を N とする．

このとき，光子および電子が誘導放出による相互作用の時間的な割合を示すレート方程式は，式 (4.17)，(4.49) より

$$\frac{\partial S}{\partial t} = \mathrm{B}(N-N_g)S - \frac{1}{\tau_p}S \tag{4.54}$$

$$\frac{\partial N}{\partial t} = -\mathrm{B}(N-N_g)S - \frac{N}{\tau_s} + \frac{I}{eV_a} \tag{4.55}$$

式 (4.54) で，右辺第1項は誘導放出による光子数の増加の割合，第2項は損失による減少の割合を表す．式 (4.55) で，右辺第1項は誘導放出による電子数の減少の割合，第2項は自然放出による減少の割合，第3項は電子注入による増加の割合を表す．

これらの式は，光子および電子が相互作用によって時間的に変化する様子を連立して表し，これを光子と電子密度のレート方程式という．

4.8 多準位系の分極

ここまでは，簡単のために伝導帯と価電子帯にはそれぞれ準位が一つずつしかない，2準位近似系として議論を進めてきた．実際には，図 4.10 のように伝導帯と価電子帯はそれぞれ連続の多準位でありバンドとなっている．このことを考慮すると，実際の半導体では $\chi_{l,re}$ と $\chi_{l,im}$ は式 (4.46) をすべての準位について和をとることによって得られる．ここで，電子の遷移は，式 (3.4) で述べたように，運動量（k に比例する）が保存されて行われるので，伝導帯と価電子帯の波数 k は両方で等しい必要がある（これを k 選択則という）．

このとき，電子が伝導帯と価電子帯にまたがって存在する状態密度を g_{cu} とし，f_c と f_v を伝導帯と価電子帯の電子のフェルミ関数とすれば

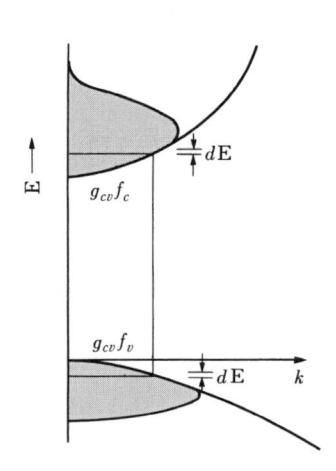

図 4.10 バンドをもつ多準位系の状態分布

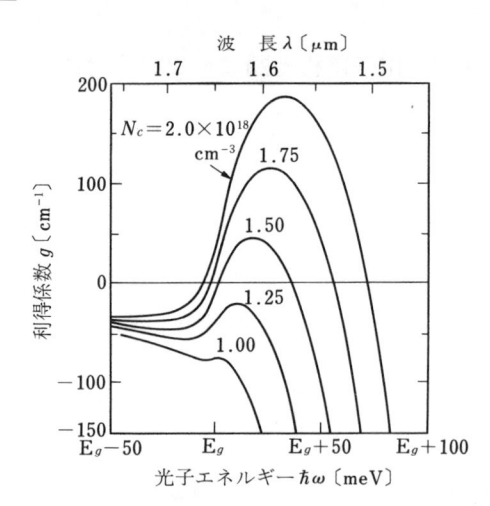

図 4.11 GaInAsP/InP 結晶で，電子を伝導帯に注入した場合の増幅係数の波長特性．縦軸は光が単位長さ当りに受ける増幅度で $g=(n/c)G$ （第 **6** 章参照）の関係がある（浅田雅洋による）．

$$N_b \rho_{cc} = g_{cv} f_c d\mathrm{E} \\ N_b \rho_{vv} = g_{cv} f_v d\mathrm{E} \tag{4.56}$$

と表される．したがって，式 (**4.46**) は，バンド内でエネルギーについて積分した次式に書き直される ($\gamma_{in} = 1/\tau_{in}$).

$$\chi_{l,re} = \int_{\mathrm{E}_g}^{\infty} \frac{R^2 \dfrac{\omega - \omega_{cv}}{\varepsilon_0 \hbar}}{(\omega - \omega_{cv})^2 + \gamma_{in}^2} g_{cv}(f_c - f_v) d\mathrm{E}_{cv} \\ \chi_{l,im} = -\int_{\mathrm{E}_g}^{\infty} \frac{R^2 \dfrac{\gamma_{cv}}{\varepsilon_0 \hbar}}{(\omega - \omega_{cv})^2 + \gamma_{in}^2} g_{cv}(f_c - f_v) d\mathrm{E}_{cv} \tag{4.57}$$

となる．このような関係から求めた誘導放出による光の増幅の大きさと波長の関係を**図 4.11** に示す．N_g 以上の電子密度が注入されると，エネルギー間隔よりも数十 meV 大きなエネルギーの光（したがって波長がエネルギー間隔に相当する間隔波長よりわずかに小さな）が増幅される．これが第 **6** 章で述べるレーザ発振の原理になる．

図 4.12 に，この誘導放出の利得と自然放出の波長特性の理論的関係を示した，

レーザ利得が最大になる波長が自然放出の最大波長より長い（エネルギーが小さい）のは，エネルギー間隔の近くでは長い波長のほうが半導体吸収が少ないからである．また，エネルギー間隔 E_g より小さいエネルギーで自然放出が認められるのは，電子の波動関数が微小時間の τ_{in} でみだされる緩和現象による角周波数の幅，式 (4.48) にもとづく．

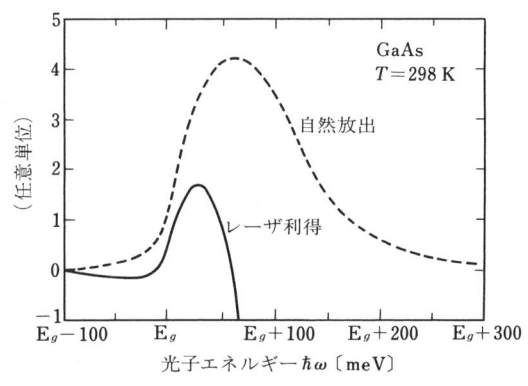

図 4.12 誘導放出と自然放出の波長特性（山田実による）

4.9 量子構造とひずみ量子構造

物質の構造が電子の波長に近づくと，電子は構造の端の影響を受けて，一様なバルク状の物質内の性質とは異なった性質を示すようになる．たとえば，厚さ d の GaAs の結晶を AlGaAs の結晶で両側を挟んだ二重ヘテロ構造において，厚さ d を 20〜30 nm 以下の薄膜にするような場合に相当する．このような薄膜内の電子の波動関数の一部は，**図 4.13** に示すように，薄膜内からエネルギーの高い外部にはみ出して，平均として電子のエネルギーは高くなる．このような量子的効果を示す薄膜構造を量子井戸構造という．これは，たとえて

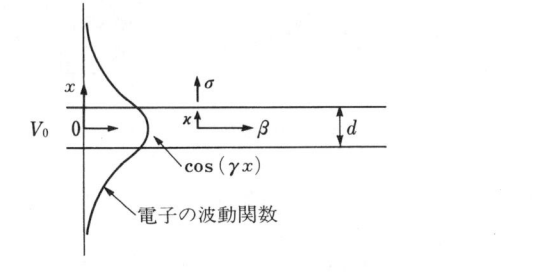

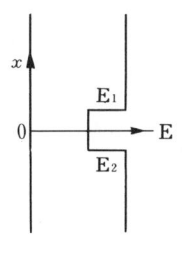

図 4.13 薄膜構造（量子井戸構造）と電子の波動関数

いえば，第5章で述べるように，板状のコアをもつ誘電体光導波路を伝わる光波の界分布が，コアからはみ出て，そのために等価屈折率がコアのそれより低下するのに似ている．

じつは電子の波動関数に関する波動方程式と，光波の電界に関する波動方程式とは同形になり，誘電体光導波路のモードの考えが，電子波についても類推的に当てはまる．

（a） 量子構造のエネルギー状態とレーザ利得　量子構造は，**図4.14**のように，大きなバルク状の結晶に対して，一次元形状の量子薄膜（または量子井戸）[†]，二次元形状の量子細線，そして三次元形状の量子ドット構造（量子箱構造ともいう）[†2]がある。量子薄膜は，二重ヘテロ構造の薄膜部を10 nm程度の極端に薄くしたような構造である。量子細線は，極く細い線状にした構造である。量子ドットは極く小さな粒にしたものである。いずれも，図のように量子化された方向の電子の状態密度 $g(E)$ が特定のエネルギー順位 E の周りに集

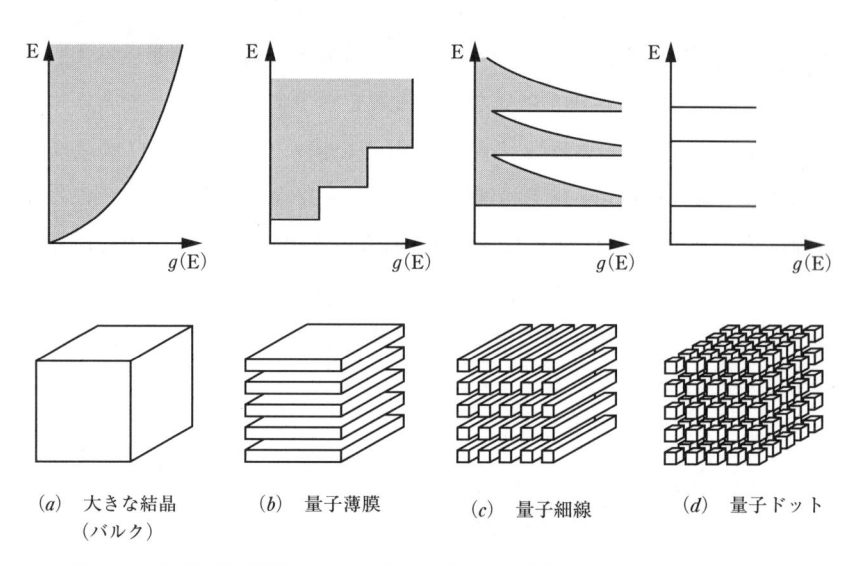

(a) 大きな結晶 　　(b) 量子薄膜　　(c) 量子細線　　(d) 量子ドット
　　（バルク）

図4.14　各種の量子構造における電子のエネルギー準位 E と電子の状態密度 $g(E)$

[†]　J.P.van der Ziel, R.Dingle, R.C.Miller, W.Wiegman and W.A. Nordland (1975)
[†2]　Y. Arakawa and H.Sakaki (1982)

約されて,バルクより増加する。

そのために,**図4.15**に示すように,レーザの利得 G が大きくなる。そして,利得の大きさは,バルクに比べて,量子薄膜,量子細線,そして量子ドットの順に大きくなり,レーザ発振のための発振しきい値電流は低下する。とくに,量子ドット構造では,各ドットが孤立原子のような状態となり,電子のエネルギー順位が図4.14のように孤立して離散化される。そのために,量子構造を採用して,半導体レーザの性能向上が図られている。

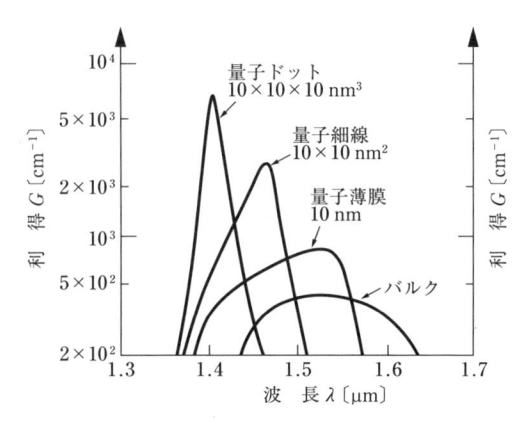

図4.15 各種の量子構造における利得 g の比較.バルクに比べて量子ドットの利得は大きい.$Ga_xIn_{1-x}As_yP_{1-y}/InP$ 構造を例にした(浅田,宮本,末松による)

量子構造では,同じ材料構成でも,膜厚が薄くなるとともに,そして量子ドットが小さくなるとともに,図のようにエネルギーが高準位にシフトし,特価的エネルギーギャップが増大する。

(b) ひずみ量子構造 量子構造のもう一つの特徴は,体積が小さい量子構造部分に集中してひずみを安定に加えられることである。

ひずみを与えるには,図3.16を参照して,薄膜状結晶を格子定数が異なる外側の結晶で包む。薄膜結晶の格子定数が外側の結晶より大きいと圧縮応力となり,小さいと引張応力が加えられる。形状が大きなバルク結晶間では,格子定数が異なる結晶の界面にひずみを与えると,ひずみが局在して結晶性を損い,デバイス寿命が短くなる。したがって,バルク結晶では組成の異なるヘテロ構造では両結晶間の格子間隔を整合させて,ひずみを除去するのに細心の注意が払われている。これに対して,構造寸法が微細な量子構造では,格子不整合によるひずみを加えても,ひずみが量子構造部分にのみ一様に加えられ,結晶構造全体に影響を与えないので,結晶の品質を損わない。そのために,デバイス

寿命には影響を与えない．ひずみが加わった半導体では，価電子帯のホール状態を人工的に変えることができる．

量子構造が電子の状態を人工的に制御できるのに対して，ひずみを与えられた量子構造結晶では，ホールの状態が人工的に制御される．両者が相乗して光特性が改善され，ひずみ量子効果といわれる[†]．

このように，量子構造は電子のエネルギー状態を，そして，ひずみはホールのエネルギー状態をそれぞれ人工的に制御し，天然のバルク結晶が持ち合わせていない人工結晶を作り出し，新しい優れた光特性が達成されている．これらを併用してデバイス効率を高め，温度特性を改善するなど，さまざまな用途に適用されている．多層の量子薄膜（MQW：multi quantum well）は，1層では薄くて体積が小さい難点を補って多用される．

演習問題

4.1 光波が誘導放出で増幅される現象の意味について，式 (*4.46*) を用いて説明せよ．
4.2 2準位がそれぞれ線状のエネルギー準位であるにもかかわらず，光波は波長の幅をもって相互作用することを説明せよ．
4.3 式 (*4.21*) を証明せよ．
4.4 式 (*4.25*) を証明せよ．
4.5 式 (*4.28*) を証明せよ．
4.6 式 (*4.40*) を証明せよ．
4.7 式 (*4.42*) を証明せよ．
4.8 式 (*4.46*) を証明せよ．

[†] G.C.Qsbourn (1983)

5. 光誘電体導波路

> 「博く学びて篤く志す.」
> （論語：諸橋訳）

5.1 光導波路と集光

(a) はじめに　光を導くものを光導波路といい，半導体を含む誘電体の線路がこの目的に用いられている．光波帯では，低周波帯で導波に用いられている金属導体の損失が大きくなるので，これに代わって誘電体導波路が用いられる．光誘電体導波路では，屈折率の大きな線状の芯の部分（コアという）に光波を閉じ込めて導く．

光デバイスには，このような光導波路が多用されているし，光デバイスから出た光波はこのような光導波路に接続されることが多い．このために，光導波路の基本的な性質を理解することが必要である．

光導波の解析には，1）光線近似と，2）波動光学，の2種類の解析法が用いられる．1）の光線近似の解析法は，導波路の寸法が波長に比べて十分に大きな場合に有効に適用される．この条件が適用されないと近似がわるくなる．しかし，そのような場合をも含めて，現象の掌握が直観的で，理解が容易な利点がある．これに対して，2）の波動光学の解析法は，厳密性がある代わりに，現象の理解が間接的で，さらに構造が複雑になると解析が困難になる欠点がある．

本章では，主として光線近似による解析を行う．波動光学的な解析を進めるには十分なページがないので，演習問題に入れるにとどめたが，その結果は随所に用いた．

(b) 全反射　まず，図 **5.1** のように，屈折率が n_1 から n_2 変わる二

(a) 全反射

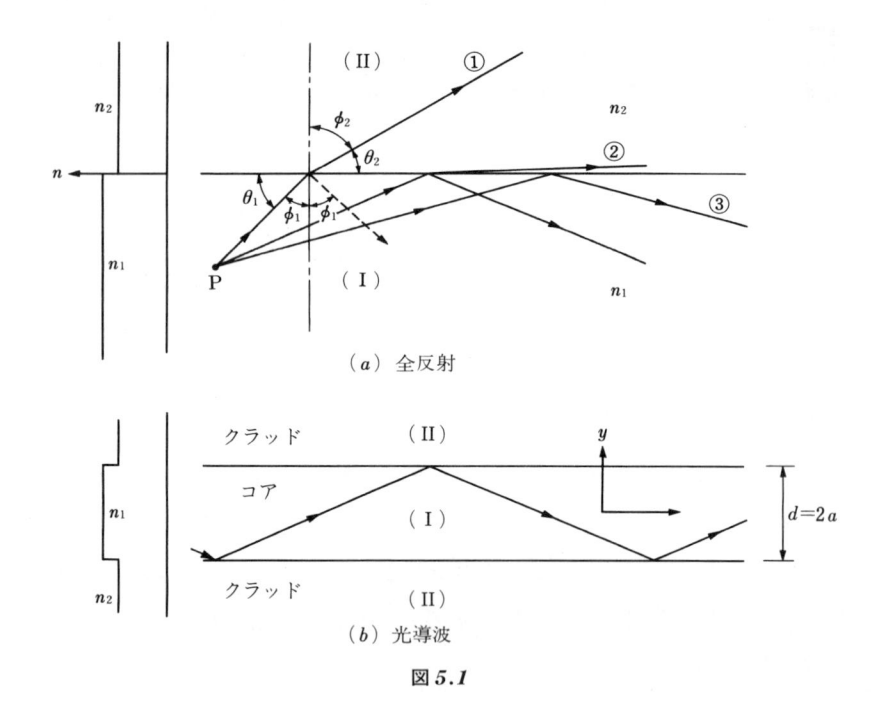

(b) 光導波

図 5.1

つの誘電体の境界面で，光線が反射される様子について解析しよう．屈折率が大きな領域（Ⅰ）の点Pより出た光線は，①のように，境界面に大きな入射角 θ_1 で入射すると屈折して θ_2 の出射角で領域（Ⅱ）に通過する．このとき，境界面に立てた垂線と光線の間の角を ϕ_1 と ϕ_2 とすれば，これらの角の間にはよく知られた次式のスネルの法則が成り立つ．

$$\frac{\sin\phi_1}{\sin\phi_2} = \frac{n_2}{n_1} \tag{5.1}$$

この関係を，先に述べた境界面からの角 θ_1（補角）と θ_2 で表せば

$$\frac{\cos\theta_1}{\cos\theta_2} = \frac{n_2}{n_1} \tag{5.2}$$

と書き直される．

上式より，$n_2/n_1 < 1$ であれば $\theta_1 > \theta_2$ となる．境界面との間の角 θ_1 が小さくなると，光線②のように領域（Ⅱ）の光線は境界面と平行に近づき，ついには

完全に平行になる．さらに，光線③のように入射角 θ_1 がいっそう小さくなると，光は境界ですべて反射されて，いわゆる「全反射」になり，領域（Ⅱ）に透過する光線はなくなって，光線は領域（Ⅰ）のみに閉じ込められる．光導波路は，この原理を用いて領域（Ⅰ）に相当する屈折率の高いコア領域の両側を，屈折率の低い領域（Ⅱ）で包んだものである．光線は両境界面の全反射によってコアの内部に閉じ込められる．

（c）全反射角　この全反射が起こるのは式 (5.2) で $\theta_2=0$ のときであり，このときの入射角 θ_1 が臨界角 θ_c で，次式のように求められる．

$$\begin{aligned}\theta_c &= \cos^{-1}\left(\frac{n_2}{n_1}\right) \\ &= \sin^{-1}\sqrt{2\Delta}\end{aligned} \quad (5.3)$$

ここに，Δ は比屈折率差であり，次式のように与えられる．

$$\Delta = \frac{n_1^2 - n_2^2}{2n_1^2} \quad (5.4)$$

光導波路では比屈折率差は数％の程度以下であり小さいことが多い．そこで，$\Delta \ll 1$ と仮定すると，そのときは

$$\Delta \simeq \frac{n_1 - n_2}{n_1} \quad (5.5)$$

と近似される．この近似が成り立つとき，臨界角は近似的に次式で与えられる．

$$\boxed{\theta_c \simeq \sqrt{2\Delta} \quad (5.6)}$$

（d）受光角　図 **5.2** のように，空間より導波路に入射した光線について，入射の角が導波路内の全反射の臨界角と等しくなる角を受光角 θ_{max} という．

再びスネルの法則を用いると，θ_{max} は次式で表される．

$$\begin{aligned}\theta_{max} &= \sin^{-1}(n_1 \sin\theta_c) \\ &\simeq \sin^{-1}(n_1^2 - n_2^2)^{1/2}\end{aligned}$$

式 (5.4) と $\sin^{-1}x \simeq x$ の近似を用いると，受光角は次式で表される．

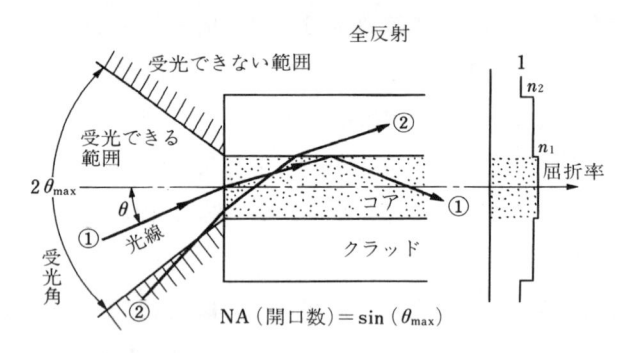

図 *5.2* 屈折率階段型ファイバの断面と光線の伝搬

$$\theta_{\max} \simeq \sqrt{2\Delta}\, n_1 \tag{5.7}$$

　受光角以内の入射角で入射する光線は，導波路のコアで受け止められて導波されるが，それ以上の角で入射する光線はコア外に透過するので導波されない．光学の分野では，受光角を表すのに上式の受光角の sin をとり，これを開口数 NA（numerical aperture）といい

$$\begin{aligned} \text{NA} &= \sin\theta_{\max} \\ &= n \sin\theta_c \\ &= (n_1{}^2 - n_2{}^2)^{1/2} \end{aligned}$$

したがって

$$\text{NA} \simeq \sqrt{2\Delta}\, n_1 \ (\simeq \theta_{\max}) \tag{5.8}$$

と表す．この NA はファイバなどの光導波路の性能を表すのに用いられる．

5.2　導　波　モ　ー　ド

(*a*)　導波モードと伝搬定数　　簡単のために，コア（芯）が，**図 5.3** のように板状の板状誘電体導波路を伝わる光波の導波モードについて考えよう．このような構造のモデルは，光の進行方向に垂直な横断面で板に沿う方向が一様

で非現実的である．しかし，解析は簡明で，光導波路の基本的な性質を理解するのには大変に便利である．光ファイバのように断面が円の場合には，主要なパラメータの値を少し変えれば，この解析結果が大よそ当てはまる．光導波の基本現象を理解するには変わりない．

さて，導波路内の光線の波長はλ/n_1であるから，伝搬定数kは

$$k = \frac{2\pi n_1}{\lambda} \quad (5.9)$$

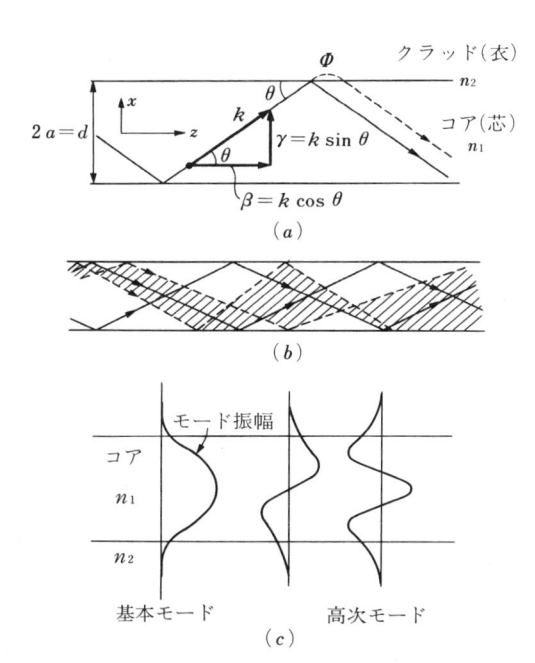

図 5.3 導波モードと光線の反射

である．ここで，光線はコアとクラッドの境界に対して角θであるとする．したがって，この光線を導波路の軸方向（z軸）に換算した伝搬定数βは，図5.3(a)のように

$$\beta = k\cos\theta \quad (5.10)$$

である．一方，軸に垂直方向の，横方向の伝搬定数γは

$$\gamma = k\sin\theta \quad (5.11)$$

となる．ここで，図(b)のように，進行につれて光線は広がり（5.7節参照），その結果として上向きと下向きの光線が同時に存在するようになる．この軸方向（z軸）と横方向（y軸）の伝搬定数を用いると，光線の電界はE_0を電界の振幅として

$$E = \frac{1}{2}E_0 \exp(j\omega t)\exp(-j\beta z)\{\exp(j\gamma y) \pm \exp(-j\gamma y)\}$$

と表される．光線が進行するのにつれて横方向に一往復すると，この際に現れ

る横方向の位相差は

$$2\times(d\times\gamma)-2\times\Phi$$

となる．ここに，Φ は境界で反射される際の位相の遅れを表す．この位相の遅れは波動光学解析（マクスウェルの方程式を用いる：演習問題5.8）から求められ，グーズ・ヘンシェンのシフトと呼ばれる．この位相変化量 Φ を図 5.4 に反射角 θ との関係で示す．

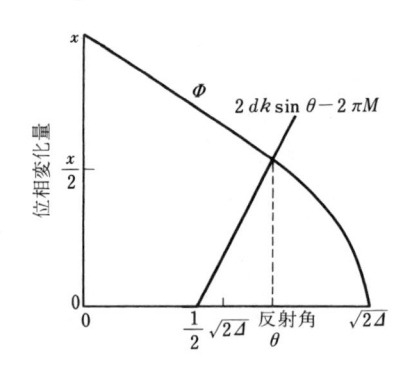

図 5.4 グーズ・ヘンシェンのシフト

さて，上記の位相差が 2π の整数 M のときは，d をコアの厚さとすれば

$$2\gamma d - 2\Phi = 2dk\sin\theta - 2\Phi$$
$$= 2\pi M \quad (M:0,1,2\cdots)$$

となり，反射の角 θ は次式で示すように離散的な値となる．

$$\theta_m = \sin^{-1}\left(\frac{2\pi M + 2\Phi}{2dk}\right) \tag{5.12}$$

図 5.4 の交点を与える条件から M が，そして交点より Φ の値が求められる．この条件のもとでは，横方向の光波の分布は一定であり，軸方向ではどの位置でも変化しない固有の分布となる．このような特定の分布をした光波の状態を導波モードといい，光導波路を伝わる光波はこれらのどれかのモードに別かれて伝搬する．ここに，M をモード次数，またはモード番号といい，M の大きさの差はモードの差を表す．このように，モード次数に対応する光線の反射角，そしてそれに対応する伝搬定数 β は離散的な値になる．このようにして，コア内の光波の電界分布は前ページの E より次のように表される．

$$E = E_0\exp(j\omega t)\exp(-j\beta z)\cos(\gamma y)$$

または

$$E = E_0\exp(j\omega t)\exp(-j\beta z)\sin(\gamma y) \tag{5.13}$$

クラッド内の電界のコアとクラッド境界の値は，高次モードほど大きい．ま

た，コアの横方向には指数関数的に減少する．図 5.4 より，Φ は低次モードでは π に近く，電界は主にコア内部に閉じ込められる．これに対して高次モードでは，Φ は零に近くなり，電界がコアの外にはみ出す割合が多くなる．

(**b**) **導波モードの数**　導波モードに対応する反射角 θ_m は全反射の臨界角 θ_c 以下になる必要があり，M には最大値が存在する．これを最大モード次数 M_m という．θ_m が全反射の臨界角 θ_c に近ければ，図 5.4 より Φ は零に近づくので，式 (5.12) は

$$\theta_c = \sqrt{2\Delta} \geqq \frac{2\pi M_m}{2dk}$$

$$V \geqq \frac{\pi}{2} M_m \tag{5.14}$$

となる．ここに

$$V = \sqrt{2\Delta}\, k\, \frac{d}{2} = \frac{\sqrt{2\Delta}\, n_1 \pi d}{\lambda} \tag{5.15}$$

で与えられる V を規格化周波数あるいは規格化導波路幅という．したがって

$$M_m \leqq \frac{V}{\dfrac{\pi}{2}} = \frac{\sqrt{2\Delta}\, 2 n_1 d}{\lambda} \tag{5.16}$$

で与えられる M_m 以下の次数のモードのみが伝搬できる．

このとき，軸方向の伝搬定数 β は

$$\beta = k\cos\theta_m \simeq k\left(1 - \frac{1}{2}\theta_m^2\right)$$

$$\simeq k\left\{1 - \frac{1}{2}\left(\frac{\pi M}{dk}\right)^2\right\}$$

したがって，式 (5.16) の助けをかりて

$$\beta \simeq k\left\{1 - \Delta\left(\frac{M}{M_m}\right)^2\right\} \tag{5.17}$$

となり，式 (5.16) より最高次のモード次数 M_m は次式で与えられる．

$$\frac{V}{\frac{\pi}{2}} - 1 < M_m \leq \frac{V}{\frac{\pi}{2}} \qquad (5.18)$$

(c) **単一モードの条件**　$M_m=0$ で，基本モード（$M=0$）のみが伝搬する条件は，ここで述べているような板状の導波路については，式(5.16)より

$$V < \frac{\pi}{2} \qquad (5.19)$$

となる．これを，「単一モード条件」といい，このような導波路を単一モード導波路という．

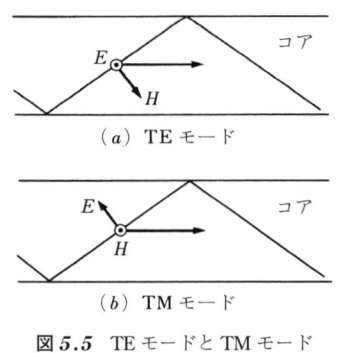

伝搬モードは偏波面の方向に依存する．図 5.5(a) のように，電界の方向がコアの板に平行で軸方向に垂直の場合 TE モード（transverse electric mode）という．これに対して，図(b)のように磁界が垂直（磁界がコアの板に平行）であれば TM モード（transverse magnetic mode）という．TE モードと TM モードではグーズ・ヘンシェン・シフト Φ の大きさがわずかに異なるので，伝搬定数に差が出る．

図 5.5　TE モードと TM モード

(d) **円形断面の光誘電体導波路**　光ファイバのように，コアが円形断面の場合には，横断面の直交する 2 方向にそれぞれモードが存在する．この場合，直径 $2a$ が板状導波路の厚さに等しい場合には，モードの数は板状導波路の場合のほぼ 2 乗の数の多くのモードが存在する．光ファイバの単一モードの条件は，次式となる．

$$V = 2\sqrt{\Delta}\,ka = \frac{\sqrt{2\Delta}\,n_1\,2\pi a}{\lambda}$$
$$\leq 2.4 \qquad (5.20)$$

なお，式 (5.19) の $\pi/2$ は固有モードの余弦関数の零点から，また，式 (5.20) の 2.4 はベッセル関数 J_0 の零点から来ている．

(**e**) **レンズ状媒質**　　屈折率が軸を中心にして中央部分が大きく，周辺部分が小さくなるように分布する誘電体をレンズ状媒質という．光線の速度は c/n である．そこで，このような媒質に光を通すと，**図5.6**のように，屈折率が小さな周辺部の光の速度が速く，等位相面は中央部を包み込むような凹面となって集光される．したがって，境界で屈折率を急変させなくても，図のように，屈折率を分布させれば光を導波できる．屈折率の変化が，次式に示すように，中心より距離の2乗で減少させれば，光線は軸を中心にして正弦関数的な軌跡になり，焦点では光線は1点に収束される．そのような屈折率分布は

$$n^2 = n_a{}^2 \left\{ 1 - 2\Delta \left(\frac{x}{a} \right)^2 \right\} \qquad (5.21)$$

ここに a は媒質の半径である．この媒質では，中心軸を通る光線と周辺を通る光線の軸方向の速度は同じになる．また，このようなレンズ状媒質の両面が平らな板を用いると，図のように，レンズができる．これを分布屈折率レンズという．

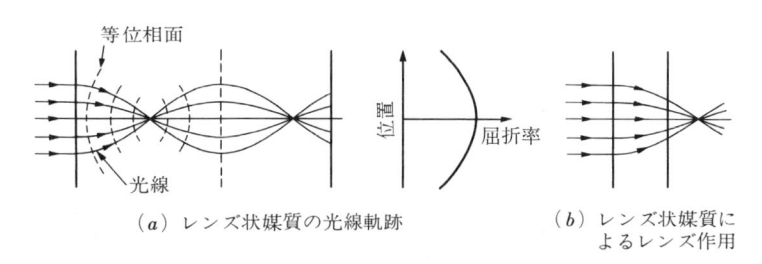

(*a*) レンズ状媒質の光線軌跡

(*b*) レンズ状媒質によるレンズ作用

図5.6　レンズ状媒質の集光作用

5.3　等価屈折率と閉じ込め係数

(**a**) **エネルギー閉じ込め係数**　　図5.3に示したように，光波のエネルギーは一部分がクラッド部にはみ出している．この光波のエネルギーがコア内に

閉じ込められる割合を，エネルギー閉じ込め係数といい，通常は ξ で表す．板状導波路のエネルギー閉じ込め係数 ξ は，界分布 $E_x(y)$ を用いて次式のように求められる．

$$\xi = \frac{\int_{-\frac{d}{2}}^{\frac{d}{2}} |E_x(y)|^2 dy}{\int_{-\infty}^{\infty} |E_x(y)|^2 dy} \quad (5.22)$$

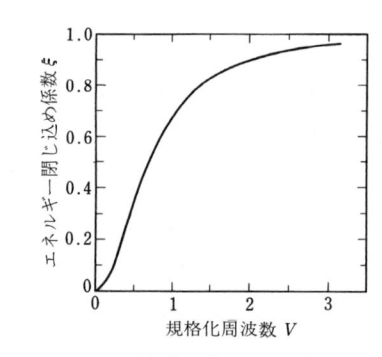

図5.7 平板状の導波路のエネルギー閉じ込め係数

この閉じ込め係数は光導波路の損失や，半導体レーザの解析などに用いられる重要なパラメータである．**図5.7**は平板状の導波路の基本モードのエネルギー閉じ込め係数の解析結果を示している．

(**b**) **等価屈折率**　　進行方向の伝搬定数 β は，式(5.17) より $n_1 k_0$ と $n_0 k_0$ との間にある．これを用いると，導波路を伝わる波があたかも平面波のように簡単に取り扱える．そこで

$$n_{eq} = \frac{\beta}{k_0} \quad (5.23)$$

で表される n_{eq} を等価屈折率という．式 (5.17) より

$$n_2 < n_{eq} < n_1$$

である．このことは，光波のエネルギーはコア内のみならず，図5.3のようにクラッド部にもはみ出していることの別称である．光波は両方の屈折率の影響を受けて n_1 と n_2 の中間的な値になる．コアの幅 d が波長に比べて十分に小さな場合の基本モードに対しては，式 (5.22) のエネルギー閉じ込め係数を用いると，等価屈折率は近似的に次式で与えられる．

$$n_{eq} \simeq (n_1 - n_2)\xi + n_2 \quad (5.24)$$

光波は高次モードほどクラッド部へはみ出す割合が大きくなり，その分だけ等価屈折率の値は小さくなる．光波はあたかもこの n_{eq} の屈折率が一様に詰まった空間を伝わるかのように振る舞う．平板状導波路の規格化した等価屈折率の計算例を**図5.8**に示す．

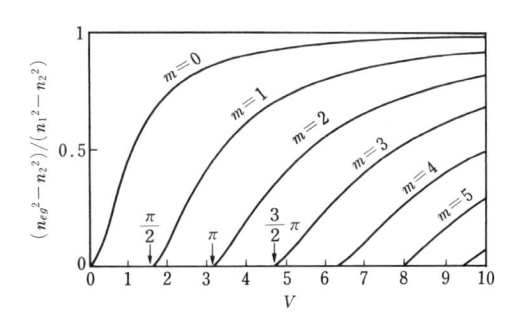

図5.8 平板状導波路の等価屈折率

5.4 二次元導波路 ― 矩形導波路 ―

現実の光導波路では，光が導かれるコアの断面は矩形や円形である．ここでは，**図5.9**のように，光デバイスに多く用いられている矩形やリッジ（畝）形のコアの導波路について理解を進めよう．このような導波路の導波モードは，

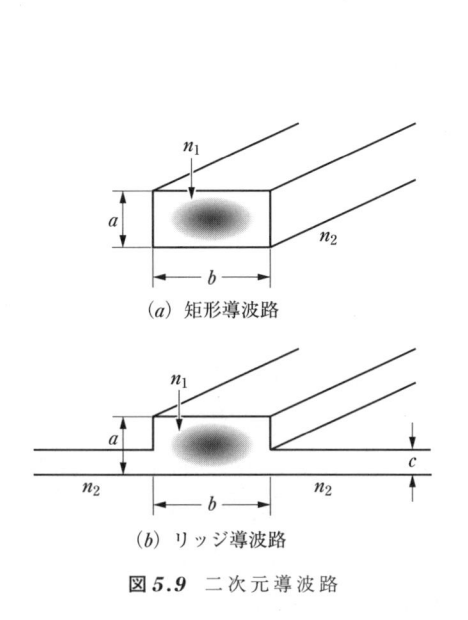

(a) 矩形導波路

(b) リッジ導波路

図5.9 二次元導波路

図5.10 矩形導波路の電界分布と等価屈折率を近似的に求める手順

計算機を用いて数値的に正確に求められるが，ここでは近似的に理解する方法を述べよう．

電界分布は，図 5.10 (a) で示したように，水平方向と垂直方向に，それぞれ図 (b)，(c) のように，仮想的な一様誘電体板導波路を仮定して求めた二つのモード分布の積で近似的に表す．それぞれの方向におけるモードの電界分布は，5.3 節までに述べてきた一次元の誘電体板の電界分布で表される．このような近似は，矩形断面が幅広の場合には精度がよい．

まず，垂直方向のモード分布を考える（TE モードとして）．この場合には，図 5.10 (b) のように水平方向が一様で，厚さ a のコアの屈折率が n_1，クラッドの屈折率が n_2 の水平な誘電体と仮定する．こうして，規格化周波数 V_v を求め，モードの電界分布が 5.2 節のように求められる．そのエネルギー閉じ込め係数 ξ_v と等価屈折率 $n_{v,eq}$ は V_v を元にして図 5.7，図 5.8 からも概算される．

次いで，水平方向のモード分布を求める（TM モードとして）．この場合には，図 5.10 (c) のように垂直方向は厚さ b のコアの屈折率 $n_{v,eq}$ で，クラッドの屈折率が n_2 の一様な誘電体板導波路と仮定する．このように仮定して，水平方向のエネルギー閉じ込め係数 ξ_h を求める．こうして得られた垂直方向と水平方向の電界分布の積を近似的な電界分布とみなすのである．そうすると，この矩形導波路の等価屈折率 $n_{g,eq}$ は，近似的に次式で与えられる．

$$n_{g,eq} \sim (n_1 - n_2)\xi_v \xi_h + n_2 \qquad (5.25)$$

次に，図 5.9 (b) のリッジ導波路（ridge wave guide）を考えてみよう．この場合，屈折率が水平方向で高さ a の凸となっているリッジの部分がコアとなり，それ以外の部分がクラッドとなって，コアに想定した部分に光が閉じ込められて導波される．この場合の電界分布も，矩形導波路の場合とほぼ同様にして近似的に求められる．まず，垂直方向の分布を求める．すなわち，1）コアの厚さが a で屈折率が n_1 の水平方向には一様で，クラッドの屈折率 n_2 の誘電体板と仮定して，等価屈折率 $n_{vr,eq}$ とモード分布を求める．厚さ方向の電界分布はこのようにして求められる．次に，コアの厚さ c で屈折率が n_1，クラッドの屈折率 n_2 の一様な誘電体板の等価屈折率 $n_{vc,eq}$ を求める．

次いで2）水平方向のモードを求める．この場合は，屈折率が $n_{vr,eq}$ で厚さが b のコアで，クラッドの屈折率が $n_{rc,eq}$ の矩形導波路を想定する．そして，以下は矩形導波路の解析に準じて行う．まず，厚さが b で屈折率が $n_{vr,eq}$ の垂直方向に一様な誘電体板を仮定する．この場合のクラッドに想定する屈折率は，導波路の場合の n_2 に代わって1）で先に求めたリッジ側面の等価屈折率 $n_{vc,eq}$ とする．このように考えて，電界分布と等価屈折率 $n_{g,eq}$ が求められる．

5.5 光伝搬の電力整合と曲り損失

（**a**）**整合条件** 光導波路を伝搬する光波は，図 **5.11** のように，進行方向に導波路の横断面がⅠからⅡへと形が変化すると，一般的にはその変化した場所で光の反射（これをフレネル反射という）や散乱による損失が生じる．等価屈折率を $n_{eq}=\beta/k_0$，伝搬定数を β，電界分布を $E(y)$ とし，サフィックスを 1, 2 で表せば，このような，反射や散乱による損失が生じない条件は

1） 等価屈折率が一致する；

$$n_{eq,1}=n_{eq,2} \quad (5.26a)$$

2） 界分布が一致する；

$$E_1(y)=E_2(y) \quad (5.26b)$$

となる．

（**b**）**モード整合** 電界分布を近似的に表すのに，スポットサイズ w を用いることがある．これは，スポットサイズは光の強度分布をガウスビーム波の

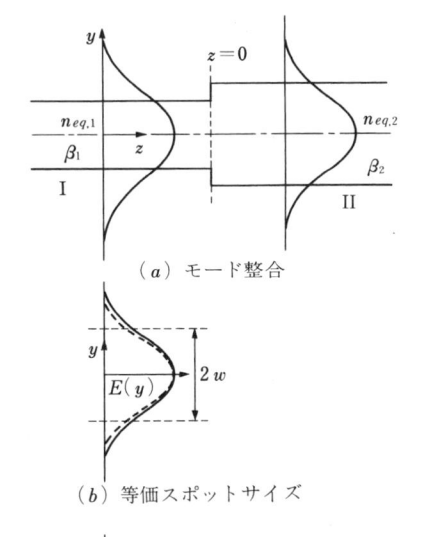

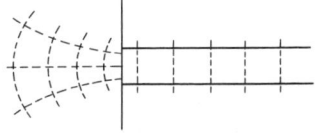

(a) モード整合

(b) 等価スポットサイズ

(c) 導波モードとガウス波

図 5.11 光伝搬の電力整合

$$\exp\left\{-\left(\frac{y}{w}\right)^2\right\} \tag{5.27}$$

で近似したときの強度分布の半径である．このスポットサイズを用いれば，(a) の 2) の条件は，両方の導波路の中心とスポットサイズとが一致することであり，$w_1 = w_2$ となる．さらに，電界の等位相面が両方で一致する必要がある．

図 5.11 (c) のように導波路の端面に光波を集光する場合には，スポットサイズを導波路と合わせるだけではなく，等位相面も合わせる必要がある．損失のない普通の誘電体導波路では等位相面は平面であるから，入射光も平面，つまり，入射の焦点にするのがよい．

(c) **ブリュスター角の無反射条件** 図 5.12 のように，屈折率が n_1 の領域から n_2 の領域の界面に光が入射する場合，光の偏波，すなわち電界 E の方向が図示の方向，すなわち磁界が境界面に平行成分のみで，適切な角度をもって入射すると，光は反射することなくすべて透過する．この適切な角をブリュスター角（Brewster angle）という．ブリュスター角は入射角 ϕ_1 と出射角 ϕ_2 が

$$\phi_1 + \phi_2 = \frac{\pi}{2}$$

条件を満たすときに起こる．ここで，入射側の媒質の屈折率を n_1，透過側の媒質の屈折率を n_2 とすると，スネルの法則，式 (5.1) から，ブリュスター角 ϕ_b は次の式で表される．

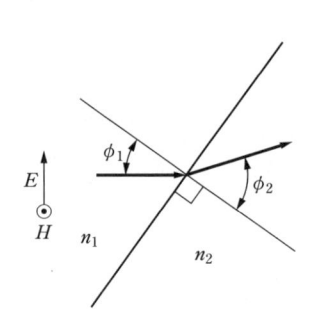

図 5.12 ブリュスター角

$$\phi_b = \tan^{-1}\left(\frac{n_2}{n_1}\right) \tag{5.28}$$

図は $n_1 > n_2$ の場合を示している．電界の偏波が図と垂直な場合，すなわち界面に平行な場合には反射は零にはならない．

(d) **反 射 率** (a) の 2) の電界分布がほぼ一致しているときに，等価屈折率の差による光強度の反射率は，r を電界反射率とおけば

$$r = \frac{n_{cq,1} - n_{cq,2}}{n_{eq,1} + n_{eq,2}} \qquad (5.29)$$

となる.

TM モードではブリュスター角効果が大きいので，図 **5.13** のような自由空間に導波路の端面から光が反射する際の反射率は，図 **5.14** に基本モード $M=0$ について示したように，TE モードの反射率は TM モードの反射率に比べて大きくなる.

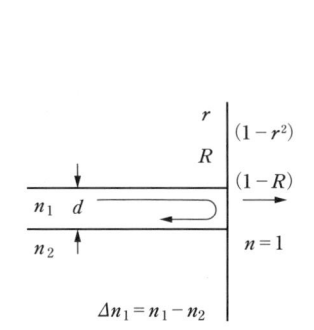

図 5.13 導波路端面からの光の反射

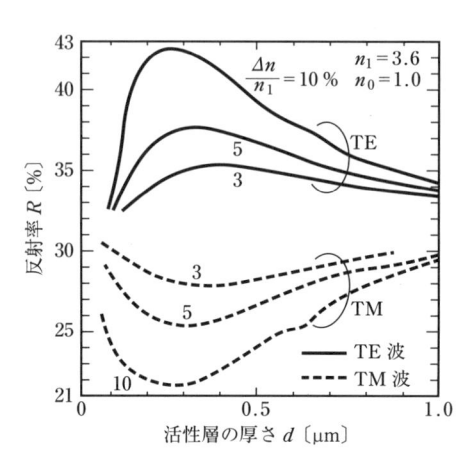

図 5.14 導波路端面からの光反射係数のモード依存性（池上徹彦の図を元に書き直したもの）

なお，両媒質の接合点に $n_3 = \sqrt{n_{eq,1} \cdot n_{eq,2}}$ となる屈折率をもつ厚さ $\lambda/4$ の薄膜をはさめば，反射を零にすることができる.

(**e**) **許容される導波路曲がり** 誘電体導波路が曲がると，クラッドの外側の部分では導波モードの一部の速度が光の速度を超してしまうので，導波モードの末端は放射モードとしてちぎれて離れ，損失となる（文献 (83)）．このような曲がり損失が顕著になり始める曲率半径を R，導波路の厚さを d，屈折率差を Δn，閉じ込め係数を ξ とすると

$$R > \frac{d}{2\Delta n \xi} \tag{5.30}$$

となり，屈折率差 Δn に反比例して許容曲率半径が増大する．

5.6 周期構造

(a) 分布反射器 図 **5.15** (a) のように，誘電率の変化により，周期的に反射点が配置された反射器を分布反射器または分布ブラッグ反射器（DBR: distributed bragg reflector) という．急ぐ場合はこの部分を簡略にしてもよい．

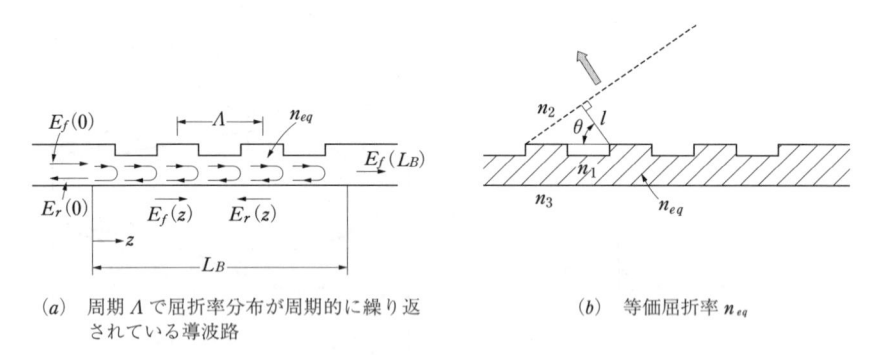

(a) 周期 Λ で屈折率分布が周期的に繰り返されている導波路

(b) 等価屈折率 n_{eq}

図 5.15 分布反射器の構造

ここでは，例として，導波路幅が周期的に変化し，それに応じて等価屈折率 n_{eq} が周期的に変化して反射を引き起こす分布反射器を考えよう．この導波路に設けられた反射体の周期 Λ が導波路内の波長 λ/n_{eq} の半分，つまり半波長になると，反射された光波の位相が 2π になって互いに強め合い，**図 5.16** のように反射率が大きくなる．この波長をブラッグ波長 λ_B といい，次式で表される．

$$\lambda_B = 2 n_{eq} \Lambda \tag{5.31}$$

ブリュスター角から容易に理解されるように，電界が屈折率変化に平行な TE モードは，電界が屈折率変化に垂直な TM モードの場合より数 % 大きいので，反射器としての反射率も大きい．したがって，ここでは TE 基本モードの

5.6 周期構造

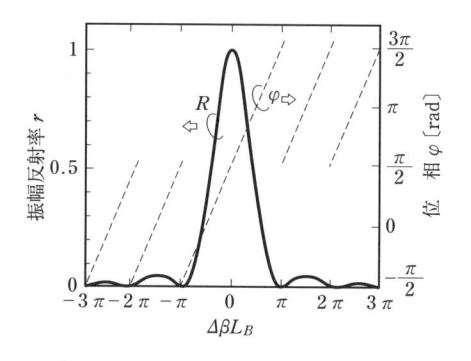

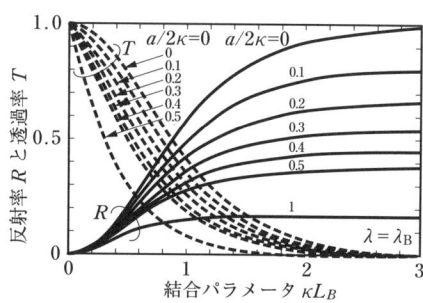

(a) ブラッグ波長 ($\delta\beta L=0$) で反射率が最大となり，$\delta\beta L = m\pi$ (整数) で，反射が零になる．

(b) ブラッグ波長における反射係数と透過係数

図 5.16 分布反射器の反射特性

みを対象とする．また，分布反射の周期が導波路波長の 1/4 の波長では，反射波は互いに打ち消されるので反射がなく，入射波はこの反射器を透過する．透過器として用いる場合を透過フィルタという．

DBR の基本特性について述べる．図 5.15 (a) のように，誘電率の変化により正相と負相の小さな反射 ($\Delta n = (n_{eq,1} - n_{eq,2})$) があり，この変化による振幅反射率は $r_0 = (n_{eq,1} - n_{eq,2})/(n_{eq,1} + n_{eq,2})$) を繰り返す長さ L_B の分布反射鏡で，簡単のために変化の形を正弦関数で表現する．

$$n(z) = n_0 + \Delta n(z) = n_0 + \Delta n \cos(2\beta_B z)$$

$$= n_0 + \Delta n \frac{\exp(j2\beta_B z) + \exp(-j2\beta_B z)}{2} \quad (5.32)$$

ここに，

$$\beta_B = \frac{2\pi}{2\Lambda} \quad (5.33)$$

この場合には，次式で表される進行方向に進む振幅 $E_f(z)$ の電界と，入射側に戻ってくる振幅 $E_r(z)$ の電界とは，分布したおのおのの反射点で反射されて互いに結合する．ブラッグ波長近傍のみを考えて，電界を次式のように表す．

$$E = E_f(z)e^{j\omega t - j\beta_B z} + E_r(z)e^{j\omega t + j\beta_B z} \quad (5.34)$$

これらの個々の反射は小さいので，分布反射による電界振幅 $E_f(z)$ と $E_r(z)$

の軸方向の変化は小さいと仮定する．このように仮定すると，式 (4.6)，(5.32)，(5.34) から，振幅の変化の 2 次微分を無視し，α を損失として次の $E_f(z)$ と $E_r(z)$ とが相互に結合する方程式が得られる（演習問題 5.9）．

$$\frac{dE_f(z)}{dz} + (\alpha + j\delta\beta)E_f(z) = -j\kappa E_r(z) \tag{5.35}$$

$$\frac{dE_r(z)}{dz} - (\alpha + j\delta\beta)E_r(z) = j\kappa E_f \tag{5.36}$$

ここに，

$$\kappa = \frac{\Delta n}{2} k_0 \tag{5.37}$$

$$\delta\beta = \beta - \beta_B \tag{5.38}$$

であり，κ は屈折率変化による結合係数，$\delta\beta$ はブラッグ波長からの伝搬定数（波長）のずれを表す．$\delta\beta$ は伝搬定数 β に比べると大変小さな値である．

上式 (5.35) と (5.36) を解くことにより，DBR 内の電界分布を求めて，電界反射率 r が次式のように求められる（演習問題 5.9）．

$$\begin{aligned} r &= \frac{-j\kappa \tanh(\gamma L_b)}{\gamma + (\alpha + j\delta\beta)\tanh(\gamma L_b)} \\ &= |r|e^{j\varphi} \end{aligned} \tag{5.39}$$

ここに，

$$\gamma^2 = (\alpha + j\delta\beta)^2 + \kappa^2 \tag{5.40}$$

簡単のために，損失を無視して $\alpha = 0$ の場合には

$$\varphi = -\frac{\pi}{2} - \tanh^{-1}\left\{\frac{\delta\beta L_B}{\gamma L_B}\tanh(\gamma L_B)\right\} \tag{5.41}$$

である．$\alpha = 0$ で結合係数が小さな場合に，ブラッグ波長からの伝搬定数のずれ（波長の相対的なずれと考えてよい）（$\delta\beta L_B$）に対する電界反射率 r，その位相変化を図 5.16 (a) に示す．反射率はブラッグ波長 λ_B を中心にして極大となり，波長がずれると急激に減少する．反射率が半分になる波長幅 $\Delta\lambda$ は，全体の長さ L_B が大きいほど狭くなり，近似的に次式で表される．

$$\frac{\Delta\lambda}{\lambda} = \frac{\lambda_B}{2 n_{eq} L_B} \tag{5.42}$$

5.6 周期構造

また，$\delta\beta L_B \to 2\pi$ の波長では反射がなく，光はすべて通過する．この入射光が透過する（透過フィルタ）波長は，近似的に次式で表される．

$$\lambda_B + \frac{\lambda_B{}^2}{2 n_{eq} L_B} \tag{5.43}$$

ブラグ波長における電力反射率 $r^2 = R$ と電力透過率 T の（κL_B）に関する関係を図 5.16（b）に示す．光波の大きさは，DBR 内で反射によって次第に減少するので，特性の取り扱いが楽ではない．そこで等価長 L_{eff} を導入し，L_{eff} の間は光波振幅の大きさが一様で，その先は零として取扱う．損失が結合効果より小さければ，L_{eff} は次式で与えられる．

$$L_{eff} = \frac{\tanh(\kappa L_B)}{2\kappa} \tag{5.44}$$

$$\sim L_B/2 \quad (\kappa L_B \ll 1)$$

図 5.17 には，光導波路の導波路層厚の周期変化による分布反射器の一箇所の反射率 r_0 を例示した．多重反射を取り入れた詳細な解については，文献（45）を参照されたい．

（b）分布反射導波路の放射と入射

図 5.15（b）のように，光は導波路の横方向 θ の方向に放射される．

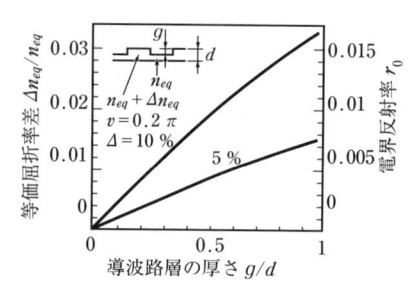

図 5.17 光導波路の導波路層厚の周期変化による一カ所の反射率 r_0

こで，周期反射構造を軸方向にフーリエ展開した場合の，q 次の周期は Λ/q となる（この関係は上述の反射の場合でも同様）．したがって，Λ/q 間隔ごとに散乱されたクラッド上の光の位相が，図（b）のように，2π の整数倍となる方向が存在すれば，それが放射される角 θ となる．クラッドの屈折率を n_2 とし，その伝搬定数を $\beta_2 = 2\pi n_2/\lambda$ とすれば，この放射条件は

$$\beta\Lambda/q + \beta_2 l = 2\pi \tag{5.45}$$

となり，これを書き直せば次式が得られる．

$$\cos\theta = \frac{n_{eq}}{n_2}\left(\frac{2\lambda}{q\lambda_B} - 1\right) \tag{5.46}$$

この関係を満たす θ 方向に光が放射される．下方へも同様に放射される．ところで，反射が最大となるブラッグ波長 $\lambda = \lambda_B$ では，$(n_{eq}/n_2) > 1$ なので，基本の $q = 1$ では，上式を満たさないので放射はない．$q = 2$ の 2 次の周期構造成分を考えると，$\lambda = \lambda_B$ で θ が $\pi/2$ になり垂直方向に出射される．垂直に結合する光結合器ができる．もちろん，2 次の周期構造成分が小さくなるように軸方向で対称に作られていれば，そのような出射はない．

$\lambda < \lambda_B$ であれば，$q = 1$ においても放射の条件を満たす波長がある．逆に，上記の出射角と同じ方向から光を入射させれば，その光は周期構造の導波モードと結合して，導波モードを励起する．こうして，自由空間との光結合器となる．

（**c**）**フォトニック結晶** （**a**）で述べた分布反射器は，一次元に配列された周期的分布反射体で構成される．これに対して，**図 5.18** のように誘電率が異なる散乱体が二次元，そして三次元で規則的に配置された誘電体構造は，フォトニック結晶（photonic crystal）と呼ばれている．フォトニック結晶は反射器，共振器，光導波路，遅延回路，レーザ，発光ダイオード，負の屈折率媒体などさまざまな用途がある．

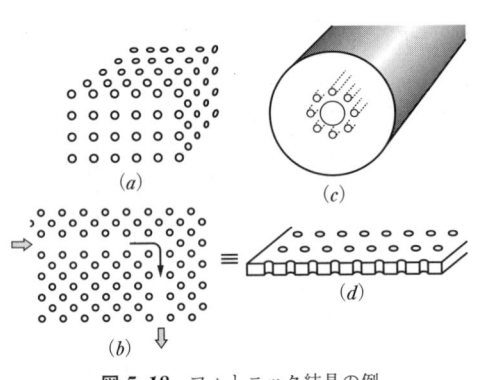

図 5.18 フォトニック結晶の例

図（**a**）のような三次元フォトニック結晶の場合を例にとると，光の波長程度の間隔で周期的に配列された反射体となって反射され，（**a**）の分布反射器で述べたように伝搬できる波長帯や伝搬できない波長帯が現れる．この現象は，あたかも固体結晶の中で，電子（電子波）が周期的に配列した原子によって反射・散乱されて，伝搬できる伝導帯や伝搬できない禁止帯ができる様子に酷似している．ただ，固体結晶の散乱体の原子間隔が数 Å なのに対して，フォトニック結晶では散乱体の間隔は光の波長程度の数千 Å と大きく，作成し易い．

このような類推から，**図 3.14** を参照して，固体結晶が電子波の状態を制御

する媒体であったのに対比して，フォトニック結晶は光波の状態を制御できる媒体である．光のエネルギー E＝$\hbar\omega$ とし伝搬定数を k とすれば，図 *3.1* のように光子には伝搬できない禁止帯，すなわちエネルギー E の禁止帯が現れる．また，E と k の関係は自由空間の場合のように線形ではなくて，図 *3.1* のように非線形の部分が現れる．

図 *5.18*(*b*) は，二次元の薄膜状のフォトニック結晶による導波路の例である．横方向でブラッグ波長となる波長では，光は帯の方向に伝えられる．普通の固体結晶では，電子配列が 1 層しかない結晶薄膜は極めて薄く，量子構造などを除いてはそれほどなじみ深くない．これに対して，フォトニック結晶では数千倍の μm 程度あり，加工するのに手頃である．薄膜からなる二次元の薄膜状フォトニック結晶は，閉じ込め効果が大きな微小な平面光回路の構成要素として，直角に曲がる光導波路や，Q 値の高い共振器，光遅延回路などへの応用がある．

また，フォトニック結晶の閉じ込め効果を使って，ほぼ直角に曲げられる光ファイバ（図(*d*)）なども開発されている．さまざまな工夫で，狭帯域性を補う広帯域化がなされつつある．また，レーザのモード制御や，反射効果を用いる発光ダイオードの高効率化，さらに回折格子やレンズ作用など，多様な展開がある．

5.7 集光と出射

(*a*) **出射角**　横断面の小さな光波は伝搬につれて，回折現象により横断面の半径が広がる．光線は直進するといわれるが，これは波長に比べて大きな横断面の光波を近似的に表したもので，横断面が小さな場合には特に広がりが大きい．

図 *5.19* のように，半径 w の開口を通過する光波の回折による広がり角 2θ は，電磁波的な解析により次式で表される．

$$2\theta = 2.44 \frac{\lambda}{2w} \ \text{[rad]}$$

$$= 146 \frac{\lambda}{2w} \ \text{[度]} \tag{5.47}$$

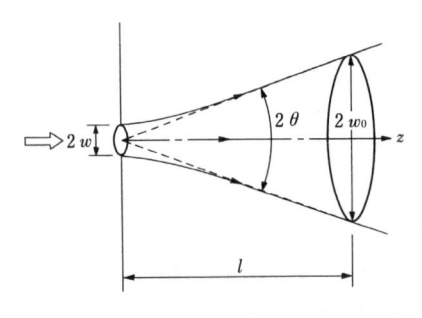

図 5.19 半径 w の窓（開口）を通った光の回折による出射光の広がり

放射角は半径 w が波長 λ に近いほど，大きくなる．これは原理的にはアンテナに放射角が生じるのと同じである．例として，$\lambda=1$〔μm〕，$2w=2$〔μm〕であれば広がり角 2θ は $73°$ にもなるが，$\lambda=1$〔μm〕，$2w=1$〔mm〕であれば広がり角は $0.146°$ に減少する．

距離が l だけ離れた位置での光のスポットサイズ $2w_0$ は次式となる．

$$2w_0 = 2.44 \frac{\lambda}{2w} l \tag{5.48}$$

断面積の小さな単一モード導波路から放射される光の放射角は，式 (5.47) で与えられる．他方，断面積の大きな導波路から出射される光の放射角は，この回折現象の効果が小さく，式 (5.7) の受光角が支配的で，この受光角に近くなる．

（ｂ） 集　　光　　光をレンズで集光すると焦点に集められるが，回折効果により焦点では点にはならず，一定の断面積の光になる．光の放射と集光の関係は電磁気学の相反定理によって同じで，可逆の関係にある．したがって，**図 5.20** のように 2θ の角で集光して $2w_0$ のスポットになったとすれば，この 2θ は $2w_0$ の開口を通過する平行光の広がり角 2θ は式 (5.47) と一致

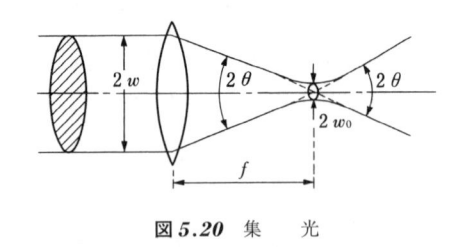

図 5.20 集　光

する．このようにして，スポット半径 w の平行光を焦点距離 f のレンズで集光すれば，集光点における光のスポット $2\omega_0$ は，式 (5.48) と同様に

$$2w_0 = 2.44 \frac{f}{2w} \lambda \qquad (5.49)$$

となる．この関係はレンズを無収差とした場合に集光できる最小スポットサイズの限界を示すものである．レンズに収差があれば，集光点のスポットサイズはこの最小スポットサイズより大きくなる．

演 習 問 題

5.1 コアの屈折率が 1.515 で，クラッドの屈折率が 1.500 の誘電体光導波路のコアとクラッドとの境界における全反射の臨界角，および受光角を求めよ．

5.2 コアの屈折率が 1.515 でクラッドの屈折率が 1.500 の板状誘電体光導波路で，コアの厚さが 20 μm，波長が 1 μm の場合の伝搬モードの数を求めよ．

5.3 コアの屈折率が 1.515 で，クラッドの屈折率が 1.500 の円形断面のコアをもつ光ファイバを波長 1 μm で単一モード動作するためのコアの直径を求めよ．

5.4 ガラスの屈折率を 1.5 とし，また GaAs 半導体（誘電体とみなす）の屈折率を 3.6 として，表面に直入射する光線はそれぞれ何 % 反射されるか．

5.5 波長 0.7 μm の平行光を，焦点距離が 2 mm のレンズで絞って，焦点で直径 1 μm の光にするには，レンズの直径をいくらにしなければならないか．

5.6 板状誘電体導波路の等価屈折率のモード依存性について述べよ．

5.7 屈折率が 1.5 の多モードの光導波路から 3 cm 離れた点の光の広がりが 6 mm であった．この導波路の比屈折率差を求めよ．

5.8 板状誘電体光導波路を伝わる導波モードの界分布をマクスウェルの方程式に従って求めよ．

5.9 式 (5.39) を導け．

6. 半導体レーザと発光デバイス

> 「悟りの道を学ぶ者は，自己流の見解に固執してはならぬ.」
>
> （道元：山崎訳）

6.1 はじめに

これ以後の章では，これまで述べてきた基礎事項に基づいて，発光デバイスについて述べる．まず，本章では，光エレクトロニクス技術分野で情報の伝送や記録などに用いられる光源，特に発光ダイオードと半導体レーザ（レーザダイオード，LDともいう）を中心にして述べる．また，光エレクトロニクスではそのほか，各種のレーザ[†]が用いられているので6.12節に要約した．

光デバイスを活用する場合には，光源には出力光に信号を乗せるための変調などをさせる必要があり，光源の特性をよく理解することが必要である．このような意味合いから，光源の特性，特にレーザダイオードの特性の理解が必要になる．さらに，その理解はそのほかのレーザの理解にも基本的には準用されるので，本章ではレーザダイオードの理解について重点的に述べる．

光デバイス用にはGaAs，InPやGaNなどの混晶の直接遷移型半導体が使用される．直接遷移型半導体は，3.1節で述べたように電子の遷移に際して運動量が保存されるために，注入されたキャリヤの寿命が短く（ナノ秒〔ns〕の程度），そのうえ発光効率が大きい．この点，電子デバイスに用いられているSiなどの間接遷移型半導体とは異なっている．間接遷移型の半導体は，光の放出とフォノンの放出が連なった一連の現象として段階的に行われるので，注入キャリヤの寿命が長く（マイクロ秒〔μs〕の程度），そのうえ発光効率は必ずしも

[†] laser：Light Amplification by Stimulated Emission of Radiation

よくない．このような性質によって直接遷移型の半導体を用いると，発光強度が強く，かつ電流の変化に対する応答が高速に行われるために，通信用の光源には直接遷移型半導体が用いられている．

第 3 章で述べたように，電子の遷移による発光波長はその材料のエネルギー間隔に依存し，多少の波長幅（数 % 程度）がある．伝導帯と価電子帯との間のエネルギー間隔を E_g とすれば，発光の波長（間隔波長）λ_g は次の関係で与えられる．

$$\lambda_g = \frac{hc}{E_g} = \frac{1.2398}{E_g (\text{eV})} \ [\mu\text{m}] \quad (6.1)$$

ここに，h はプランクの定数で，c は光速である．

直接遷移型の半導体が得難い波長領域の表示用の発光ダイオードには，間接遷移型の半導体も用いられる．

一方，受光デバイス用には直接遷移型でも，あるいは Si や Ge などのような間接遷移型の半導体でもよく，両種の半導体が用いられている．

このような理由によって，さまざまな半導体材料が用いられている．代表的な半導体材料と使用波長の関係が図 3.18 に示してある．波長が 0.4 〜 0.9 μm（400 〜 900 nm）の，いわゆる短波長帯では InGaN/GaN，AlGaAs/GaAs や GaInAsP/GaAs などが用いられ，波長が 1.2 〜 1.7 μm（1 200 〜 1 700 nm）の，いわゆる長波長帯では GaInAsP/InP などが用いられている．

6.2 発光ダイオード（LED）

(a) はじめに 発光ダイオードは普通，LED[†] と呼ばれ，数十万時間以上の寿命が推測されている信頼性の高いデバイスで，通信用や表示用，そして照明用の光源などに用いられる．通信用の LED は普通数十 MHz 程度の直接変調ができ，光出力は流す電流に比例して発生して直線性がよく，光出力の

[†] light emitting diode

大きさは数百 μW 〜 数 mW 程度が普通である．LED の出力が光ファイバに結合する割合は，第 **5** 章で述べたファイバの開口数，NA の 2 倍に比例するので小さく，普通，その結合係数〔式 (**6.2**)，96 頁〕は数 % 以下である．

表示用の LED は，間接遷移型の半導体 GaAsP や GaAlP による赤色，GaP による緑色から赤色までの色を出すものなどが使われている．

青色の GaInN は，照明や表示に用いられている．

（**b**） **LED の構造**　　発光ダイオード（LED）は，通信用と表示用そして照明用に大別される．通信用の LED は，高速変調性と，高出力，波長，およびファイバへの結合性をよくする観点から設計され，高速変調が容易なキャリヤ寿命時間の小さい直接遷移型の半導体が用いられている．これに対して，表示用の LED は，波長が人間の視感度範囲（図 **8.13**，166 頁），可視域にあり，時間的な変化が遅くてもよく，直接遷移型に加えてキャリヤ寿命時間の長い間接遷移型の半導体を用いている．照明用には青や紫外を含む電力効率の高いものが用いられる．

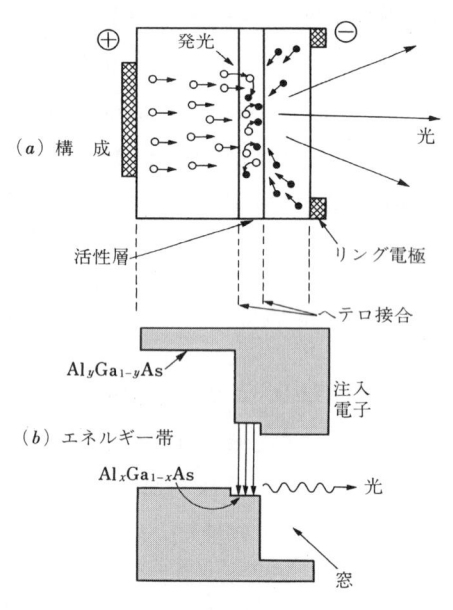

通信用に用いる短波長発光ダイオードの構成の一例を図 **6.1** に示す．半導体は $Al_xGa_{1-x}As/GaAs$ ヘテロ接合が用いられている．発光面の直径は数十 μm 程度である．順バイアスされた pn 接合を通して，光の出る活性層にキャリヤが注入される．このキャリヤは，図 (**b**) のように，活性層の中で再結合して光を放出する．活性層の外側に付けた $Al_yGa_{1-y}As$ 層は，Al の組成の割合 y が，活性層の Al の組成の割合 x より大きくしてある．そのために，この層の

図 **6.1**　通信用の AlGaAs/GaAs 短波長発光
　　　　　ダイオードの構成とエネルギー帯図

半導体のエネルギー間隔幅が活性層のそれより大きく，活性層で発光する光に対しては透明な窓になり，電気を通すが活性層から出る光を吸収しない．

発生する光の波長は，活性層の Al の組成成分 x の値に応じて，0.75 μm から 0.9 μm の間で変化する．良好な GaAs 発光ダイオードの効率は 45 % 以上にも達する．

(c) **LED の発光特性**　LED の光出力は，図 6.2(a) のように，低いレベルでは電流にほぼ比例する．電流は，数十 mA/cm^2 程度でキャリヤ密度にして 10^{18}/cm^3 程度である．出力は数 mW 程度である．発光のスペクトルは図 (b) に示すように，GaAs LED で幅が 400 Å 程度，GaInAsP/InP LED で 1 200 Å 程度で，相対的な幅は数 % から 10 % 程度である．スペクトルの中心波長は，温度の上昇に対して，3 Å/℃ (GaAs, 1.3 μm GaInAsP/InP) から 5 Å/℃ (1.5 μm GaInAsP/InP) で，温度とともに長波長側にずれる．

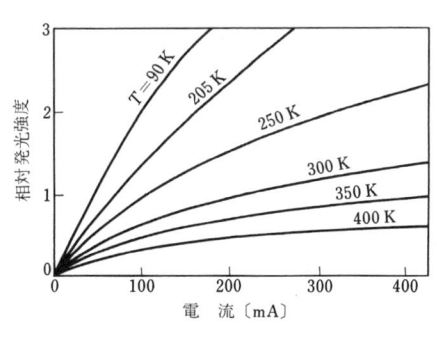

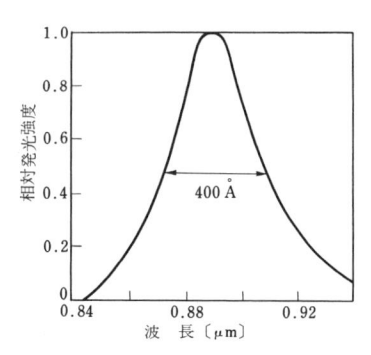

(a) 光出力・電流特性（宇治俊男による）　　(b) GaAs 短波長発光ダイオード

図 **6.2**　LED の光出力とスペクトル特性

表 **6.1** に各種の発光素子の発光波長を示す．

(d) **光ファイバとの結合係数**　LED から光ファイバに結合される光は，光ファイバの発光角内の角度で放出される光線に限られるので，結合効率は比較的小さい．半導体内部では，光は 360° の立体角ですべての方向に放射されるが，表面から外に放射される光は面に対して全反射の臨界角以下の角度の光線のみである．しかし，表面や裏面で反射されて戻った光の一部は活性層で吸

表 6.1 発光素子の発光波長

発光素子の種類	色	ピーク発光波長 [nm]	発光出力 [lm/W]	量子効率 最高 [%]	量子効率 商用素子 [%]
GaP	赤	699	20	15	2.0 〜 4.0
GaP	緑	570	610	0.7	0.05 〜 0.1
GaP	黄	590	〜 450	0.1	0.05
$GaAs_{0.6}P_{0.4}$	赤	649	75	0.5	0.2
$GaAs_{0.35}P_{0.65}$	オレンジ	632	190	0.5	0.2
$GaAs_{0.15}P_{0.85}$	黄	589	450	〜 0.2	0.05
$Al_{0.3}Ga_{0.7}As$	赤	675	〜 35	1.3	—
$Ga_{0.58}In_{0.42}P$	アンバー	617	284	0.1	—
SiC	黄	590	〜 500	0.003	—
GaN	青	440	〜 20	0.005	—
GaN	緑	515	420	0.1	—
GaAs：Si YF_3：Yb：Er 付	緑	550	660	0.1	—
GaAs：Si YF_3：Yb：Tn 付	青	470	60	0.01	—
InSe	黄	590	450	0.1	—
GaAs	赤 外	〜940		7.3	〜 1
$GaAs_{0.94}Sb_{0.06}$	赤 外	1 060		〜 0.7	—
$In_{0.15}Ga_{0.85}As$	赤 外	1 060		1	—

(電子通信工学ハンドブックによる)

収されてキャリヤを作り,再び光を放射する(これを光再利用:フォトンリサイクリングともいう).

ここで,LED の表面から放出される光は一様とし,立体角 2π で放出される光のみを考えることにする.この光を,光源と光ファイバの中間に置かれたレンズで集光すると,集められる光線の角は,放出されたときの角に等しくなる.光ファイバのコアに入れられる光は,第 **5** 章で述べた受光角 $\theta = n\sqrt{2\varDelta}$ 以内の光線であり,その立体角は $2\pi(1-\cos\theta) \simeq \pi\theta^2$ である.したがって,LED から光ファイバに結合する光の結合係数 η_c は,おおよそ

$$\eta_c \simeq \frac{\pi\theta^2}{2\pi}$$
$$= n^2\varDelta \qquad (6.2)$$

となる.通信用の多モード光ファイバの $\varDelta$ は 1 % 程度であるから,LED から

結合できる光は2～3%程度ということになる．

　表示用のLEDでは，素子の表面で反射する損失を減少させるために，表面に屈折率の大きなプラスチックなどの帽子状のドームなどを付けることが多い．

　(e) 青色と照明用の発光ダイオード　青色発光のLEDは，照明用や表示用に用いられる．図**6.3**は，青色光用のInGaN/GaN-LEDの例を示す．発光効率を向上させるのに，光が出る反対側の活性層と基盤との間に，活性層と平行に波長程度の周期分布反射器を挿入して光を反射する構造もある．発光層の反対側に出た光はこの反射器で反射され，再び活性層で吸収されて再利用されて効率向上に寄与している．照明用では，材料構成によって，赤色，緑色，青色，そして紫外光などのLEDがある．

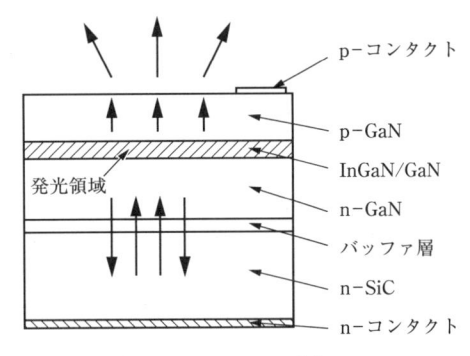

図**6.3**　InGaN/GaN 青色LED
（赤崎，天野による）

　照明では白色光が用いられる．図**6.4**は，白色LEDの例を示す．図(*a*)は，赤，緑，青の3原色のLEDによる白色光源である．図(*b*)は紫外光ないしは紫色のLEDで多色蛍光体を励起し，蛍光体から発する多色の光で白色を発する．図(*c*)は青色LEDの光の一部で黄色蛍光体を励起し，蛍光体で発す

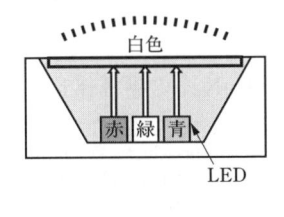

(*a*) 赤色LED＋緑色LED＋青色LED

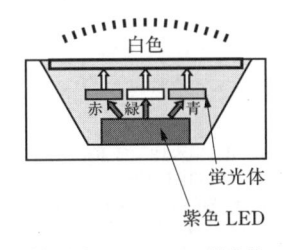

(*b*) 紫色LED＋RGB蛍光体

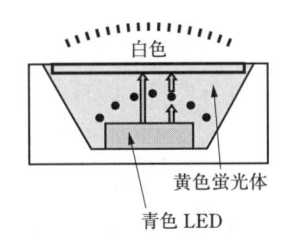

(*c*) 青色LED＋黄色蛍光体

図**6.4**　白色LEDの例（清水恵一による）

る黄色と青色の混合が目には白色になる効果を使った白色 LED である．

6.3 半導体レーザ（レーザダイオード，LD）

6.3.1 はじめに

情報伝送や記録などの分野では，小型で効率が高く，信頼性の高い半導体レーザ[†]が用いられる．半導体レーザは注入型レーザとも呼ばれる．また，半導体レーザはダイオードとして電流励起されるものが大部分であり，レーザダイオード（LD[†2]）といわれることが多い．

半導体レーザは，第 1 章で述べたように，1962 年に 4 グループによってそれぞれ独立に実験に成功した．当初，半導体レーザはパルスでしか働かなかったので実用性は限られていたが，高速変調の実証やモード制御などの重要な考えの提唱や，ヘテロ接合の導入による低電流化の可能性などが示されてその重要性が認識されていった．

1969 年から 1970 年に，ヘテロ接合[†3]の導入によりしきい値電流密度が逓減し，GaAs/GaAlAs ヘテロ接合レーザの室温連続発振が林ら[†4]，並びに Alferov ら[†5]のグループによって成功して，半導体レーザの実用性が進んだ．また，1979 年には，荒井らの著者のグループ[†6]，秋葉らのグループ[†7]，河口らのグループ[†8]，次いで Kaminow らのグループ[†9]によって，波長 1.5 μm 帯の GaInAsP/InP レーザの室温連続発振が達成され，長距離光ファイバ通信の道が開かれた．さらに，1994 年には，量子カスケードレーザが Faist や Capasso ら[†10]により提案され，遠赤外領域の開拓がなされた．

他方では，1996 年に，中村らのグループ[†11]によって InGaN 系の半導体レー

[†] semiconductor laser, [†2] laser diode, [†3] H. Kroemer (1963), [†4] I. Hayashi, M. B. Panish, P. B. Foy and S. Sumuski (1970), [†5] Zh. I. Alferov, V. M. Andrev, E. L. Portnoi and M. K. Trukan (1969), [†6] S. Arai, M. Asada, Y. Suematsu and Y. Itaya (1979), [†7] S. Akiba, K. Sakai, Y. Matsushima and T. Yamamoto (1979), [†8] H. Kawaguchi, T. Takahei, Y. Toyoshima, H. Nagai and G. Iwane (1979), [†9] I. P. Kaminow, R. E. Nahory, M. A. Pollack, L. W. Stulz and J. C. DeWinter (1979), [†10] J. Faist, F. Capasso, D. L. Sivco, C. Sirtori, A. L. Hutchinson and A. Y. Cho (1994), [†11] S. Nakamura, M. Senoh, S. Nagahama, N. Iwasa, T. Yamada, T. Matsushita, H.Kiyoku and Y. Sugimoto (1996)

6.3 半導体レーザ（レーザダイオード，LD）

ザが開発され，青色などの短波長帯が開拓された．また，4.9 節で述べた量子構造とひずみ効果は，レーザの特性改善に大きく貢献した．このようにして，さまざまな波長領域で半導体レーザが活用され，フォトニクスの主要光源に発展した．

半導体レーザは出力光のスペクトル幅が狭く，そのうえ，波長程度の寸法まで小さく集光できるのが特徴である．しきい値電流以上の電流を流すとレーザ発振し光出力が増加する．出力は数 mW 程度が普通であるが，数百 W 程度にも及ぶ大出力レーザもある．半導体レーザも LED も加える電圧は 2～3 V 程度で，電流は普通は数 ～ 数百 mA である．通信用の半導体レーザは数 ～ 数十 GHz 程度まで直接変調できる．

半導体レーザは，構造と機能面から図 6.5 に示すような類型に分けられる．すなわち，構造面では共振器が基盤面に平行か垂直かによって，(a) の基盤面に添って共振器が配置される平面型レーザと，(b) の基盤面に垂直に共振器が配置される垂直共振器面発光レーザ（vertical cavity surface emitting laser：

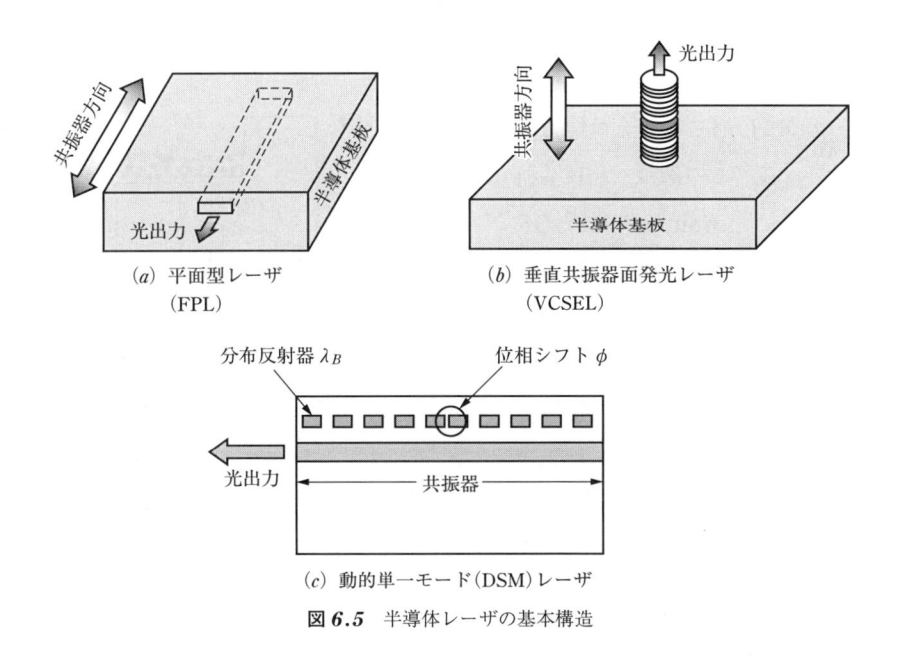

(a) 平面型レーザ（FPL）

(b) 垂直共振器面発光レーザ（VCSEL）

(c) 動的単一モード（DSM）レーザ

図 6.5 半導体レーザの基本構造

VCSEL)† に2分類される．さらに，波長の安定性という機能面から，これらの平面形と垂直型に共通する多モード動作のレーザと，(c)の平面型と垂直型とに共通の単一モードで動作する，いわゆる動的単一モード（dynamic single mode：DSM）レーザ†2 に別けられる．

平面形のファブリ・ペロ（Fabry-Perot：FP）共振器を用いる FP レーザは波長が不安定で，多モード動作に陥りやすいが，大出力という特徴がある．また，VCSEL は小電力で動作する特徴がある．位相シフトした2個の分布反射器などの単一モード共振器を用いて安定な単一モードで動作する DSM レーザ（6.7節参照）は，光通信用などに用いられる．

6.3.2 半導体レーザの基本的構造

半導体レーザの多くは，**図6.6** に示すように，光が発生する活性層を中心にした二重ヘテロ接合になっている．この例は，InP 基盤結晶を用いた GaInAsP/InP 長波長半導体レーザで，電子を閉じ込め光を放出する活性層は GaInAsP で，その周りは InP である．InP のエネルギー間隔は活性層に比べて大きく，発生した光に対してこの層は透明で，活性層に

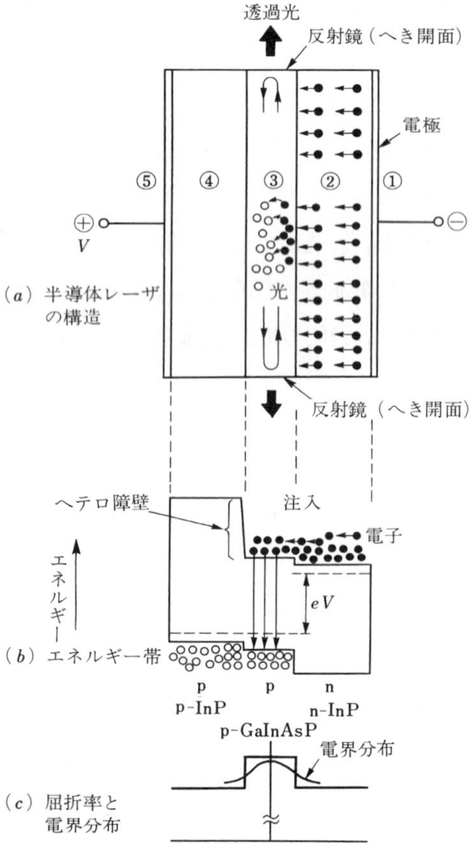

(a) 半導体レーザの構造

(b) エネルギー帯

(c) 屈折率と電界分布

図6.6 二重ヘテロ半導体レーザの構造，エネルギー帯，屈折率と電界分布

---

† K.Iga (1977)
†2 Y.Suematsu and M.Yamada (1972)

6.3 半導体レーザ（レーザダイオード，LD）

比べて InP 層の屈折率は小さく，活性層をコアとする光導波路となっている（図 3.19）．

図 6.6 (b) のように，注入された電子はヘテロ障壁のために，活性層内にのみ閉じ込められて高密度のキャリヤとなって光子と密に相互作用するので，小電流でレーザ動作する．上述したように，発光波長では InP 部の屈折率が活性導波路に比して数％低いので，図 (c) のように活性導波路をコアとして InP でクラッドした誘電導波路を形成する．また，実際のレーザダイオードでは，**図 6.7** のように，横方向にも電流阻止用の InP 領域があり，電流は小さな矩形断面の活性領域のみに流れ込む．この構造では，横方向にも屈折率が低く，光導波の作用をさせる．この横方向の幅は，大出力レーザでは広いが，単一モードレーザでは，第 5 章，式 (5.19) で述べた単一横モード条件が満足されるように狭くする．活性層の厚さは十分に薄く，水平方向と同時に垂直方向に単一横モード条件を満足させる．

この導波路の両端に反射鏡を付けると，導波される光に対してファブリ・ペ

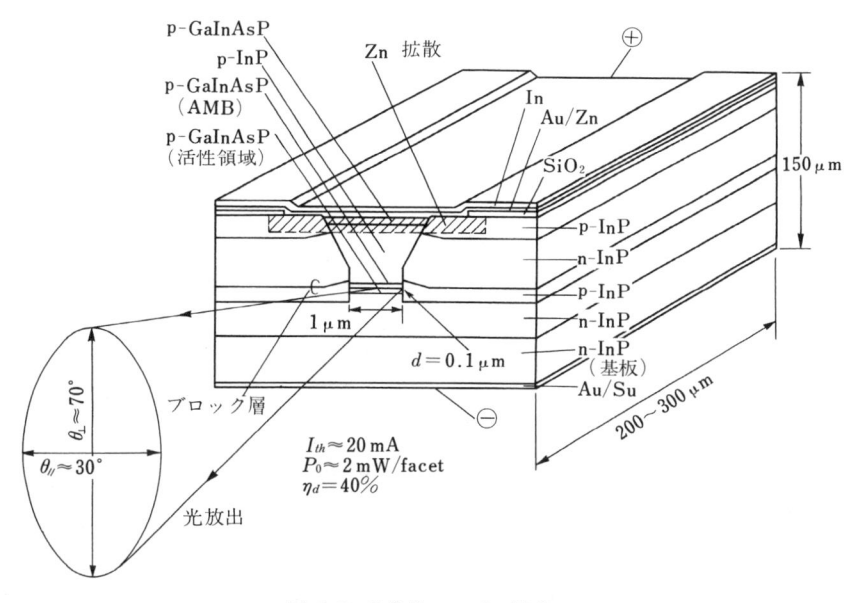

図 6.7 半導体レーザの構造

ロ（FP）共振器となる．ヘテロ構造の pn 接合を通して電流を流すと，活性層に電子が注入され，しきい値電流と呼ばれる一定レベルの電流以上に達すると，レーザ発振をする．

しきい値以下の電流では出力が小さく，スペクトル幅が広い自然放出光しかなかったのが，しきい値を越した電流では，出力光は電流に比例して急激に強くなり，スペクトルが著しく狭いコヒーレントな光のレーザ発振が起こる．

6.3.3 半導体レーザの発振しきい値と光出力

(a) レーザ動作のパラメータ　図 *6.8* のように，普通のレーザダイオードは厚さ d（$0.1 \sim 0.2\,\mu m$ 程度），幅 w（$1 \sim 10\,\mu m$ 程度），長さ l（$300\,\mu m$ 程度）の活性領域の両端に，電界反射率 r_f と r_r（電力反射率は $r_f{}^2$, $r_r{}^2$）の反射鏡をもったファブロ・ペロ（FP）型の共振器で構成されている．

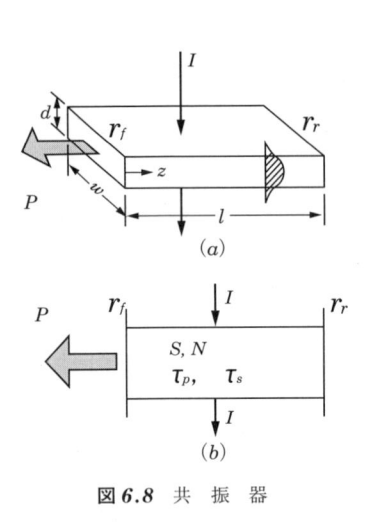

この領域に電流 I を流すと，自然発光で生じた光波は活性領域に沿う z 方向に往復して増幅され，発振に至る．活性層には，増幅係数 g_b のほかに損失係数 α_b〔Np/m〕の損失（電界）があり，光は伝搬定数 β〔rad/m〕の位相遅れを伴って伝搬する．この活性層に光波のエネルギーが閉じ込められている割合は，第 *5* 章〔式(*5.22*)〕で述べたように，エネルギー閉じ込め係数 ξ で表される．

図 6.8　共 振 器

このとき，活性領域に沿って伝わる光波の電界に関する増幅係数 g および損失係数 α は，式 (*4.10a*), (*4.10b*) を用いて

$$g = \xi g_b, \quad \alpha = \xi \alpha_b \ [\mathrm{cm}^{-1}] \tag{6.3}$$

となる．

第 *4* 章の式 (*4.14b*) では時間的な損失の割合を $(\bar{\kappa}/\varepsilon)$ で表したが，上に述べた空間的な損失係数との間には，v をこの導波路を伝わる光波の伝搬速度と

すれば

$$(時間的な損失係数) = (空間的な損失係数) \times v \tag{6.4}$$

の関係がある. c を光速とすれば, $v = c/n_{eff} \fallingdotseq 1/\sqrt{\varepsilon\mu}$ となるから

$$a_b = \frac{n_{eq}}{2c} \frac{\bar{\kappa}}{\varepsilon} \simeq \frac{\bar{\kappa}}{2} \sqrt{\frac{\mu}{\varepsilon}}$$

となる. また, 増幅度（電界）については, $2g_b = G_b$ の関係から〔式(4.15)〕

$$g_b = \left(\frac{n_{eq}}{2c}\right) G$$

$$= \frac{n_{eq}}{2c} \mathrm{B} (N - N_g) \; [\mathrm{cm}^{-1}] \tag{6.5}$$

となる〔式(4.47)〕.

レーザダイオードでは式(4.48)で述べた共振器内の光子の寿命時間 τ_p が用いられ, 次のように求められる. まず, 共振器内の1往復の光波のエネルギーの損失は $\{r_f r_r \exp(-2\alpha l)\}^2$ である. この1往復の時間 $t = 2l/v$ の間に光波のエネルギーは $\exp(-t/\tau_p)$ に減少する. したがって, 次の関係が等価的に成り立つ.

$$\{r_f r_r \exp(-2\alpha l)\}^2 = \exp\left(-\frac{2l/v}{\tau_p}\right)$$

この式から, 光子の寿命時間 τ_p は, 次の式で与えられる.

$$\frac{1}{\tau_p} = v \left\{ 2\alpha + \frac{1}{l} \ln \frac{1}{r_f} + \frac{1}{l} \ln \frac{1}{r_r} \right\}$$

$$= \frac{c}{n_{eq}} \left\{ 2\alpha + \frac{1}{l} \ln \frac{1}{r_f} + \frac{1}{l} \ln \frac{1}{r_r} \right\} \tag{6.6a}$$

このうち, 出力側の反射鏡から光が透過することのみによる光子の寿命時間 τ_{out} は, 上式で r_f の項のみからなり, 次式のようになる.

$$\frac{1}{\tau_{out}} = \frac{c}{n_{eq}} \frac{1}{l} \ln \frac{1}{r_f} \tag{6.6b}$$

普通の半導体レーザの τ_p は1ピコ秒程度である.

(b) 光波の増幅 半導体に少数キャリヤの電子を注入すると, 第 **3, 4** 章で述べたように, 光と電子の間に誘導放出によって強い相互作用が起こり, その半導体のエネルギー間隔に相当する波長の光が増幅される. このとき, **図 6.9 (a)** のように, この光は注入電子密度が小さいと吸収されるが, 注入電子

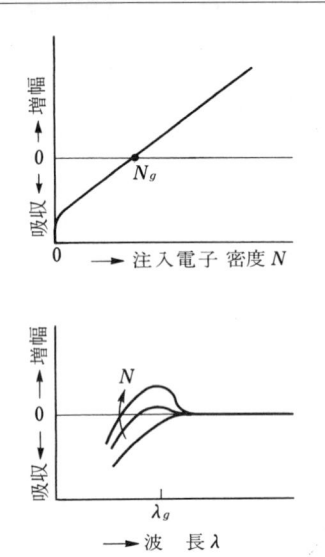

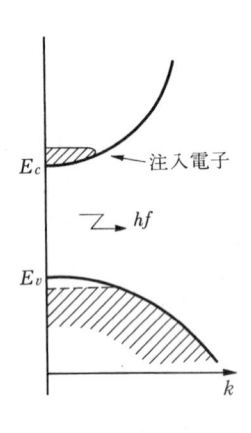

(a) 注入電子密度と光の増幅　　(b) 電子のエネルギー分布の広がり

図 **6.9** 半導体における光の増幅

密度 N が一定の密度 N_g 以上になると増幅される．実際の半導体では，電子遷移が直接に関与する伝導帯と価電子帯内の準位以外に，近接する準位にある電子による吸収の影響が大きく，そのために増幅ができるようになる注入電子の密度 N_g は大きい．この増幅効果が現れる電子密度 N_g の値は，図 **4.11** からわかるように，通常の半導体では $1 \sim 3 \times 10^{18}$ cm^{-3} 程度である．

このとき，光波の波長が，第 **4** 章の図 **4.9**，**4.11** からわかるように，間隔波長 λ_g 近くの 1 % 程度以下の狭い波長範囲にあれば，その光波は増幅される．この幅は，主として，i) 電子緩和効果，すなわち，電子が格子点に衝突して電子の波動関数が変化する効果に基づくものと，ii) 伝導体の電子のエネルギー分布が，図 **6.9**(b) のように広がっていることによる．

(**c**)　**発振しきい値**　　ここで，レーザ共振器内の光子密度 S と，伝導帯の電子密度 N が，誘導放出によって時間的に変化する割合を求める．簡単のために，伝導帯と価電子帯とをそれぞれ一つの準位と見立てる．このために，式 (**4.54**)，(**4.55**) のレート方程式を用いる．すなわち，

$$\frac{dS}{dt} = \mathrm{B}(N-N_g)S - \frac{S}{\tau_p} \tag{6.7}$$

$$\frac{dN}{dt} = \frac{I}{eV_a} - \mathrm{B}(N-N_g)S - \frac{N}{\tau_s} \tag{6.8}$$

ここに，第1式の右辺第1項は誘導放出の効果〔Bは式(**4.45**)で表される誘導放出の係数，N_gは誘導放出が正になるキャリヤ密度〕，第2項は光子が毎秒失われる割合〔τ_p共振器内の光子の寿命時間〕，第2式の右辺第1項は電流注入のポンプ効果〔1秒間に注入される電子の密度$\Lambda = I/eV_a$〕；V_aは共振器内の電子が注入されている活性領域の体積，eは電子の電荷〕，第2項は誘導放出の効果，第3項は自然放出の効果を表す〔τ_sはキャリヤの寿命時間〕．

定常状態を仮定し，上式を用いて発振の動作解析をしよう．定常状態では，$\partial/\partial t = 0$となるので，上式は

$$\left\{ \mathrm{B}(N-N_g) - \frac{1}{\tau_p} \right\} S = 0 \tag{6.9}$$

$$\mathrm{B}(N-N_g)S + \frac{N}{\tau_s} = \frac{I}{eV_a} \tag{6.10}$$

ここで，レーザ発振のしきい値電流I_{th}以下の電流Iでは発振に至らず，レーザ光がないので$S=0$とすると，式(**6.10**)より，

$$I = \frac{eV_a N}{\tau_s} \quad (I < I_{th}) \tag{6.11}$$

となり，注入電子密度Nは電流Iに比例して増加する．

次に，発振状態では，$S \neq 0$であって，式(**6.9**)より

$$(N-N_g) = \frac{1}{\tau_p \mathrm{B}} \quad (I \geq I_{th})$$

となり，伝導帯の電子密度Nは電流Iによらず一定値に飽和する．このしきい値電子密度N_{th}は，上式より

$$\boxed{N_{th} = N_g + \frac{1}{\tau_p \mathrm{B}}} \tag{6.12}$$

となる．この関係を，式(**6.10**)に代入すれば，光子密度Sは

$$S = \frac{\tau_p}{eV_a}(I - I_{th}) \quad (6.13)$$

ここに，レーザ発振のしきい値電流 I_{th} は

$$I_{th} = \frac{eV_a N_{th}}{\tau_s} = \frac{eV_a\left(N_g + \dfrac{1}{\tau_p B}\right)}{\tau_s} \quad (6.14)$$

となる．ここに，キャリヤの寿命時間 τ_s は，式 (3.8) により，キャリヤ密度にも依存する．非放射性の遷移を無視して $1/\tau_s = B_r N_{th}$ とすれば〔B_r は式 (3.8) の B_r に同じ〕

$$I_{th} = eV_a B_r \left(N_g + \frac{1}{\tau_p B}\right)^2 \quad (6.15)$$

(d) 光 出 力 式 (6.13) より，共振器内の発振光子密度 S は，図 **6.10** のように，しきい値電流以上の電流成分 $(I - I_{th})$ に比例して増加する．

反射鏡を通して外部に放出される光出力 P は，光子のエネルギー $\hbar\omega = E_g$ および式 (6.6 b) を用いると

$$P = \hbar\omega S\left(\frac{V_a}{\tau_{out}}\right) = \eta_d E_g(I - I_{th}) \quad (6.16)$$

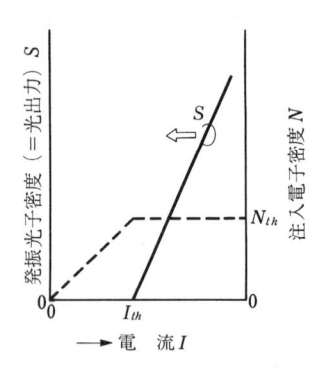

図 6.10 発振光子密度，注入電子密度と注入電流

ここに，η_d は微分量子効率といわれ，しきい値以上の電流増加分 δI に対して増加する光出力の増加分 δP を，入力電力 $\delta I \cdot V_g$ ($V_g = E_g$ は接合に加えられる印加電圧) で割ったもので

$$\eta_d = \frac{\delta P}{\delta I \cdot E_g} = \frac{\tau_p}{\tau_{out}}$$

$$= \frac{\dfrac{1}{l}\ln\dfrac{1}{r_f}}{2\alpha + \dfrac{1}{l}\ln\dfrac{1}{r_f} + \dfrac{1}{l}\ln\dfrac{1}{r_r}} \quad (6.17)$$

で表す．この η_d は加えた電力が光出力になる効率のよさを表し，外部量子効率ともいわれる．

つぎに，この η_d と，E_g がほぼ印加電圧 V に等しい関係を用いると，入力電力 VI 当りの光出力 P，すなわちデバイス効率 η_t は

$$\eta_t = \frac{P}{VI} \sim \frac{P}{E_g I}$$

$$= \eta_d \left(1 - \frac{I_{th}}{I}\right) \quad (6.18)$$

となる．しきい値電流以上では電流を増加するほど，レーザダイオードのデバイス効率 η_t は増加し，微分量子効率 η_d に近くなる．

6.4 半導体レーザの波長

(a) 1往復の光増幅利得 ここで，発振の波長とそれに必要な増幅利得を求めよう．そこで，まず，図 **6.11** のように，鏡の一端 $z=0$ で，光の電界 $E_0 \exp(j\omega t)$ が進行を始めたとすれば，点 z の光波は，電界の増幅係数 g（式 (6.3)）を用いて

$$E(z, t) = E_0 \exp(j\omega t) \exp\{(g-\alpha)z\} \exp(-j\beta z) \quad (6.19)$$

ここに，ω は光波の振動の角周波数である．また，n_{eq} を活性領域の等価屈折率，λ を波長とすれば

$$\beta = \frac{2\pi n_{eq}}{\lambda} \quad (6.20)$$

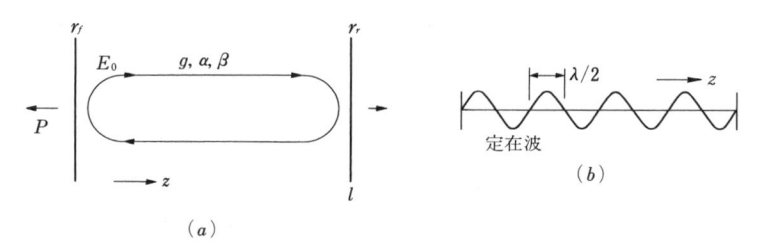

図 **6.11** 半導体レーザにおける光の増幅と共振

光波が他の端の鏡，$z=l$ に達すれば，光の電界 E は，r_r の反射を受け

$$E(l, t) = r_r E_0 \exp(j\omega t) \exp\{(g-\alpha)l\} \exp(-j\beta l)$$

となる．このようにして，1往復した後の光波の電界は，

$$E(2l, t) = r_f r_r E_0 \exp(j\omega t) \exp\{2(g-\alpha)l\} \exp(-j2\beta l) \quad (6.21)$$

（**b**）**発振条件**　もし，1往復した後で電界の大きさ，位相とも，次式のように最初の電界と等しければ，発振が持続される．これが，レーザの発振条件になる．

$$\begin{aligned} E(2l, t) &= r_f r_r E_0 \exp(j\omega t) \exp\{2(g-\alpha)l\} \exp(-j2\beta l) \\ &= E_0 \exp(j\omega t) \end{aligned} \quad (6.22)$$

この式を E_0 で割って整理すれば，次式の半導体レーザの発振条件が得られる．

$$\boxed{r_f r_r \exp\{2(g-\alpha)l\} \exp(-j2\beta l) = 1 \quad (6.23)}$$

この式を，実部と虚部とに分ければ，実部が発振に必要な増幅利得を決める電力条件，虚部が発振の波長を決める位相条件になる．

$$r_f r_r \exp\{2(g-\alpha)l\} \cos(2\beta l) = 1 \quad \text{電力条件} \quad (6.24)$$

$$r_f r_r \exp\{2(g-\alpha)l\} \sin(2\beta l) = 0 \quad \text{位相条件} \quad (6.25)$$

（**c**）**共振波長としきい値利得**　式 (6.24) から

$$\cos(2\beta l) > 0 \quad (6.26)$$

を満足しながら，式 (6.24) より

$$\sin(2\beta l) = 0 \quad (6.27)$$

したがって，上式より，m を整数として

$$2\beta l = 2\pi m \quad (m=0, 1, 2, \cdots) \quad (6.28)$$

が位相条件になる．発振の波長は，上式より

$$\boxed{\lambda = \frac{2 l n_{eq}}{m} \quad (6.29)}$$

このとき，図 **6.11** のように，半波長 $\lambda/(2 n_{eq})$ の整数倍が共振器長 l になる．

普通の半導体レーザでは,共振器長 $l=300$ μm 程度であり,等価屈折率は $n=3$ 程度であるから,波長 1.5 μm に対して,共振器内に $m\simeq 1000$ 程度の定在波が存在する.整数 m が ±1 変化したときの,共振波長の変化は次式の $\delta\lambda$ になる.

$$\delta\lambda = \frac{-\lambda^2}{2\,n_{eff}l} \tag{6.30}$$

ここに,n_{eff} は,実効屈折率で

$$n_{eff} = n - \left(\frac{\partial n_{eq}}{\partial \lambda}\right)\delta\lambda \tag{6.31}$$

(d) しきい値利得 さて,このようにして,発振波長が決められたので,この波長を式 (6.25) に代入すると,$\cos(2\beta l)=1$ となる.この関係を式 (6.24) の電力条件に代入すると

$$r_f r_r \exp\{2(g-\alpha)l\} = 1 \tag{6.32}$$

となり,発振に必要なしきい値利得 g_{th} は,上式より次式となる.

$$g_{th} = \alpha + \frac{1}{2}\left(\frac{1}{l}\ln\frac{1}{r_f} + \frac{1}{l}\ln\frac{1}{r_r}\right) \tag{6.33}$$

(e) 発振波長 このように,発振可能な共振波長は波長間隔 $\delta\lambda$ ごとに数多く存在する.半導体レーザで光が増幅される波長には,先に述べたように,電子緩和による見掛け上のエネルギー広がりと,伝導帯に注入された電子,価電子帯にあるホールのエネルギー準位の広がりの影響で,数十Åの幅がある.この増幅の波長幅の中に,**図6.12** に示すように共振波長が数多く存在するが,そのうちの一つの波長,あるいは数個の波長で発振する.

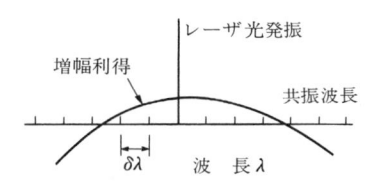

図6.12 半導体レーザの共振波長と増幅利得

よく作られた FP 型のレーザダイオード (LD) では,定常状態の発振波長は一つになる.しかし,温度や電流が変わると,隣接するモード数,$m\pm 1$,へ跳び,波長が不安定になる.

普通のFP型のレーザダイオードでは，反射鏡は結晶をへき開したときにできる平たん面を用いる．等価屈折率がn_{eq}の半導体と1の空気の界面で光が反射される反射係数は，おおよそ式 (5.30) で与えられ

$$r = \frac{n_{eq}-1}{n_{eq}+1} \qquad (6.34)$$

となる．第5章，図5.14で述べたように，端面の反射係数は光波の電界の方向に強く依存する．通常，電界の方向が水平なTEモードは，それと直交するTMモードより数十％反射係数が大きい．このため，レーザダイオードはおおむねTEモードで発振する．短波長用，長波長用ともに，屈折率は発振波長で 3.5～3.6，屈折率差は 5～10 % 程度である．反射率はモードの効果を入れて 30～40 % 程度である．

なお，注入キャリヤは電子プラズマを形成しており，第3章の式 (3.35) で述べたように，レーザ発振に必要な 10^{18}〔cm^{-3}〕程度の電子密度では -0.5 % 程度に活性導波路の屈折率を変える．したがって，発振波長は注入電流によりわずかに変化したり，波長が隣接モードへ跳ぶ．

　(**f**)　**自然放出係数**　　共振器の中で放出された自然放出光のエネルギーは，共振器内に存在するすべての共振モードを励振して消滅する．一つの電子が自然放出をしてエネルギーを失い，一つの特定の共振モードを励起するエネルギーの割合を「自然放出係数」といい，記号 C_s で表す．この「自然放出係数」は，動的単一モードレーザの特性，レーザ光のスペクトル幅，そして後に述べる直接変調特性などに影響を与える大変重要な係数である．

この「自然放出係数」の求め方は，やや詳細になるので，興味のある読者は文献 (10)，(45) を読んでいただきたい．ここでは導く考え方のみを示そう．まず式 (4.6) により，電界 E の共振モードを誘電体共振器について求めておく．そして，同式の中で自然放出を起こす電子を一つのダイポール，すなわち分極 P_1 とする．こうすると式 (4.6) は，P_1 により電界 E が励振されるよく知られた電磁気学的な方程式であるから，この方程式を解けば，特定のモードの電界 E の振幅，そしてエネルギーが求められる．次いで，ダイポール P_1 が放出する

全エネルギーは，よく知られた電磁気学の放射エネルギーとして求められる．両者の比を求めれば，「自然放出係数」C_s が得られる(文献(66))．すなわち，

$$C_s = \frac{(\text{一つの共振モードにいく光エネルギー})}{(\text{自然放出の全エネルギー})}$$

$$= \frac{\xi \lambda^4}{4\pi^2 n_{eq}^3 \Delta\lambda_s V_a} \qquad (6.35)$$

ここに，V_a は共振器内の活性領域の体積，$\Delta\lambda_s$ は自然放出光のスペクトル幅である．

(g) レーザダイオードのスペクトル幅 半導体レーザのスペクトル幅は，自然放出光がレーザ光と不規則に結合して雑音となってスペクトルを広げる効果や，雑音でキャリヤ密度が変動することによる，活性層の電子密度ゆらぎなどによる屈折率変化によって，半導体レーザ光のスペクトル幅 Δf が広がる．このスペクトル幅は次式で与えられる．

$$\Delta f = \frac{C_s}{2\pi\tau_p} \cdot \frac{\frac{I}{I_{th}}+2}{\frac{I}{I_{th}}+1} \cdot \frac{1+\alpha^2}{\frac{I}{I_{th}}-1} \qquad (6.36)$$

ここに，C_s は式 (6.35) の自然放出係数で，α はキャリヤが作る屈折率の実部 n_{re} と虚部 n_{im} の比で，ヘンリーの α パラメータといわれる．

$$\alpha = \frac{n_{re}}{n_{im}} \qquad (6.37)$$

α は 1〜6 程度の値で，材料やレーザの発振波長により異なる．このように，レーザ光のスペクトル幅は共振器の体積 V_a に反比例する．したがって，体積の小さなレーザダイオードでは，スペクトル幅が他のレーザ光に比べて著しく大きく，普通は数 MHz 程度の幅になる．したがって，スペクトル幅を小さくするには，後で述べるように，共振器長の長い分布反射型レーザなどを用いる．

この周波数幅は周波数ゆらぎに基づくものであり，ゆらぎを検出して電気的に注入電流に負帰還して屈折率を変え，光波の共振周波数を補償して発振波長を一定に保ち，レーザ光のスペクトル幅を数十分の一に減少させることができる．

直接変調すると，キャリヤの振動に基づく屈折率変動によって，発振波長が周期的に1Å程度わずかに変化（これを動的波長シフトという）する．

6.5　半導体レーザの方程式

半導体レーザのレート方程式，式 (6.7)，(6.8) は，両式の中でともに変化するキャリヤ密度 ($N-N_q$) と光子密度 S の積で表される非線形の項があって，望みの現象を直感的につかみにくい．そのために，光電界の大きさ，ないしは光子密度で級数展開した方程式を作っておくと，線形処理ができるので便利なことが多い．このために，式 (4.25)，(4.29) の密度行列 ρ_{lm} を，光電界の1次項を含む線形項と3次の項を含む3次の非線形項を用いる逐次近似で求めるのが一般的である（文献 (10)，(45)）．ここでは，導出の詳細には立ち入らないで結論だけを示す．急ぐ場合には簡略にしてもよい．

まず，光波の電界 E を，各共振モード p の固有モード関数の和として，次式のように表す．

$$E = \sum_p \left[\overline{E}_p(t) F_p(r) \exp\left\{ (j\omega_p t + j\phi_p(t)) \right\} + c.c. \right] \tag{6.38}$$

ここに，$\overline{E}_p(t)$ は光周期（角周波数 ω_p）に比べて十分ゆっくり変化するモード p の振幅項，$F_p(r)$ は，モード p の電界の空間的な分布を表す固有モード関数で，他のモード q の固有モード関数とは直交関係にある．以後の表記では，簡単のために E の複素共役を共振器全体にわたって空間積分し，場所によらない $\overline{E}_p(t)$ のみで表す．このようにすると，モード p の光電界振幅 $\overline{E}_p(t)$ の時間的な変化は，1次利得係数 $G_p^{(1)}$，3次の利得係数 $G_{e,p(q)}^{(3)}$，そして，共振器内のモード p の光子の寿命時間 $\tau_{p,p}$ を用いて，次式で与えられる．

$$\frac{d\overline{E}_p(t)}{dt} = \left\{ G_p^{(1)} - \sum_q G_{e,p(q)}^{(3)} |\overline{E}_q(t)|^2 \right\} \frac{\overline{E}_p(t)}{2} - \frac{\overline{E}_p(t)}{\tau_{p,p}} \qquad (6.39)$$

上式を，式 (4.16) で表される光子密度 S_p について表し，さらに，式 (6.35) の自然放出係数 C_s と自然放出の寿命時間 τ_s を用いて，自然放出の効果を加えると，

$$\frac{\partial S_p}{\partial t} = \left\{ G_p^{(1)} - \sum_q G_{s,p(q)}^{(3)} S_q \right\} S_p - \frac{S_p}{\tau_{p,p}} + C_s \frac{N}{\tau_s} \qquad (6.40)$$

また，簡単のためにキャリヤは場所的に均一と仮定してキャリヤの拡散効果を無視し，I を印加電流，V_a を共振器の体積，e を電子の電荷として，キャリヤ密度 N の時間的変化は，次式で与えられる．

$$\frac{\partial N}{\partial t} = \frac{I}{eV_a} - \left\{ G_p^{(1)} - \sum_q G_{s,p(q)}^{(3)} S_q \right\} S_p - \frac{N}{\tau_s} \qquad (6.41)$$

ここに，1次利得係数は

$$G_p^{(1)} = \xi a \left[(N - N_g) - b(\lambda_p - \lambda_g)^2 \right] \qquad (6.42)$$

と表され，式 (6.47) で表されるキャリヤ密度 N に，そして，注入電流 I に比例する．しかし，レーザ発振後は，電流 I が増してもキャリヤ密度 N はほぼ一定値，すなわち "しきい値 N_{th}" にとどまる（式 (6.48)）．ここに，ξ は光閉じ込め係数，a は利得の係数，N_g は1次利得が発生するキャリヤ密度，λ_g は間隔波長（式 (3.2)）に近い中心波長，λ_p は共振器によって決まる共振波長，b は中心波長からずれた波長に対して利得が減少する係数である．式 (6.40) において，

$$G_{s,p(p)}^{(3)} = \frac{2.7 \, \xi^2 \, \hbar \, \omega_p}{\varepsilon_0 \, n_{eq}} \frac{\tau_{in}^2}{\hbar^2} a \langle R_{cv}^2 \rangle \frac{(N - N_s)}{V_a} \qquad (6.43)$$

であり，τ_{in} はキャリヤの緩和時間，n_{eq} は共振器の等価屈折率，R_{cv} は電子とホールが作るダイポールモーメントである．また，

$$G_{s,p(q)}^{(3)} \sim \frac{4}{3} G_{s,p(q)}^{(3)} \quad (p \neq q) \qquad (6.44)$$

となる．さらに，式 (6.39) と式 (6.40) の飽和係数の間には次の関係がある．

$$G_{e,p(p)}^{(3)} = \frac{2 \, \varepsilon_0 \, n_{eq}^2}{\hbar \, \omega_p} G_{s,p(q)}^{(3)} \qquad (6.45)$$

このように，$p=q$ の場合には，モード p 自身の飽和項を表し，$p \neq q$ の場合の係数は，モード p の光出力が，他のモード q によって干渉され，ともに競合する効果を表す．

単一モード動作であれば，S_p は式 (6.13) で表され，発振しきい値におけるキャリヤ密度 N_{th} は

$$N_{th} = N_g + \frac{1}{\xi a \tau_p} \tag{6.46}$$

発振しきい値電流 I_{th} は式 (6.14) で表され，発振の定常状態におけるキャリヤ密度 N は

$$N = N_{th} + \frac{G_{s,p(q)}^{(3)}}{\xi a} \frac{\tau_p}{eV_a} (I - I_{th}) \tag{6.47}$$

$$\sim N_{th} \tag{6.48}$$

となる．上式の第2項は小さいので，キャリヤ密度 N はほぼ一定の N_{th} となる．したがって，式 (6.42) で表される $G_p^{(1)}$ や，式 (6.43) の $G_{s,p(q)}^{(3)}$ などは，$N \sim N_{th}$ となるので，注入電流 I にはあまり強く依存しないで一定値に近い．電流 I が増して光密度 S_p が大きくなると，N はそれに比例してわずかながら N_{th} から増加する．このために活性領域の屈折率は，光子密度とともにわずかに変化する．

これらの基本的な関係は，半導体レーザのさまざまな挙動を理解するのに広く用いられる．

6.6 ファブリ・ペロ（FP）型半導体レーザ（多モードレーザ）

(a) 半導体レーザの光出力・電流静特性 通常のファブリ・ペロ（FP）型半導体レーザは長さが 200～300 μm，活性層の幅が 1～3 μm で厚さが 0.1 μm 程度である．N_g は $2 \times 10^{18}/\mathrm{cm}^3$ 程度で，そのために流す電流密度は 0.1～4 kA/cm² 程度で極めて大きい．レーザダイオードの光出力・電流（P–I）特性は，図 6.13 (a) に示すように，しきい値電流 I_{th} 以下では端面近くの活性層から

6.6 ファブリ・ペロ（FP）型半導体レーザ（多モードレーザ）

(a) 光出力・電流特性

(b) 発振波長（直流動作時）

(c) レーザダイオードの発振波長の温度変化

(d) FPレーザダイオード

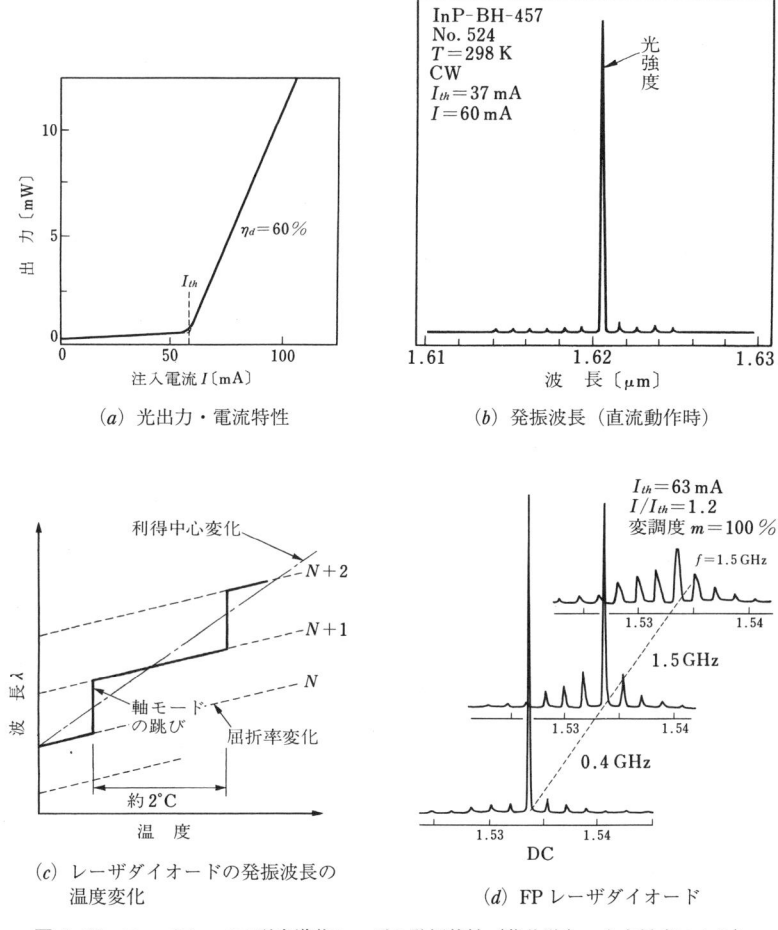

図 6.13 ファブリ・ペロ型半導体レーザの発振特性（荒井滋久，山本晁也による）

出る自然放出光がわずかに出るのみであるが，しきい値電流 I_{th} 以上の電流を境にして強いレーザ出力が放出される．この光出力の微分量子効率 η_d とデバイス効率 η_t の最大値は，GaAlAs/GaAs の短波長レーザの場合でそれぞれ 70～80 % と 60 %，GaInAsP/InP の長波長レーザの場合でそれぞれ 40～70 % と 40 % 程度である．レーザ動作においては，印加電圧 V はほぼ一定でエネルギー間隔の値，すなわち短波長レーザで 1.6～1.4 V，長波長レーザで 0.9～0.7 V に近い．

(**b**) **波長特性** 一定電流動作では図 **6.13**(**b**)のように単一の発振波長であるが，周囲温度や電流が増加すると活性層の温度が上昇し，エネルギー間隔が短縮する．このために，図 **6.13**(**c**)のように，発振モードは隣の軸モードに跳ぶ．このモード跳びは数℃ごとに起こり，温度とともに発振波長は長波長側へモード跳躍して変化する．一つのモードの波長は温度とともに屈折率の変化による 0.1 nm/℃（GaAs）程度の温度係数で変化する．このモード跳びを含めた波長変化の平均的な割合は，間隔波長 λ_g の変化によって，AlGaAs/GaAs レーザで 3Å/℃，GaInAsP/InP レーザで 3Å/℃（1.3 μm）から 5Å/℃（1.5 μm）で，波長は温度とともに長波長側にずれる．電流が変化すると活性層で発生する熱量が変化する．したがって，この熱量が活性層から電極に流れる際の熱抵抗〔式(**3.21**)〕のために活性層の温度が変化し，電流変化によってもモード跳躍が起こる．

図(**d**)に示すように，通常のレーザダイオードの電流を変化させる直接変調を高速で行うと，多モード発振になり，等価的なスペクトル幅が著しく広くなる．これは，電流変調に伴うキャリヤの変動で，共振器内の利得分布が不安定になり，屈折率が変化するからである．

(**c**) **しきい値電流の温度特性と電気的等価回路**

レーザダイオードの発振しきい値電流 I_{th} は，温度とともに上昇する．経験的に

$$I_{th} = I_0 \exp \frac{T}{T_0} \qquad (6.49)$$

で表される．ここに T_0 は特性温度で，GaAs レーザで 150℃ 程度，GaInAsP/InP レーザで数十℃ 程度である．

光出力は数十 mW 程度が普通であり，数百 W の高出力のものもある．

図 **6.14** に示すように，レーザダイオードの高周波に対する微分抵抗 r は，式

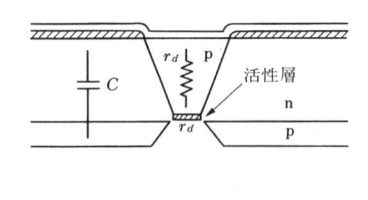

図 6.14 レーザダイオードの電気回路定数

(3.33) で表される活性層の微分抵抗 r_a と拡散抵抗 r_d との和であり,活性層の幅が狭いほど大きくなるが,普通は $r=$ 数 $[\Omega]$ の程度である.電極間に並列に入る浮遊容量 C は $C=$ 数 $[pF]$ の程度である.

レーザダイオードの活性領域の断面は,特に垂直方向で波長に比べてかなり小さく,式 (5.47) から計算されるように出力光の放出角は数十度と大きい.

半導体レーザの光出力は電流による温度上昇などでも制限されるが,反射鏡が耐えられる最大光密度(GaAs レーザで $20 \sim 30 \text{ MW/cm}^2$ 程度)で制限されることが多い.

(**d**) **屈折率導波路型と利得導波路型** これまで主に述べてきたレーザダイオードは,活性導波路を屈折率の低い結晶で包んだ屈折率導波路で構成され,**図 6.15** のように,横モードが安定で,出射光の焦点面が反射鏡面と一致して安定で集光の際に収差がないものである.これに対して,図に示すように横方向では構造が一様で,電流が流れている領域のみに光が閉じ込められるような,利得導波路型と呼ばれるレーザダイオードでは,電流の変化に対して横モードが不安定で,波面が進行方向に凸になって集光の際に収差があり,出射光の焦点面が反射鏡面の内側になって電流により変化する.

このような理由で,普通は屈折率導波路型のレーザダイオードが用いられる.

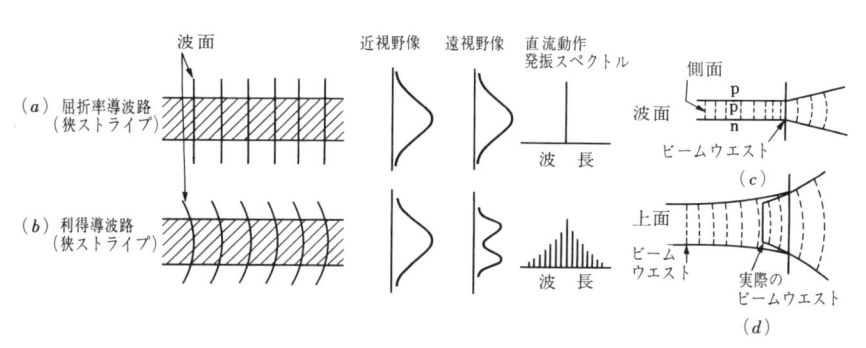

(*a*) 屈折率導波路.(*b*) 利得導波路,それぞれについて,波面,近視野像,遠視野像,発振スペクトルおよび (*c*), (*d*) ビームウエストの位置を比較している.

図 6.15 屈折率導波路型と利得導波路型レーザダイオードの比較

6.7 動的単一モードレーザ（単一モードレーザ）

(a) 動的単一モードレーザの概要 動的単一モードレーザ（dynamic single mode (DSM) laser）は「動作温度が変化しても，動作電流が変化しても，高速直接変調の下でも単一の発振モードを保ち，さらに，所定の波長に可変できる，発振モードの安定したスペクトル純度の高い半導体レーザ」という概念のレーザである．光通信やセンサなどの高度の利用では，温度が変り，電流が変化する通常の環境の中で，スペクトルが安定しており，そのうえに所定の波長に微調整して動作させられる半導体レーザが必要である．こうした要請に応えるのが DSM レーザである．6.6 項で述べたようにファブリ・ペロ（FP）型半導体レーザの発振スペクトルは，図 6.16 (a) にも示すように不安定なのに比べて，DSM レーザの発振モードは図 (b) に示すように安定である．

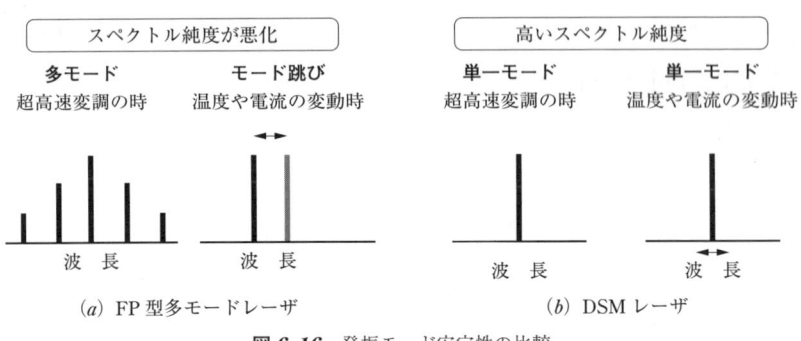

スペクトル純度が悪化	高いスペクトル純度
多モード　　モード跳び	単一モード　　単一モード
超高速変調の時　温度や電流の変動時	超高速変調の時　温度や電流の変動時
(a) FP 型多モードレーザ	(b) DSM レーザ

図 6.16 発振モード安定性の比較

さて，DSM レーザとして安定な単一波長で動作させるには，安定で鋭い波長選択をもつ単一モード共振器が必要である．その基本構造の一つを図 6.17 に示す．一様な分布反射器を共振器に用いるレーザは，二つの波長で動作するという欠陥がある．これに対して，図に示す単一モード共振器は，二つの分布反射器を用いて構成されるが，その間の光波の位相を $\pi/2$（さらに 2π の整数倍を加えてもよい）ずらすことにより，分布反射器のブラッグ波長 λ_B（式 (5.31)）のみで高い反射率となり（5.6 節（図 5.16 (a)）参照），一波長のみ

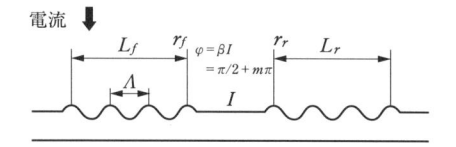

中間領域の位相設定 $\varphi = \beta I = \pi/2 + m\pi$
(a) 分布反射器間の光波の位相を $\pi/2$ ずらし,安定に共振させる

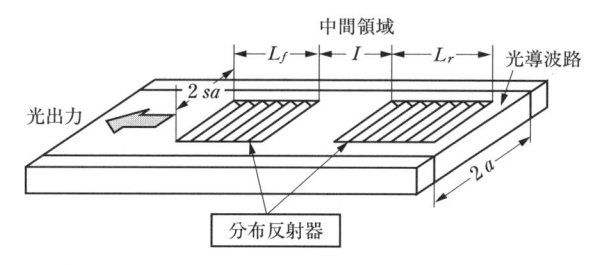

(b) 位相シフトした二つの分布反射器による単一モード共振器
（末松，林，1974 年（文献 (67)））

図 6.17 DSM レーザの共振器

で安定に共振する．光の偏波面に関しては，反射率が大きな TE モードで動作する．

図 6.18 は，このような単一モード共振器を半導体レーザに一体で組み込むことにより，安定な単一モードで動作する DSM レーザの代表例のいくつかを示している．

DSM レーザは，温度制御，電流注入，あるいは機械的制御などのどれかにより，単一波長を保ちながら発振波長を所定の波長に微調して変える同調機能がある．軸モードの波長選択には，このような分布反射器以外にも，多重共振器，短共振器，ループ共振器などがある．しかし，実用的には，分布反射器型が多用されている．図 6.17 に示した位相シフトした分布反射器を用いるレーザは，位相シフト DFB（distributed feed back laser）レーザとも呼ばれる．また，DSM レーザには，片側の分布反射器の代わりに片端面に反射器を付けた一様 DFB レーザがある．さらに電流で波長を調整する分布反射器を用いた波長可変レーザや，一体集積された外部反射鏡で波長を制御する VCSEL などがある．

(b) DSM レーザの発振条件と各種の DSM レーザ　　図 6.17(a) に示す

ような，それぞれ，長さが L_f，利得が g_f で電界反射利率 r_f と，それぞれ長さ L_r，利得 g_r で電界反射利率 r_r の2個の分布反射器からなり，それらを結ぶ長さ l，利得が g_c の，中間領域のすべての領域に電流を流せるレーザについて考えよう．r_f や r_r の大きさは1より大きくなることを注意しておく．その中間領域の導波路の位相を φ とすると，レーザ発振の条件は，6.4節を参考にして，

$$r_f r_r e\{2(g_c-\alpha)l - j2\varphi\} = 1 \tag{6.50}$$

となる．ここに，式 (5.39) から出力側の電界反射係数 r_f は，α を $\alpha - g_f$ で置き換えて

$$r_f = \frac{-j\kappa}{\gamma_f \coth(\gamma_f L_f) + (\alpha - g_f + j\delta\beta)}$$

$$= |r_f| e^{j\psi_f} \tag{6.51a}$$

$$\psi_f = -\frac{\pi}{2} - \tanh^{-1}\left\{\frac{\delta\beta L_f}{\gamma_f L_f} \tanh(\gamma_f L_f)\right\} \tag{6.51b}$$

$$\gamma_f^2 = (\alpha - g_f + j\delta\beta)^2 + \kappa^2 \tag{6.52}$$

r_r についても同様である．単一モード発振のための電力条件と位相条件は

$$|r_f||r_r| e^{2(g_c-\alpha)l} = 1 \tag{6.53}$$

$$2\varphi - \psi_f - \psi_r = 2(m+1)\pi \tag{6.54}$$

となる．ここに，m は整数である．単一モードのブラグ波長（$\lambda_B = 2n_{eq}\Lambda$；式 (5.31)）においては $\delta\beta = 0$ なので，単一モード条件となる中間領域の位相シフトは，図 6.17 について述べたように次式となる．

$$\varphi = \frac{(\psi_f + \psi_r)}{2} + (m+1)\pi = \frac{\pi}{2} + m\pi \tag{6.55}$$

動的単一モードレーザの例について述べよう．

図 6.18 は，位相シフトした2個の分布反射鏡共振器（図右上：位相シフト分布反射共振器という）を用いる各種の動的単一モードレーザの例を示す．図 (a) は，一様なレーザ活性層に位相シフト分布反射共振器を装着した動的単一モードレーザである．これは $\lambda/4$ 位相シフト分布反射器レーザ，あるいは単に位相シフト DFB レーザといわれる．中間領域では，周期反射のピッチを $\Lambda/2$

6.7 動的単一モードレーザ（単一モードレーザ）

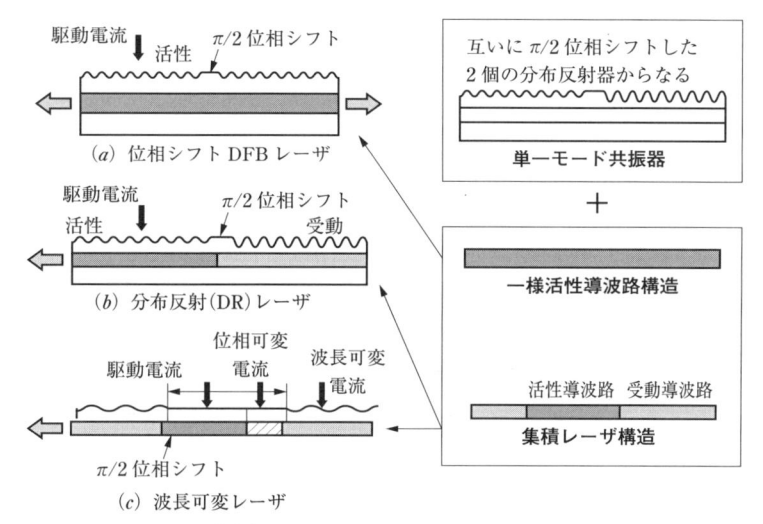

図 6.18 位相シフトした2個の分布反射鏡共振器を用いる動的単一モードレーザ

ずらすのみで，$m=0$ となり，図 6.5(c) のようになる（後述する）．このようなレーザは，性能の再現性がよいので通信の標準レーザとして一般的に使われている．しかし，両側に光が出射されて片側の光がむだになる欠点もある．

図 (b) は，活性導波路と受動導波路からなる集積レーザ構造（9.5 節参照）を用いる動的単一モードレーザで，分布反射器レーザ，または DR (distributed reflector laser) レーザといわれる．片側の DBR を，利得も損失もない受動導波路で構成した DSM レーザである．すなわち，活性導波路の両側に損失の少ない受動型の出力導波路をもつ集積レーザ構造に，位相シフト分布反射共振器を装着した動的単一モードレーザである．

この DR レーザは，集積レーザを基盤とするのでプロセスが複雑化する．しかし，片側が受動分布反射器で，光を活性層に再び戻すことができるので光出力効率が高められる利点があり，位相シフト DFB レーザの欠点が解消される．また，前方にも分布反射器を付けられるので，低発振しきい値レーザとして，高い変調上限周波数をもたせられる．

なお，後方の DBR の代わりに平面反射鏡で置き換えた動的単一モードレー

ザもあり，片端面反射鏡付き一様 DFB レーザといわれる．位相条件から，平面反射鏡の位置は，$m=0$ として，周期構造の原点から $3\Lambda/2$（Λ は周期構造のピッチ）だけ離れた位置に，Λ の数分の一程度の精度で正確に平面反射鏡を設置する必要があるのが難点である．

次いで，図(c)は，DBR 構造の波長可変レーザで，詳細は以下の（c）で述べる．

6.8 節で述べる，2 個の DBR で構成される垂直共振器面発光レーザ（VCSEL）も，原理的には図(c)の DBR 構造を垂直にしたもので（この場合には位相可変電流と波長可変電流とは無し），位相条件を満たすように中間領域を構造的に選べば，動的単一モードレーザとなる．

図 **6.19**(a)は，こうした DSM レーザの波長が実用的な温度範囲において，波長のモード跳びがないことを，FP レーザのモード跳びと比較して示している．DSM レーザでは，温度が変化しても実用範囲ではモード跳びがない．また，DSM レーザの発振波長は，温度による半導体の屈折率変化に起因する波長変化の影響で，同一モードであっても温度に対して連続に変化する．図（b）は，直接変調の上限までの超高速変調に対して安定に単一モードを保つことを

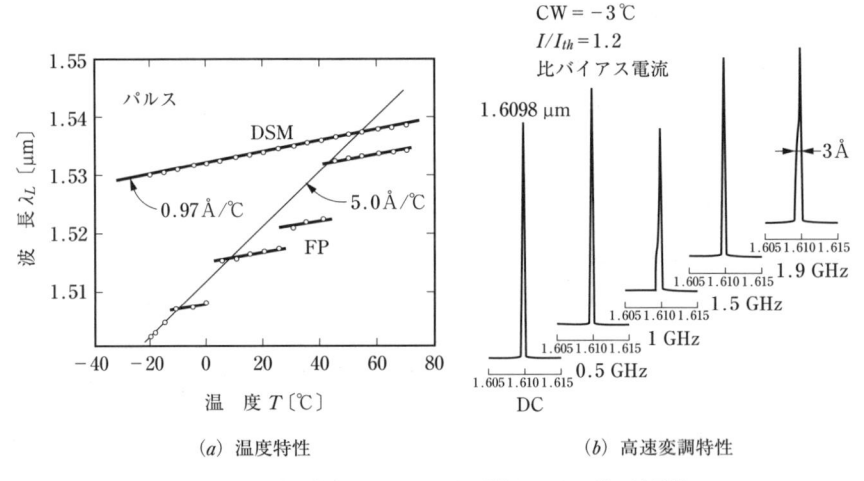

(a) 温度特性 　　　　　(b) 高速変調特性

図 6.19 動的単一モードレーザの発振モードの単一波長性

示す.

（c）波長可変レーザ　　図 6.18(c) は，DBR 構造の波長可変レーザ（wavelength tunable laser）である．**図 6.20** はその原理図であり，集積レーザの活性層と位相制御領域を 2 個の分布反射器で挟んだ構造で，位相可変電流と波長可変電流とを調整することで，発振波長が電気的に可変できるレーザである．両側の DBR は受動型で，中間領域に電流を流してレーザ発振を行わせる．

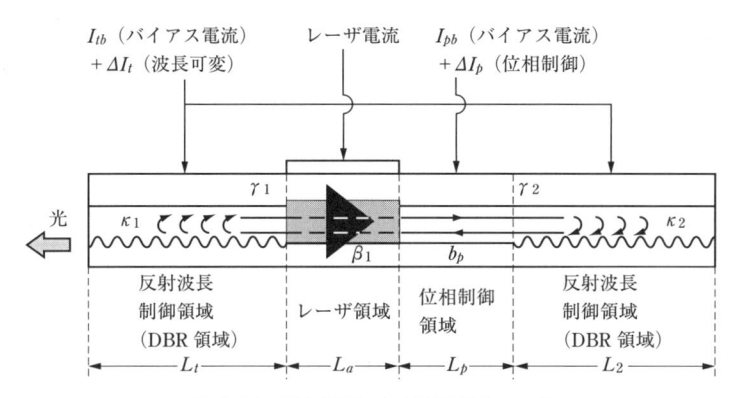

図 **6.20**　電流制御による波長可変レーザ

(a) 波長制御した場合

(b) 波長制御しない場合

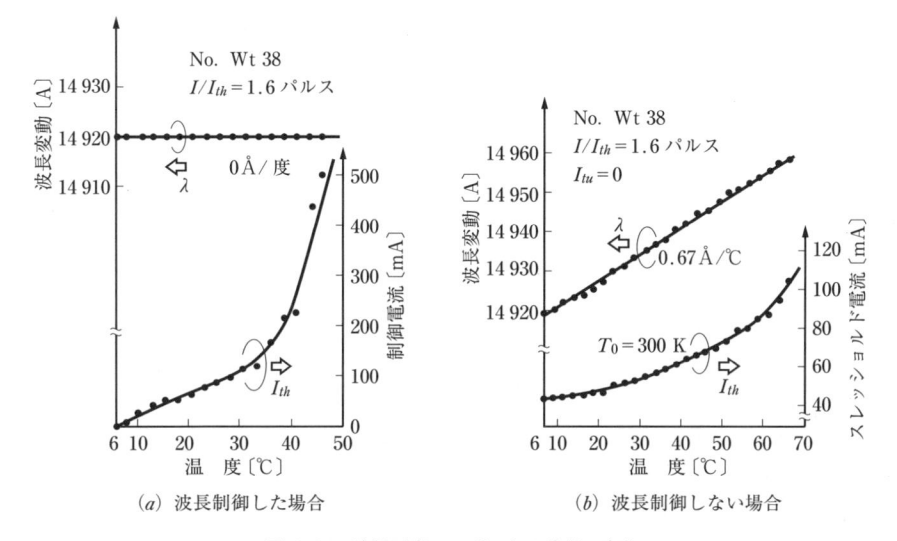

図 **6.21**　波長可変レーザによる波長一定化

その位相条件は，式 (6.55) を満たすように位相制御電流で調整する．さらに，DBR 領域に電流を流して，注入電子のプラズマ効果で屈折率を制御してブラッグ波長を変え，波長を変化させる．中間領域の受動部分に電流を流して位相条件を満足させる．波長制御は温度を変えてもできるので，通常の DSM レーザの温度を変えて行う場合もあるが，精細で高速な制御はできない．

図 6.21 は，図 6.20 のような波長可変レーザによる波長制御の一例を示す．図 (b) は制御しない場合の波長の温度変化を示し，図 (a) は制御電流によって，波長が一定に保たれる状況を示している．

(d) 動的単一モードレーザの単一モード性能 動的単一モードレーザでは，主モード 0 の光出力 P_0 に対して，他の副モードの光出力 P_1 は，通常，1/10 000 程度に抑圧されている．そのために，(c) で述べたように，主モードの反射鏡損失に比べて，抑圧する副モード 1 の反射鏡損失を格段に増加させる（図 5.16 (a)）．

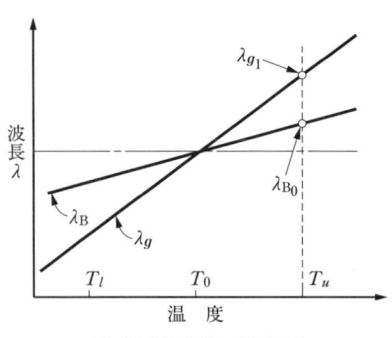

そこでまず，図 6.22 (a) のように，動作領域の温度 T_l から T_u の間の広い温度範囲にわたって安定な単一モード動作をさせる場合の，静的な条件を考えよう．温度が上昇すると，活性層のエネルギー幅が減少して利得が最大となる間隔波長 λ_g（式 (3.2)）は長い波長帯へ移る．他方，共振器のブラッグ波長 λ_B も，屈折率が増大するので，図 6.22 (b) のようにやや長い波長帯へ推移する．

ここで，中心温度 T_0 では，間隔波長 λ_g とブラッグ波長 λ_B は一致するものとする．ここに，モード p の利得を（式 (6.42) 参照）

$$g_p^{(1)} = \frac{n_{eq}}{2c} G_p^{(1)} \qquad (6.56)$$

図 6.22 主モード 0 と副モード 1 の中心波長と利得の温度に関する相対変化

(a) 温度と波長の相対変化

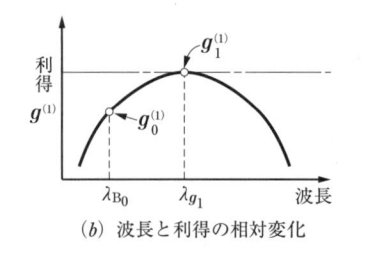

(b) 波長と利得の相対変化

と表すことにする.このとき,動作の上限の温度 T_u では,図(a)に示すように,利得が大きい間隔波長 λ_{g_1} 近辺のモードを抑圧しなければならない.

この副モード1の利得 $g_1^{(1)}$ は,ブラッグ波長 λ_{B_0} における主モード0の利得 $g_0^{(1)}$ に比べて大きく,より大きな抑制が必要である.

ここで,波長 λ_{g_1} の副モード1の共振器損失を α_1 (演習問題解答の式(M6.14)),波長 λ_{B_0} における主モード0の共振器損失を α_0 (演習問題解答の式(M6.13))とする.光子が共振器を通過して光出力となることによる両モードの寿命時間(式 (6.6 b)),$\tau_{out,1}$ と $\tau_{out,0}$ を用いれば,主モード0の光出力 P_0 に対する副モード1の光出力 P_1 の相対的な光出力比 P_0/P_1 は,式 (6.6),(6.16),(6.40),(6.41) より,次式で与えられる(演習問題6.7).

$$\frac{P_0}{P_1} = \frac{S_0/\tau_{out,0}}{S_1/\tau_{out,1}}$$

$$= \frac{1}{C_s} \frac{\ln(1/r_{f,0})}{\ln(1/r_{f,1})} \left[\frac{\Delta\alpha_m}{\alpha_0}\right]\left(\frac{I}{I_{th}}-1\right) \qquad (6.57)$$

ここに,C_s は自然放出光が副モードに変換される割合を示す自然放出係数(式(6.35)),$\Delta\alpha_m$ は,副モード中の最大利得となるモード(波長)について,その副モードの発振を抑圧するのに必要な副モードの共振器損失 α_1 と主モードの共振器損失 α_0 (の x 倍)の差で,次式で与えられる.

$$\frac{\Delta\alpha_m}{\alpha_0} \sim \frac{\alpha_1 - x\alpha_0}{\alpha_0} \qquad (6.58)$$

ここに,x は間隔波長における副モードの利得をブラッグ波長にある主モードの利得で割った値で,次式で与えられる.

$$x = \frac{g_1^{(1)}}{g_0^{(1)}} \qquad (6.59)$$

このように,副モードの抑制効果は,主モードの共振器損失に比べて副モードの共振器反射率 r_1 を主モードの r_0 に比べて格段に小さくして($\Delta\alpha_m$ を大きくして),達成される.

第7章で述べるように,直接変調を加えると単一モード共振の条件がより厳しくなるので,その分だけ単一モード条件を5～6 dB 程度だけ余分に厳しく

する必要がある．この P_0/P_1 比をデシベルで表したものを副モード抑圧比 (side mode suppression ratio : SMSR) といい，単一モード性の良さを表す国際標準規格用語として用いられている（文献 (10)，(45)，(65)）．直接変調下では数 dB 悪化する．

図 **6.23** は，短光パルス動作における S_1/S_0 (SMSR) と共振器損失差の数値解析の結果を示す．SMSR が 40 dB 程度のレーザが DSM レーザとして用いられているが，そのためには，副モードとの間の共振器損失差 $\Delta\alpha_m$ は数十 cm^{-1} が必要である．

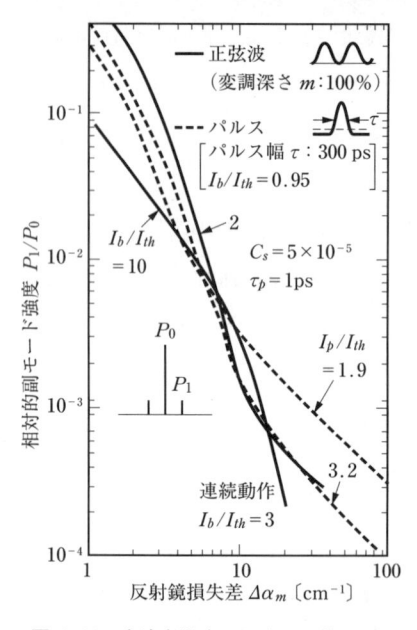

図 6.23 高速変調時における，副モード抑圧比と副モードと主モードの共振器損失差 $\Delta\alpha_m$ の関係（文献 (45)）

(e)　位相シフト分布反射器型レーザ（位相シフト DFB レーザ）　図 6.18 (a) で述べたように，導波路が活性層のみで構成され，位相シフトした単一モード共振器を用いた動的単一モードレーザを，λ/4 位相シフト分布反射器型レーザ，または単に位相シフト DFB レーザという．**図 6.24** は，λ/4 位相シフト DFB レーザの素子構造の一例を示す．横方向では，図 (a) のように埋め込み構造で，単一基本モード動作となっている．そして，図 (b) のように，多層量子薄膜 (MQW) 活性層に近接したクラッド層の厚さを周期的に変えて等価屈折率の変化を与えることで，分布反射器としている．さらに，図 (c) のように，分布反射器の中央部で周期構造を半周期ずらし，光波の位相を π/2 すなわち波長にして λ/4 シフトして，図 6.17 に示した単一モード共振器を構成して，動的単一モードレーザの動作をさせている．

この分布反射器は，クラッド層に塗布したレジストに電子ビーム露光器で描

6.7 動的単一モードレーザ（単一モードレーザ） 127

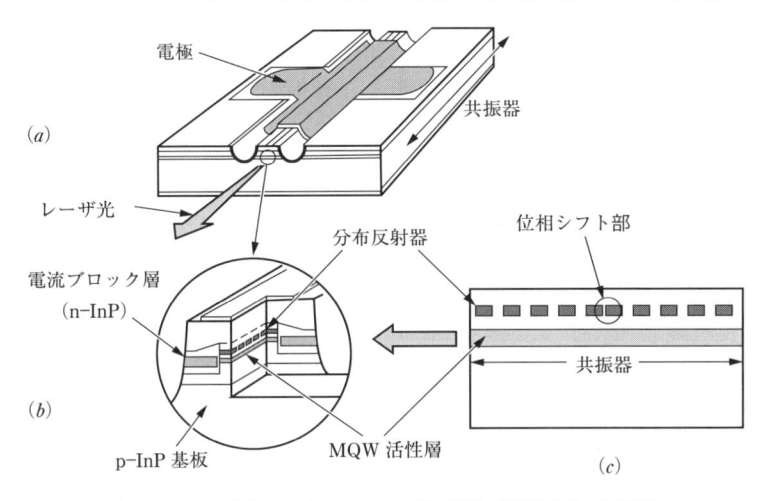

図 6.24 λ/4 位相シフト DFB レーザの構造（柴田公隆，渡辺斉，小柳晴輝の資料を一部変更して用いた）

画したり，紫外線レーザを干渉させて周期パターンを作って露光し，フォトレジスト法で作製している．

発振するブラッグ波長は，主に活性層材料と分布反射器の周期とによって決まる．この周期は，電子ビーム露光器の場合には電子ビームの加速電圧を変えて微調整される．また，周期構造の位相シフトは，電子ビーム露光器では達成されるので，再現性良く作製される．レジストの場合には，フォトレジストの半分をネガのレジストとポジのレジストの2層を用いて，紫外線レーザの干渉で位相シフトを達成する方法もある．波長の微調整は干渉角を変えて行う．

図 6.25 は，位相シフト DFB レーザ内の光強度分布の解析結果の一例である．光波は分布反射器で反射されながらも，増幅されて大きくなり，両端から放射される．前進波の強度 $|E_f|^2$ は，あたか

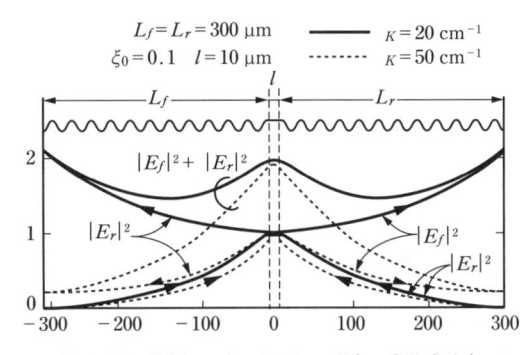

図 6.25 位相シフト DFB レーザ内の光強度分布

も位相シフト部で反射されるように折れ曲がる．反射波の強度 $|E_r|^2$ も，位相シフト部で反射されるように増大する．実線の $g-\alpha = 126.8\mathrm{cm}^{-1}$，破線は $59.7\ \mathrm{cm}^{-1}$．

これまでに述べた DSM レーザの考えは，6.8 節で述べる VCSEL の場合にも適用され，位相を式 (6.55) のように中間の位相を適切に設計された VCSEL は DSM レーザとなる．

位相シフト DFB レーザの波長制御は，レーザの温度を変えて行う．

先に述べたように，分布反射器の一端に，位相 $\theta = 3\pi/4$ だけ離して平面反射鏡を挿入すれば，単一モード動作ができる．このようなレーザは，片端面反射型一様 DFB レーザといわれている．片端の反射鏡で光が反射されるので，光電力効率はよい．しかし，このレーザは分布反射器の周期と片端面平面反射鏡の挿入位置を位相 $\theta = 3\pi/4$ 付近の，波長に比べて数分の一程度の狭い範囲に設定しなければならないので，**図 6.26** のように製造時の歩留まりが低下する．

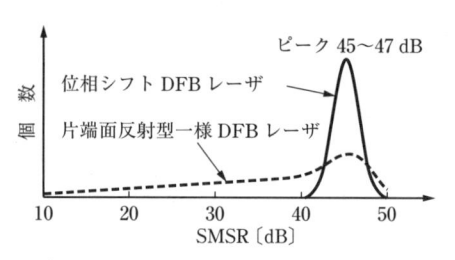

図 6.26 位相シフト DFB レーザと片端面反射型一様 DFB レーザの製造の歩留まり比較（三菱電機(株)提供）

半導体レーザの直接変調の上限は，第 7 章で述べるように，直接変調の上限周波数やデバイスの浮遊容量で決まり，数十 Gbps の直接変調ができる動的単一モードレーザとして用いられている．それ以上の領域では，外部変調器による変調が行われている．外部変調器がレーザと一体構造になっている動的単一モードレーザを，外部変調器付きレーザ（または EML：externally modulated laser）という．

（f） **動的波長シフト**　　動的単一モードレーザでは，超高速変調時の発振スペクトルは，図 6.19(b) で示したように単一モード動作する．しかし，高速変調の上限周波数付近では，変調の 1 サイクルの間で起こる共振器内のキャリヤ密度の時間的な振動によって屈折率が振動し，動的波長シフト（dynamic line shift）$\Delta\lambda_s$ が起こって波長幅が等価的に少し広がる．

周波数 B で変調したときのスペクトル幅 $\Delta\lambda$ は，次式のように表される．

$$\Delta\lambda = \frac{2\lambda^2}{c}B + \Delta\lambda_s \tag{6.60}$$

ここに $\Delta\lambda_s$ は，

$$\Delta\lambda_s = \Delta\lambda_{ST}(1+\alpha^2) - \frac{\lambda^2}{4\pi c}\left(\frac{1}{S}\frac{dS}{dt}\right)\alpha \tag{6.61}$$

ここに，式 (6.60) の右辺第1項は変調に伴う側帯波であり，S は光強度，α は式 (6.37) で定義される α パラメータである（$\alpha=0 \sim 5$）．$\Delta\lambda_s$ の第1項は式 (6.36) で与えられる理論的なスペクトル幅であり，半導体レーザのスペクトル幅は α^2 に比例する．動的波長シフトは α パラメータの大きさに比例し，バルク結晶より，量子薄膜，量子細線，量子ドットの順で小さくなる．

（**g**）**単一光子レーザ**　波長程度のマイクロディスク微小共振器により単一光子のみを放出するレーザを単一光子レーザといい，量子通信などの光源として用いられる．

6.8　垂直共振器面発光レーザ（VCSEL）

垂直共振器面発光レーザ（VCSEL：vertical cavity surface emitting laser）は，図 6.27 に示すように基盤面に垂直な共振器で構成され，光出力は基盤面に垂直に出射する．

この VCSEL では活性領域が短いので，上下の反射器はそれぞれ高い反射率の分布反射器（DBR）を用いている．したがって，VCSEL は短共振器の DBR レーザであり，短い活性層で発生した光は両側の

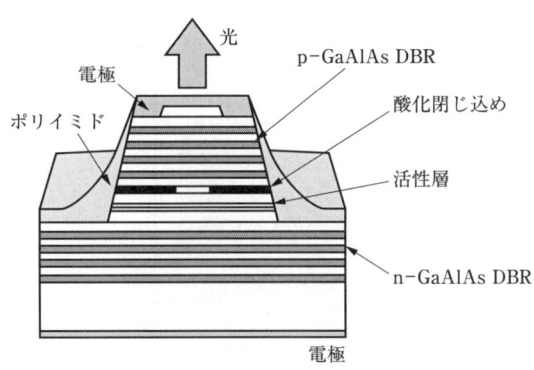

図 6.27　垂直共振器面発光レーザ（VCSEL）の構造
（伊賀健一による）

DBRで反射されてレーザ発振になる．そのために，レーザ発振の条件や共振器内での電界分布などは，6.7節で述べたDSMレーザについて検討した結果が共有されるので，ここでは深く立ち入らない．

VCSELは，横方向では高抵抗の酸化閉じ込めによって電流が数μmの直径内に絞られ，横モードも安定に制御されている．半導体レーザの中でも大変に小型であり，数μAの小電力で動作するものもある．

VCSELは小型小電力動作の優れた特徴に加えて，さらに，図 **6.28** のように二次元アレー状にVCSEL素子を集積できる特徴がある．これらの特徴によって実用の大きな広がりがある．

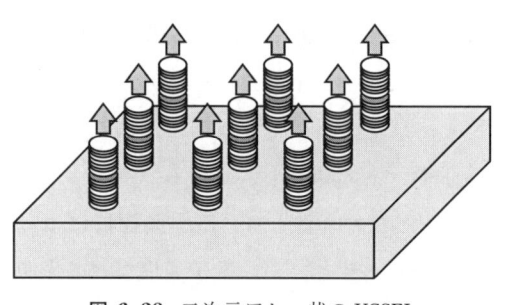

図 **6.28** 二次元アレー状のVCSEL
（伊賀健一による）

VCSELの二つのDBR間の共振器間隔を $\lambda/4$ と半波長の整数倍に設定すれば，6.7節で述べたように典型的なDSMレーザとなる．図 **6.29** は，VCSELの外部に間隔が微調整できる外部

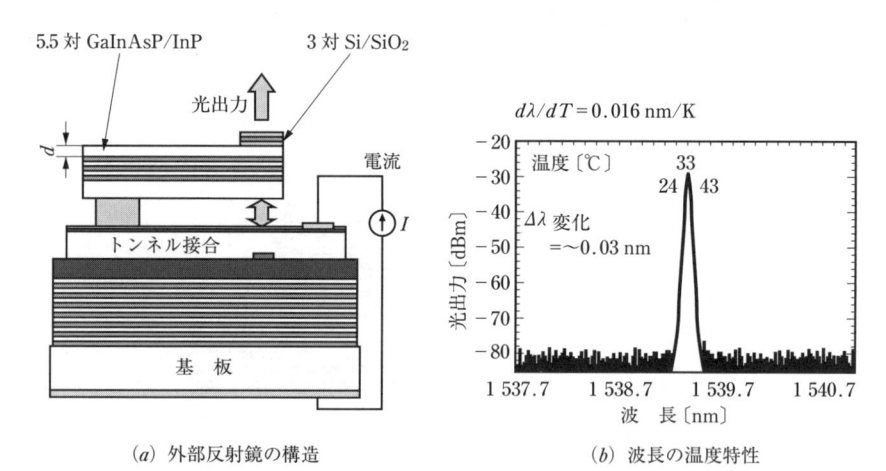

(a) 外部反射鏡の構造

(b) 波長の温度特性

図 **6.29** 外部反射鏡付きVCSELの温度変化に対する高い波長安定性（小山二三夫による）

反射鏡をカンチレバーの先端に取り付けて，温度に依らないで波長を一定に保った例を示している．図(a)は外部反射鏡部分の構造図を示す．この外部反射鏡を支える支柱のたわみが温度によって微小に変わる効果によって，レーザ波長の温度変動を補償するように外部鏡とレーザ本体の間隔が自動調整される．こうして，発振波長が一定に保たれるように波長制御機構を付けたVCSELもある．

また，微小な外部鏡と本体との間隔を電圧などで変えられるVCSELでは，電気的に波長掃引ができる波長可変レーザもある．

これらの特徴により，各種のセンサ光源，短距離の通信光源や機器間通信の光源，電子デバイス間のインターコネクト，画像センサや並列情報処理などに広く用いられる．コンピュータの光マウスの光源などにも用いられている．

VCSELの展開によって，フォトニクスには新しい分野が開拓されている．

6.9 量子カスケードレーザ

量子井戸構造を用いて，量子井戸内の電子のサブバンドエネルギー準位間の遷移を用いるレーザを量子カスケードレーザという．その原理は次のようである．図 **6.30** のように，多層のエネルギーギャップの異なる量子井戸層で活性層を形成する．この活性層に隣接する層から共鳴トンネルで上の準位3に電子を注入して，そこから下の準位2および1に電子遷移して誘導放出でコヒーレント光 hf を発生する．遷移した電子は，フェルミ準位が階段状に傾斜したディジタル傾斜層で加速されて移動し，次の活性層の上の準位に注入される．上の順位の電子波は，活性層内あるいは層をまたがって下の準位の電子

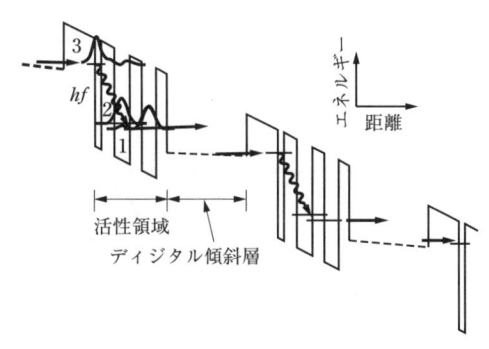

図 **6.30** 量子カスケード・レーザの電子注入と光放出（J.Faist, F.Capasso らによる）

波と重なり，このときに光と相互作用して光を放出する．

こうして，順次，注入と遷移を繰り返し，光を誘導放出する．この繰り返しが，数十回に達するものもある．これらの電子移動はすべて伝導帯で行われるため，印加電圧は，エネルギー幅の電位差と順次に繋がる活性領域の数との積となる．

GaAs/AlGaAs, GaInAs/AlInAs, InAs/GaSb/AlSb などの比較的エネルギーギャップの大きな材料が用いられるので，室温動作を含めて大出力の遠赤外光の発生などに用いられている．

量子カスケードレーザは，数 μm の赤外から数十 μm の遠赤外領域で用いられている．

6.10 光増幅器

光増幅器は，超高速・大容量の光信号を一括増幅して，1）実質的に伝送間隔を大幅に引き延ばし，また，2）複雑化・大規模化する光回路内の光損失を補うなど，重要な光デバイスである．図 6.31 (a) は，半導体レーザの両端を無反

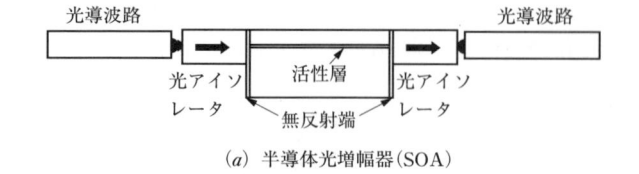

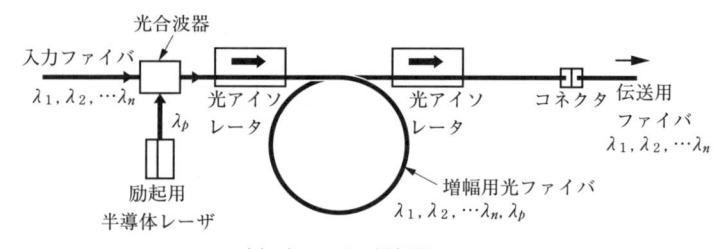

(a) 半導体光増幅器 (SOA)

(b) 光ファイバ増幅器

図 6.31　半導体光増幅器と光ファイバ増幅器

射コートして発振を抑制し，両端に反射光による擾乱を避ける光アイソレータ（*9.3* 節（*d*）参照）を挿入した半導体光増幅器（SOA：semiconductor optical amplifier）である．

図（*b*）は，光ファイバ増幅器で，Er（エルビウム）などの希土類元素をコアに拡散させた光ファイバを用い，これを励起用半導体レーザで光ポンプして光増幅させる装置である．励起用半導体レーザからの光は信号波の波長（λ_1, λ_2, …λ_n）より短い波長（λ_p）の光で，光合波器（*9.3* 節（*b*）参照）を用いて，信号波の通過を妨げることなく増幅用の光ファイバに結合させ，光増幅用の希土類元素に吸収させる．大きな増幅度で安定に動作させるために，光アイソレータを用いて外から反射して戻る光による不安定動作を抑えている．光増幅器の帯域幅は大きく，波長多重通信（*10.2* 節（*a*）参照）では波長の異なる多くの光を同時に増幅し，大容量の光増幅ができる．光ファイバの非線形の増幅効果を用いるラマン光増幅器もある．光増幅器励起用の半導体レーザは，希土類の吸収波長（0.9 μm や 1.4 μm）に波長を合わせた大出力レーザが用いられる．

6.11 発光ダイオードと半導体レーザの光波の特質の比較

発光ダイオードから出る光はこれをレンズで集光しても図 *6.32* ように，1点には集まらない．すなわち図 *6.33* のように，発光ダイオードからの光のコヒーレンスがわるく，スペクトル幅は中心波長に比べて数 % から 10 % 程度と広く，空間的コヒーレンスがないので，レンズで光を集光しても発光面積以下に小さくはできない．しかし，電力交換効率が高く，出力光は電流に対する直線性に優れ，その温度特性もよい．特殊な光の利用面ではコヒーレンスを嫌う場合もあるので，このコヒーレンスのなさは LED の利点の一つに数えられることもある．

これに対して，半導体レーザから出る光は，スペクトル幅が狭くてコヒーレントであり，レンズで集光すれば，波長程度の 1 点に集められる特徴がある．一般に，レーザが発する光波は時間的にも空間的にもコヒーレンスがよく，ま

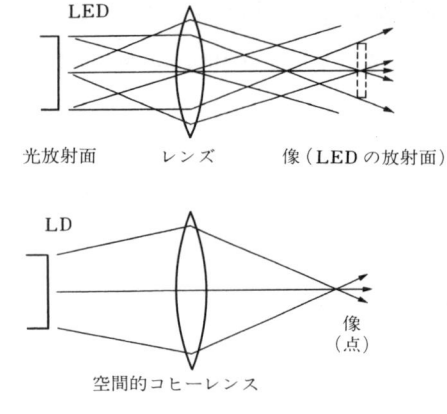

図 6.32 レーザ光と発光ダイオード光の集光

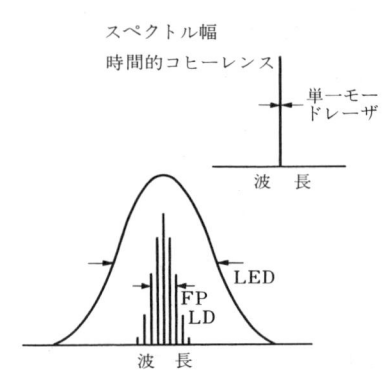

図 6.33 高速変調時のレーザ光と発光ダイオード光のスペクトル

たスペクトル幅が狭くて集光性に優れている．連続動作の半導体レーザは発振波長が数百 kHz～数 MHz 程度の幅をもつ．

半導体レーザの電力変換効率は，すでに述べたように内部量子効率と共振器構造，そして動作電流レベルによって決まる．電力変換効率 PEC と光出力（CW）の実測値は，ファブリ・ペロ（FP）レーザでは，それぞれ 73 % 並びに 360 W が達成されており（文献 (69)），VCSEL ではそれぞれ 62 % 並びに 10 mW である（文献 (70)）．発光ダイオードでは，数十パーセントで発光強度は 150 lm/W 程度である．通信用には大きな光出力が必要である．発光ダイオードでは，出力方向とは反対側に出た光を反射させて活性層で吸収させ，全体の効率を高める．発光ダイオードが広く照明に用いられるのは，この高い発光効率に依存する．

半導体レーザの発振しきい値電流は，共振器構造の改良やひずみ量子井戸や量子箱（量子ドット）の開拓などにより低下してきた．**図 6.34** は，波長は 1.2～1.7 μm 帯の長波長半導体レーザの，室温における発振しきい値電流 I_{th} 〔mA〕の年次減少を示す．平面構造のバルク結晶，多重量子井戸（QW(s)），DSM レーザ，VCSEL，そしてマイクロディスク（Micro-disk）レーザ，フォトニック結晶レーザ（PhC）などについて示した．

6.12 各種のレーザ 135

図 6.34 長波長半導体レーザの室温における発振しきい値電流の年次変化

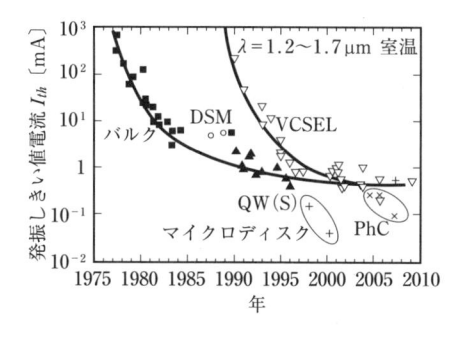

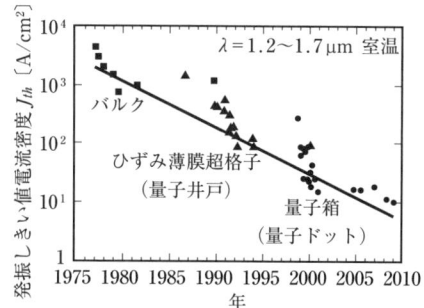

図 6.35 長波長半導体レーザの発振しきい値電流密度の年次変化

図 6.35 は，長波長レーザ（波長は 1.2〜1.7 μm）の室温における発振しきい値電流密度 J_{th}〔A/cm^2〕の年次変化を示す．バルク結晶，ひずみ薄膜超格子（量子井戸），そして量子箱（量子ドット）の各レーザについて示してある．量子ドットレーザのしきい値密度低下が際だっている．

6.12 各種のレーザ

レーザは，第 *1* 章で述べたように，最初，1960 年にルビーレーザが発振に成功し，翌 1961 年に He-Ne ガスレーザが，さらに翌 1962 年には半導体レーザが発振に成功し，引き続いて各種のガラス，YAG，サファイアなどの固体レーザ，炭酸ガスレーザなどの各種のガスレーザ，液体を用いる色素（ダイ）レーザ，化学反応を用いる化学レーザ，さらに紫外線用のエキシマレーザ，また遠赤外用の量子カスケードレーザなどが開発された．

各種の代表的なレーザを**表 *6.2*** に示した．

（*a*） **ガスレーザ**　　He-Ne レーザは，He ガスの放電でエネルギーを得た He 分子を Ne 分子に衝突させて，Ne 分子の電子を上の準位に励起する．この励起された電子が下の準位に遷移するときに出す光を，間隔数十 cm で直径数 mm のガラス管を介して 2 枚の反射鏡の間で作られたファブリ・ペロ共振器で共振させて発振させる．He-Ne レーザは，波長 0.63 μm の赤い光を出す．多

表6.2 各種のレーザ

種類		主な波長〔μm〕	特徴	出力概略値	実用化した利用	研究的または未来の利用
ガスレーザ	He-Neレーザ	0.63	安定な連続出力 優れた可干渉性 小出力	0.1～50 mW	測量 精密な長さ測定 平面度測定	各種の計測 ホログラフィ 物性研究 分光分析用
	Arイオンレーザ	0.51 0.49	安定な連続出力 比較的大出力 優れた可干渉性	0.1～10 W	ラマン分光 ホログラフィ計測 医用	物性研究 合成樹脂，紙などの加工
	He-Cdレーザ	0.44 0.33	紫外線の連続出力	1～50 mW	干渉光グレーティング作成 レーザプリンタ	ホログラフィ光源 ラマン分光用 感光材料の研究
	CO_2レーザ	10.6	赤外線（主として連続出力） 大出力 高能率（入力電力に対し高出力） （10～17%） Qスイッチ発振可	1W～20 kW	加工（金属，セラミックス，合成樹脂など） 医用	通信 核融合プラズマ発生 物性研究 同位体分離
エキシマレーザ	ArF KrCl KrF YeBr XeCl XeF	0.193 0.222 0.244 0.282 0.308 0.351	高分解能 高エネルギー パルス動作 （効率1～2%）	～数十 kW （平均で数十 W）	光CVD レジスト露光	露光 化学反応 加工
固体レーザ	ルビーレーザ	0.69	高エネルギーパルス 大出力パルス （Qスイッチ）	0.1～100 J 1 MW～1 GW	測距 レーザレーダ	プラズマ測定 高速度ホログラフィ
	ガラスレーザ	1.06	高エネルギーパルス 大出力パルス （Qスイッチ）	～1000 J ～1 TW	加工	物性研究 プラズマ発生 核融合
	YAGレーザ	1.06	高出力，連続出力 高速繰り返しQスイッチ	1 W～数十 kW （連続） ～100 kW （繰返し～5 kHz）	加工（金属，ICのスクライビング，トリミング，軸受ルビーの孔あけ）	色素レーザの光源 ラマン分光計の光源
色素レーザ			波長可変	パルス～ 数kW	計測	分光分析 物性研究
半導体レーザ		0.30 ～数十	高能率，小型 高速度調 高信頼性 小電力動作	パルス～kW 連続～数百 W	通信 光ディスク レーザプリンタ 加工	通信 情報処理 計測・センサ 医用

くの準位が励起されるので，反射鏡の反射特性を選べば，1.3 μm や 1.5 μm の波長でも発振する．波長は安定で光出力は連続 50 mW 程度までである．

Ar イオンレーザは，放電で作られた Ar イオンの励起電子の準位間の遷移を利用する．0.51 μm や，0.49 μm の青い光を出す．光出力は波長が安定で，連続 10 W 程度の高出力である．He-Cd レーザは，波長が 0.44 μm や，0.325 μm の紫外線を安定に出し，光出力は 50 mW 程度までである．以上に述べたガスレーザの効率はいずれも 0.1 % 程度あるいはそれ以下で，動作寿命は He-Ne レーザで 1 万時間，He-Cd レーザで数百時間程度である．

炭酸ガス（CO_2）レーザは，炭酸ガスを放電させて動作させる．このレーザは各種のガスレーザのなかでは最も効率が高く約 10 %（最高が約 17 %），波長 10.6 μm の光を出す．出力 20 kW に達する大出力のものがあり，加工用に用いられる．このほかにも，各種のガスを用いた各種の波長で動作するさまざまなガスレーザがある．

（**b**）**固体レーザ** YAG レーザは，直径数 mm で長さが数 cm の YAG（イットリウム・アルミニウム・ガーネット）の結晶の中に Nd のイオンを拡散させた透明な棒を，ファブリ・ペロ（FP）共振器の中に置いて，平行して置いた放電ランプで YAG 中の Nd の電子を励起してレーザ動作をさせる．波長は 1.06 μm で，連続 1 W 程度から，1 kW 程度までの出力を安定に出すことができ，加工用の光源として利用される．また，共振器内に入れた回転反射鏡や超音波の変調器などの時間的に透過度を変調する Q スイッチを用いると，100 kW 程度のパルスの光出力を出すことができる．固体レーザにも各種の材料を用いた多様なレーザがあり，さまざまな波長で動作する．なかでも，Nd イオンを含んだガラスを用いるガラスレーザは波長 10.6 μm で動作し，1 TW 程度の極めて大出力のパルス光出力を出すことができる．

（**c**）**エキシマレーザ** ArF などのガスをパルス放電させて Ar と F の励起状態の結合体，エキシマを形成させ，一端に反射鏡を置くと，他端から強いパルスの紫外光を発するエキシマレーザができる．エキシマレーザは，ガスの種類によって波長が 0.2 〜 0.35 μm の紫外光を発する．出力は平均で 10 〜

100 W 程度である．超 LSI のレジスト露光光源として用いられる．

（**d**）**色素レーザ**　ファブリ・ペロ（FP）共振器中に蛍光性のローダミン G などの色素を含んだ液体を入れ，Ar レーザなどで励起して発振させる．色素の準位は幅が広いので，反射鏡に用いる回折格子の反射角を変えて発振波長を連続的に変えられる特徴をもつのが，色素レーザである．色素の種類によって，$0.65 \sim 0.9\ \mu m$，$0.13 \sim 1.6\ \mu m$ の波長範囲で動作する．

（**e**）**超短光パルスレーザ**　チタン・サファイア固体レーザなどのモード同期やパラメトリック増幅などにより，数 fs（10^{-15} 秒）幅の超短光パルスを発生するレーザがある．

（**f**）**有機半導体レーザ**　まだ成功に至っていない．

（**g**）**X 線レーザ**　強いレーザ光を集光して金属面に当て，そのとき発生するプラズマ効果で，X 線を発生させて増幅する X 線レーザがある．また自由電子レーザ装置による X 線レーザもある．

（**h**）**光逓倍器**　YAG レーザなどの安定に高出力が出せるレーザの光出力を，KDP（*9.4* 節参照）などの非線形光学結晶に入れて，レーザ光の周波数を逓倍し，半分の波長や 1/3 の波長の光を作るのに光逓倍器が用いられる．

演 習 問 題

6.1　半導体レーザと発光ダイオードの特性で大きく異なる特徴を二つ述べよ．

6.2　半導体レーザでは発振しきい値以上では，電流を流しても活性層のキャリヤ密度が一定なのはなぜか．

6.3　半導体レーザの効率は微分量子効率以上にならないわけを，図を用いて説明せよ．

6.4　波長が $1.5\ \mu m$ でしきい値電流が 20 mA，微分量子効率が 30 % の半導体レーザに 50 mA の電流を流すと，光出力は何 mW になるか．

6.5　普通の半導体レーザのスペクトル幅を計算せよ．

6.6　式（*6.36*）において，$\xi=0.1$，$\lambda=1.5$〔μm〕，$n=3.5$，$\Delta\lambda=120$〔nm〕，$V_a=0.15\times1\times300$〔μm^3〕として，自然放出係数 C_s の値を求めよ．

6.7　式（*6.57*）を導け．

7. 発光デバイスの直接変調

> 「牛を煮ても塩せざれば,為す所を取る.」
> （淮南子：諸橋訳）

7.1 光　　変　　調

　信号を光波に乗せるために,時刻に応じて変わる光波のパラメータのどれかを信号に応じて変えることを変調という.原理的には,図 **7.1**（*a*）に示すように,信号に応じて光波の電界の大きさや光強度,あるいは周波数や位相,さらには偏波面の方向が変えられる.

　まず光波の電界 $E(t)$ の時間的変化の様子を書き表すと,図 7.1 のように,時刻 t に対して

$$E(t) = \varepsilon \bar{E}(t) \cos \{\omega_l(t)t + \varphi(t)\} \tag{7.1}$$

となる.ここで,$\bar{E}(t)$ は光波の電界振幅の幅,$\omega_l(t)$ は光波帯の角周波数,$\varphi(t)$ はその位相,E は偏波面の方向である.通常の電波と同じように,この振幅 $\bar{E}(t)$,周波数 $f_l(t)$ $(\omega_l=2\pi f_l)$,および位相 $\varphi(t)$,あるいは偏波面の方向 E のいずれでも変化させられる.

　図 *7.1* の（*b*）は光の振幅変調,（*c*），（*d*）は周波数変調や位相変調を表している.位相変調は,復調回路を工夫して入射光のみで高感度のホモダイン検波ができるので,大容量伝送に用いられている.その場合には,レーザ雑音を下げ,温度を安定にするなどの特殊な処置で,レーザの周波数を安定にする必要がある.また,偏波面を変えることもできるが,変えた偏光面を保つには,偏波面保存ファイバを用いるなどの特殊な対応が必要になる.

　これに対して,図（*f*）に示すアナログやパルスの強度変調や,図（*b*）に示

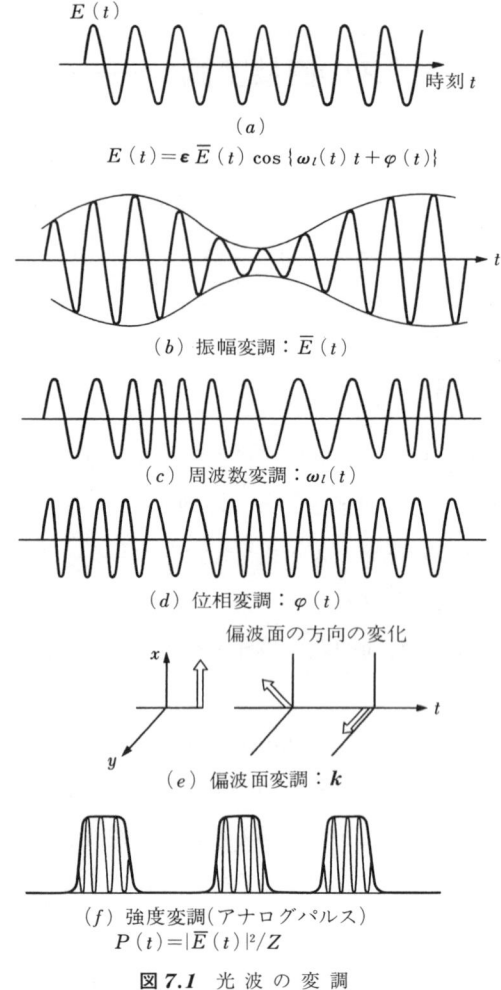

7. 発光デバイスの直接変調

$E(t) = \boldsymbol{\varepsilon}\,\overline{E}(t)\cos\{\omega_l(t)\,t + \varphi(t)\}$

(a)

(b) 振幅変調：$\overline{E}(t)$

(c) 周波数変調：$\omega_l(t)$

(d) 位相変調：$\varphi(t)$

(e) 偏波面変調：$\boldsymbol{k}$

(f) 強度変調（アナログパルス）
$P(t) = |\overline{E}(t)|^2 / Z$

図 7.1 光波の変調

す振幅を変化させる振幅変調では，このような問題を避けることができるので，レーザダイオードや発光ダイオードの変調に多く用いられている．本章では典型例として主に，この前者の強度変調法について述べることにする．

　光通信を目的としたような光波の変調には，光源の出力光を直接に変調する直接変調の方法と，光源から出てきた出力光を，別に作られた変調器により外部変調をする方法とがある．いずれも，小電力で変調できるように工夫されて

いる．

7.2 半導体レーザの直接変調

(a) 小信号解析 半導体レーザの注入電流を変化させると，図 **7.2** に示すようにそれにつれて光出力も変化するので，高速の直接変調ができる．

半導体レーザの直接変調特性の解析は，第 **6** 章で用いたレート方程式を用いて行うことができる．しかし，半導体レーザをパルスで直接強度変調する場合

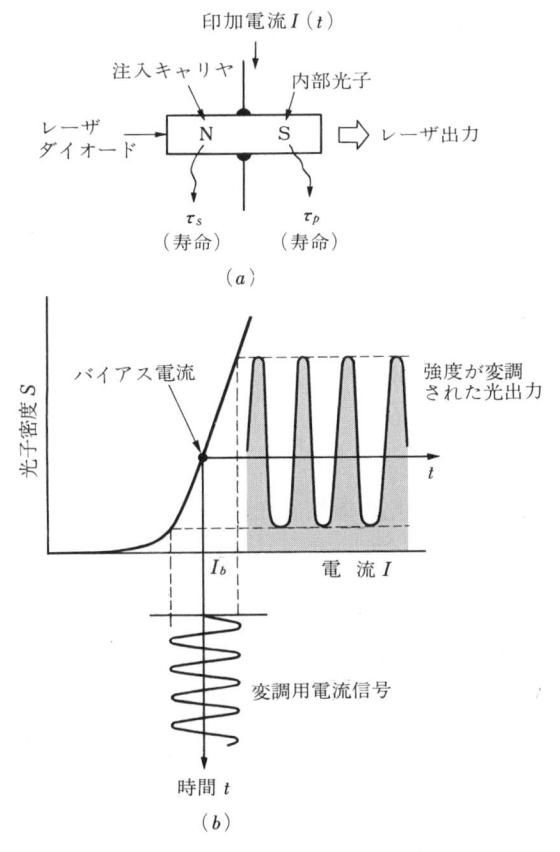

図 **7.2** レーザダイオードの直接変調

などでは，図 **7.6** のように，バイアス電流をしきい値電流以下に設定することが多い．このようなときには，しきい値以上の現象しか扱えないこれまでのレート方程式は使えないので，これを拡張する必要がある．

ところで，式 (**6.49**) のように自然放出の効果をレート方程式に加えると，しきい値以下の自然放出と，それ以上のレーザ現象をしきい値を挟んで連続に解析することが可能になる．注入された電子は自然放出でスペクトル幅が広い自然放出光を放出する．第 **6** 章で述べたように，この自然放出光のごく一部分はレーザ光と周波数がほぼ同じであり，これがレーザ発振のモードに自然放出係数 C_s 〔式 (**6.35**)〕の割合だけ混入する．そこで式 (**6.40**) のように，式 (**6.7**) に，この自然放出効果を加える．このようにすると，光子密度に関するレート方程式は次式のようになる．すなわち，光子密度 S とキャリヤ密度 N，および注入電流について

$$\frac{dS}{dt} = \mathrm{B}(N-N_g)S - \frac{S}{\tau_p} + \frac{C_s N}{\tau_s} \qquad (7.2)$$

$$\frac{dN}{dt} = \frac{I}{eV_a} - \mathrm{B}(N-N_g)S - \frac{S}{\tau_s} \qquad (7.3)$$

ここに，B は電子の誘導放出の確率，τ_s は電子の寿命時間，τ_p は光子の寿命時間，V_a は共振器の体積である．

当面，図 **7.2** のように，しきい値以上のバイアスの場合について述べるので，簡単のために最初は自然放出の効果を無視する（C_s は通常のレーザでは 10^{-4} 〜 10^{-6} と極めて小さいので，しきい値よりいくぶんでも大きくなると無視してもよい）．このように仮定すると，変調がない定常状態ではすでに第 **6** 章で求めたように，上式より

$$N_0 = N_{th} = N_g + \frac{1}{\tau_p \mathrm{B}} \qquad (7.4)$$

$$S_0 = \frac{\tau_p}{eV_a}(I_0 - I_{th}) \qquad (7.5)$$

ここに，I_{th} はレーザ発振のしきい値電流で

$$I_{th} = \frac{eV_a N_{th}}{\tau_s} \tag{7.6}$$

また，N_0, S_0, I_0 は，いずれも定常状態の値である．

このレート方程式は N と S の積を含む非線形方程式であり，一般的な解析解は得難い．そこで，変調度が小さな場合に限って解析する．このような近似解析法を小信号理論といい，見通しがいい解析解が得られる．なお，この小信号解析の結果は 30 % ほどの変調度まで用いられ，それ以上の変調度については大信号解析と呼ばれ，計算機解析を用いる必要がある．

ここで，$(I_0 - I_{th})$ に比べて十分に小さな電流 i で変調する場合を考えよう．そこで

$$\begin{aligned} I &= I_0 + i \\ N &= N_0 + n \\ S &= S_0 + s \end{aligned} \tag{7.7}$$

とする．ここに，n, s は変調電流 i に応じて発生したキャリヤ密度および光子密度の変動分で，定常値に比べて十分に小さな値である．すなわち

$$\begin{aligned} |i| &\ll I_0 \\ |n| &\ll N_0 \\ |s| &\ll S_0 \end{aligned} \tag{7.8}$$

したがって，$B(N-N_g)S$ からできる 2 次の微少項は

$$|ns| \ll N_0|s|, \text{ および } S_0|n|$$

となり，1 次の項，$N_0|s|$ および $S_0|n|$ に比べてこれを無視する．

これらの関係を用いて，上のレート方程式を n, s の次数ごとに，0 次，1 次，2 次の項に分けて整理し，0 次の定常状態の項については式 (7.4)〜(7.6) を用い，2 次の項についてはこれを無視する．このとき，1 次の項については（$C_s = 0$ とする）

$$\frac{ds}{dt} = B\{(N_0 - N_g)s + S_0 n\} - \frac{n}{\tau_p} \tag{7.9}$$

$$\frac{dn}{dt} = \frac{i}{eV_a} B\{(N_0 - N_g)s + S_0 n\} - \frac{n}{\tau_s} \tag{7.10}$$

となり，線形化された方程式になる．ここに，N_0 と S_0 は 0 次の解，式 (7.4)～(7.6) を用いる．ここで，角周波数 ω で直接変調する場合を考え

$$i = i_0 \exp(j\omega t) \qquad (7.11)$$

とすれば，上の方程式は簡単な代数方程式になる．両式より n を消去して，変調された光子密度 s を変調電流 i で表せば

$$s(\omega) = \cfrac{1}{1-\left(\cfrac{f}{f_r}\right)^2 + j(2\pi f \tau_s)\left\{\cfrac{\tau_p}{\tau_s} + \cfrac{1}{(2\pi f_r \tau_s)^2}\right\}} \cfrac{\tau_p i}{eV_a} \qquad (7.12)$$

となる．ここに，f_r は変調度が最大になる周波数で，共振状周波数または緩和振動周波数と呼ばれ，次式で与えられる．

$$f_r = \cfrac{1}{2\pi\sqrt{\tau_s \tau_p}} \sqrt{1 - \cfrac{N_g}{N_{th}}} \sqrt{\cfrac{I_0}{I_{th}} - 1} \qquad (7.13)$$

ここに，N_g/N_{th} は，普通は 0.6 程度の値である．

(b) 直接変調の最大変調周波数 式 (7.12) において，変調角周波数 ω で変調したときの被変調光子密度 $s=s(\omega)$ を，低周波 $\omega=0$ の $s(0)$ で割って，変調感度の相対的な周波数特性が得られる．

$$\cfrac{s(\omega)}{s(0)} = \cfrac{1}{1-\left(\cfrac{\omega}{\omega_r}\right)^2 + j(\omega \tau_s)\left\{\cfrac{\tau_p}{\tau_s} + \cfrac{1}{(\omega_r \tau_s)^2}\right\}} \qquad (7.14)$$

この関係を，変調周波数 f とキャリヤの寿命時間の積を横軸にして，**図 7.3** ($W/L=\infty$ の場合として) に示す．変調周波数を高くしていくと，共振状周波数 f_r で変調感度が極めて高くなる "共振状現象" が現れる．

レーザに加えた変調電流 $i(t)$ によって，レーザ共振器内の注入電子密度 n が増加するのには，誘導放出で減少した実効的な電子の自然放出の寿命時間の遅れがある．また，このような電子密度の増加によって誘導放出が増加し，共振器内の光子が増加するのには共振器内光子の寿命時間 τ_p の遅れがある．このような変調に伴う遅れの時間と変調の周期とが一致すると，これらが相加さ

れて変調感度が極めて大きくなり，いわゆる"共振状現象"を生じる．この現象は，見掛けは普通の電気回路の LC 共振器の共振現象に似ているが，本質は上に述べたように光とキャリヤの相互作用の遅れによる．

この直接変調では，図 7.3 に示すように，低周波から共振状周波数 f_r 近くの変調周波数まで，周波数によらずほぼ一定の変調感度であるが，f_r を過ぎると変調度は急激に低下して変調できなくなる．したがって，f_r は同時に変調周波数の上限，すなわちカットオフを与えている．

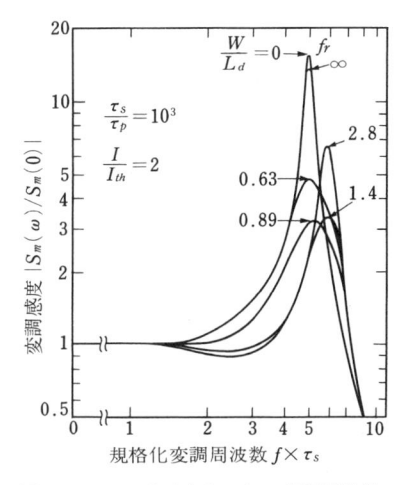

図 7.3 レーザダイオードの変調周波数特性（古屋一仁による）

f_r はバイアス電流とともに $\sqrt{(I_0/I_{th})-1}$ に比例して増加する．それは，光による誘導放出によって，キャリヤの実効寿命時間 τ_{seff} が減少するためである．この τ_{seff} は式 (7.3)～(7.6) より次式のように求められる．

$$\tau_{seff} = \tau_s \frac{I_{th}}{I} \qquad (7.15)$$

アナログの直接変調では，共振状現象付近における変調ひずみを避けるために，変調限界の 80 % 程度までの変調周波数が適用されている．

(c) **キャリヤの拡散効果**　　共振状現象の周波数では，変調された光波の振動によってキャリヤが活性層で激しく振動する〔式 (7.10) より $n=j(\omega/BS_0)s$〕．共振状現象が大きいと非線形現象が増大して，変調ひずみを大きくし，後に述べるように，パルス変調で光波が急変する部分に緩和振動を誘発し，さらにモード跳躍を加速して雑音を増大する．幸いなことに，ストライプ幅の狭い通常のレーザダイオードでは，キャリヤの拡散効果によって共振状周波数における共振現象の大きさ，あるいは緩和振動を軽減することができる．

さて，活性層の横方向では光波の分布が中心部で大きく，それによって誘導放出も中心部で大きくなる．このために，キャリヤ密度は中央部で減少して不均一になり，キャリヤは横方向に拡散する．式 (*4.51*) で述べたように，このキャリヤ密度の拡散効果を取り入れると式 (*7.3*) は次式のように拡張される．

$$\frac{\partial N}{\partial t} = \frac{I}{eV_a} - B(N-N_g)S - \frac{N}{\tau_s} + D\left(\frac{\partial^2}{\partial x^2}\right)N \qquad (7.16)$$

式 (*7.2*) と上式を連立させて解けば，この抑制効果は図 *7.3* に示すように，活性層の横幅 W が拡散長 $L=\sqrt{D\tau_s}$ と等しいときに顕著になり，共振状周波数における変調感度の増大を抑圧する．そのために，電流対出力の直線性がよくなり，緩和振動がなくなり，ひずみの少ないアナログ変調が可能になる．

このようにして，レーザダイオードの動作特性が改善される．通常のレーザダイオードでは，拡散長 L は $1\sim3\,\mu\mathrm{m}$ の程度である．横幅 W をこの程度に狭ストライプ化すると，レーザダイオードの低電流化にも寄与する．

（*d*） 電気回路定数による制限

レーザダイオードの直接変調の実際的な上限周波数は，次の二つの要因のうちの周波数の低いほうの要因で制限される．

1）レーザダイオードの電気回路定数 C を図 *6.14* と図 *7.4* に示すように電極容量，r を直列抵抗（拡散抵抗と接合の微分抵抗との和）とすれば，回路的制約による最大変調周波数 f_c は

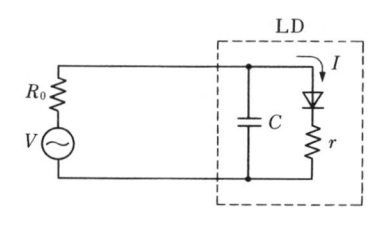

図 7.4 レーザダイオードの等価回路

$$f_c = \frac{1}{2\pi Cr} \qquad (7.17)$$

2）共振状周波数：f_r

図 7.5 は，実際のレーザダイオードのマウントの容量およびリード線のインダクタンスまでを考慮に入れた変調特性の実測値を示し，理論値とよく一致することを表している．

したがって，直接変調の上限周波数 f_m は近似的に次式となる．

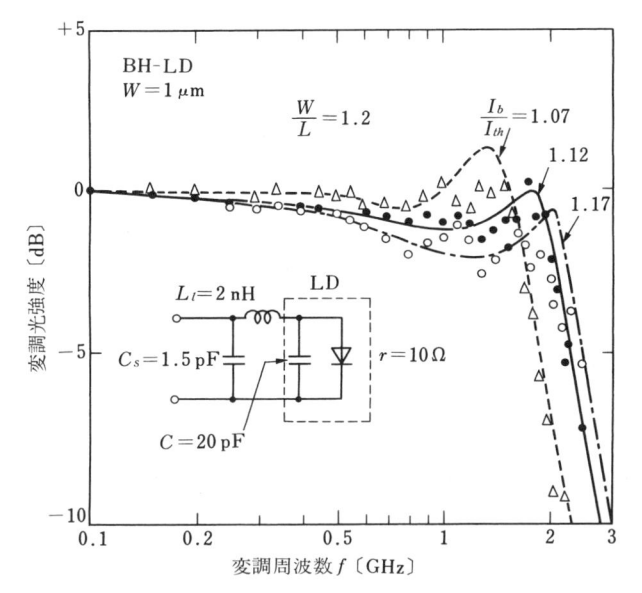

図 7.5 変調の周波数特性（実験は前田稔による）

$$\frac{1}{f_m} = \sqrt{\frac{1}{f_c^2} + \frac{1}{f_r^2}} \tag{7.18}$$

(e) パルス変調　図 **7.6** に示すように，バイアス電流 I_b に印加電流パルス I_p を加えると，図 **7.7** に示すような光パルス出力が得られる．ストライプ幅が狭くて緩和振動が抑圧されるようによく設計されたレーザダイオードでは，実線のように電流パルスに近い光パルス出力になる．破線のように緩和振動が現れるレーザもあり，その場合には共振状周波数で減衰振動をする．

　パルス変調では，パルスが存在するときの光出力とパルスがない状態の光出力の比を消光比という．バイアス電流がしきい値電流以上では，この消光比がわるくなる．そこで，実際のパルス変調ではバイアス電流をしきい値電流のわずか下，または数 % 下に置き，消光比を大きくする．このようなしきい値電流以下にバイアスした状態の解析には，式 (**7.2**) のように自然放出の効果（C_s の係数の項）を含んだ解析が必要になる．

しかし，バイアス電流 I_b がしきい値電流より下では，印加電流パルスがなくなった後で，注入されたキャリヤの寿命時間 τ_s の間だけキャリヤが蓄積されて残り，変調速度を低下させる．そして，このキャリヤ蓄積効果は，引き続いて次のパルスを印加するときに，前のパルスで蓄積されたキャリヤに加わり，パルスのつながり具合によっては，パルスの位置や高さに変化が出て変調特性を劣化させ，いわゆるパターン効果を生み出す原因となる．

このような効果を減少させるには，パルス電流の後に負の逆パルスを加える．こうして，蓄積キャリヤを放出させて，パターン効果（したがってキャリヤ蓄積効果）を少なくすることができる．

(f) 半導体レーザの雑音

半導体レーザ出力にはゆらぎが存在し，強度雑音として観測される．このゆらぎは注入電流のゆらぎ，および自然放出による光子およびキャリヤゆらぎが本質的である．直接変調時に現れた共振状現象と同じ要因により共振状周波数 f_r の付近で雑音も最大となる．また，発振モードに跳びがあると雑音が増加する．

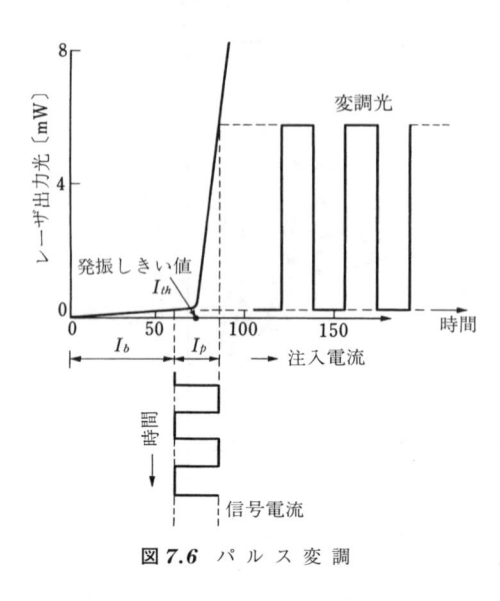

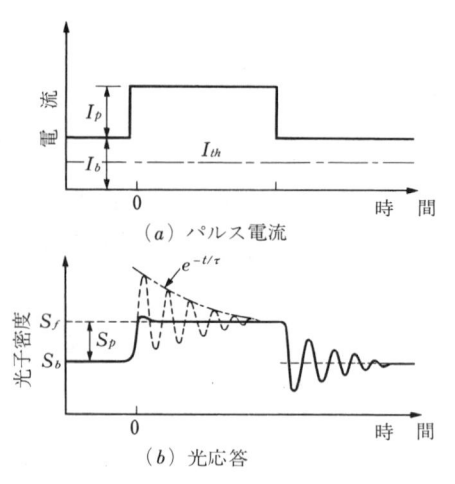

図 7.6　パルス変調

図 7.7　パルス変調の応答（池上，小林による）

一方,半導体レーザは光波でみると二端子素子であって,レーザダイオードから出た光が外部光回路や,光ファイバの端面から反射されると,レーザダイオードに戻ってレーザ発振光の位相をロックするので,次式で与えられるように,著しく雑音が増大する.

$$\frac{S_n}{S_0} = \eta_c \frac{(1-R_l)\sqrt{R_f}}{\sqrt{2}\left(\frac{I}{I_{th}}-1\right)} \qquad (7.19)$$

ここに,S_n,S_0はそれぞれ光子密度の雑音成分,定常成分,η_cはレーザと伝送路の結合係数,R_l,R_fはそれぞれレーザ共振器の反射鏡の反射率と,外部の反射点の反射率である.

光のコヒーレンスがよい場合には,反射物体との間の伝搬時間の逆数の周波数で雑音が強調される.このような雑音を除くには,光アイソレータを使用したり,外部との結合を弱くしたりする.

(g) レーザダイオードの変調によるスペクトルの動的波長シフト　半導体レーザのスペクトル幅Δfは,直接変調の元では自然放出光の効果やキャリヤの変調に基づく活性層の屈折率変化などによるゆらぎで動的波長シフトが起こり,式(6.60)で与えられる.直接変調の元では,キャリヤの振動に基づく屈折率変動によって,**図7.8**に示すように,変調周波数が共振状周波数に近づくと,発振波長が周期的に0.1 nm程度以下で動的シフトする.また,低周波の

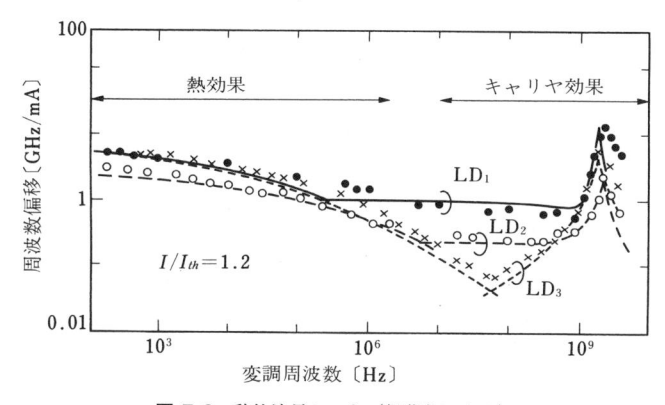

図7.8 動的波長シフト(伊藤稔による)

変調では，活性層の温度変化のために屈折率が変わり，波長がシフトする．

第 **6** 章で述べた動的単一モード（DSM）レーザでは単一モードが維持されて〔**図 7.9**(*a*)〕，モード跳びがなく，低雑音である．しかしファブリ・ペロ（FP）型のレーザダイオードでは，直接変調によって共振器内がみだされてモード跳びが生じる．さらに，共振状周波数に近くなると共振器内がキャリヤの振動により不安定になり，図（*b*）に示すように多モード発振になる．

CW = −3°
$I/I_{th} = 1.2$
比バイアス電流
1.6098 μm

3Å

1.605 1.610 1.615
1.9 GHz

1.605 1.610 1.615
1.5 GHz

1.605 1.610 1.615
1 GHz

1.605 1.610 1.615
0.5 GHz

1.605 1.610 1.615
DC

変調周波数

$I_{th} = 63$ mA
$I/I_{th} = 1.2$
比バイアス電流
$f = 1.5$ GHz

1.53   1.51 μm
1.5 GHz

1.53   1.51 μm
0.4 GHz

1.53   1.51 μm
DC

(*a*)　DSM レーザダイオード　　　　　(*b*)　FP レーザダイオード

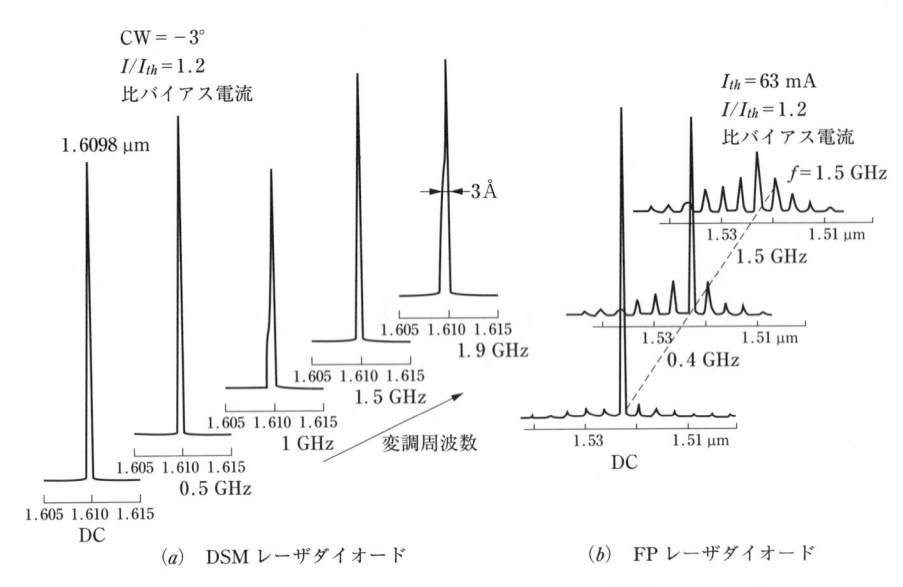

図 7.9　高速変調の下での DSM レーザの単一モード動作と，FP レーザの多モード動作の例（小山二三夫，岸野克巳による）

7.3　発光ダイオードの直接変調

発光ダイオード（LED）の出力は，**図 7.10** に示すように，注入電流が少ない間は注入電流に比例するので，アナログ変調では直線性がよい．

直接変調の上限周波数は，次の二つの要因のうちの周波数の低いほうの要因で制限される．

1）　LED の電気回路定数 C を LED の電極間の容量，r を微分抵抗と拡散抵

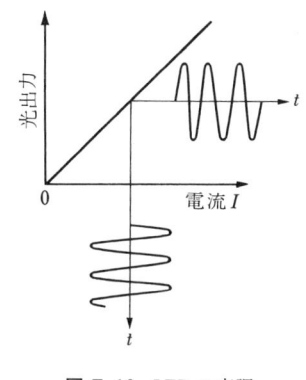

図 7.10 LED の変調 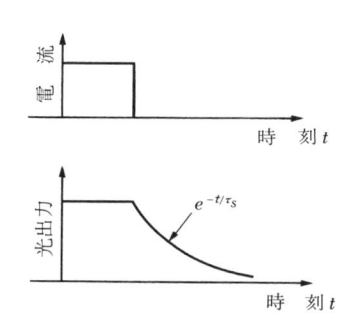   **図 7.11** LED の過渡特性

抗の和とすれば，最大変調周波数 f_c は

$$f_c = \frac{1}{2\pi Cr} \quad (7.20)$$

2） キャリヤの寿命時間 τ_s による，**図 7.11** に示すようなキャリヤの減衰時定数 f_s は

$$f_s = \frac{1}{2\pi\tau_s} \quad (7.21)$$

このうち，式 (3.6) のように，再結合の相手になるホール密度が注入電子密度に比例するので，キャリヤの寿命時間 τ_s は注入キャリヤの密度に反比例して減少する．このために，バイアス電流を上げると変調の上限周波数が増加する．普通の GaAs や InP のような直接遷移型の半導体では，τ_s は数 ns から 10

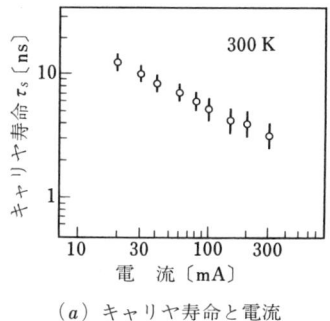

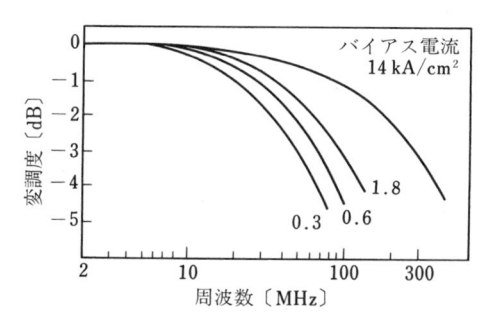

(a) キャリヤ寿命と電流　　(b) LED の周波数応答

図 7.12 LED の直接変調における周波数応答（宇治俊男 (a)，R. C. Goodfellow (b) による）

ns 程度であり，図 **7.12** のように，数十 MHz までの変調が普通にできる．活性層に高濃度の不純物をドープしてキャリヤの寿命時間 τ_s を短くしたものでは，GHz 程度までの高速変調ができるものもある．全体の変調の上限周波数 f_m は

$$\frac{1}{f_m{}^2} = \frac{1}{f_c{}^2} + \frac{1}{f_s{}^2} \tag{7.22}$$

となる．パルス変調も有効に行われる．

なお，表示用の LED の応答周波数は，f_c, f_s ともに小さく，6.1 節で述べたように数 kHz 程度以下の低い周波数が多い．

演 習 問 題

7.1 式 (7.14) を導出せよ．

7.2 半導体レーザの直接変調の上限周波数がバイアス電流とともに増加する理由を説明せよ．

7.3 自然放出効果を含んだレート方程式〔式 (7.2)，(7.3)〕を解くと，電流を増したときに，図 **6.10** のようにレーザ発振の光出力が発振しきい値で折れ線的に増加するのではなくて，実際のレーザダイオードのように，しきい値以下でもすでに自然放出による光出力があり，光出力が連続的にしきい値を挟んで立ち上がってゆくことが解析できる．この現象を定常状態について解析せよ．

7.4 レーザダイオードの電極間容量 C を 5 pF，交流に対する直列抵抗を 5 Ω とする．このレーザダイオードのバイアス電流がしきい値電流の 1.2 倍のときに，共振状周波数が 1.5 GHz であったとする．このとき，直接変調の最大周波数と，この最大周波数で動作させるためのバイアス電流を求めよ．

8. 受光・撮像・表示デバイス

> 「古人いはく，聞くべし，見るべし」
> （道元：山崎訳）

8.1 は じ め に

（a） 受光・撮像素子の推移　画像情報は視覚を通して人間に認知される．人間が外界から受け取る情報は，この画像情報を通して受け取られる場合が多い．このために，画像を電気信号としてとらえる撮像デバイスや，電気信号を元にして画像を表示する表示デバイスが用いられる．視覚情報は人間の情報摂取のために不可欠であり，書物や印刷物に加えて，テレビジョンやPCのように実時間で撮像・表示できる装置が加わって内容が加速的に増加し，電子計算機の入出力や各種の表示装置が普及するとともに，光ファイバ通信の発展が画像伝送コストを飛躍的に低減し，光エレクトロニクスが身近に用いられるようになった．

光電変換デバイスは光エレクトロニクスにおける中核的素子であるが，その歴史は古く，1839 年に A.E.Becquerel が液体中で光起電力効果を発見し，1873 年に W.Smith がセレンの光伝導効果について発表した．1888 年に W.L.F. Hallwachs が光電子放射いわゆる光電効果を発見し，これが光電管，光電子倍増管，イメージ撮像管の開発へと進んだ．さらに，光導伝素子は光起電力効果の発見につながって，光ダイオード，光トランジスタ，固体撮像素子へと発展し，光に対する波長特性，高感度特性，高速応答特性が要望され，さらに単素子型からアレー型，そして自己操作型のモノリシックアレー，電荷結合デバイス（CCD[†] など）へと移行してきた．

[†]　W. Boyle and G. E. Smith（1969），p. 166 を参照

(**b**) **受光ダイオード**　通信用の pin フォトダイオード（pin PD[†]）は短波長用の Si-PD と長波長用の GaInAsP/InP，AlInAs/InP-PD などが使われている．いずれも，数十 GHz くらいまでの周波数で用いられる．アバランシェフォトダイオード（APD[†2]）は電子増倍作用があり，短波長用の Si-APD で百倍程度，長波長用の Ge-APD で数倍の電流増幅ができる．百 GHz 程度までの周波数応答用に用いられている．

太陽電池（solar cell）は受光ダイオードの一種で，1883 年に Charles Fritts がセレンと金箔で見出したのが，固体系太陽電池の最初といわれる．現在ではシリコン系の太陽電池などが太陽光発電に用いられている．

(**c**) **固体撮像デバイス**　CCD や MOS 撮像デバイスが安定性が高く，小型の固体撮像デバイスとして広く用いられている．

(**d**) **表示デバイス**　表示装置にはブラウン管に代わって，液晶表示（LCD），プラズマ表示や，電界放射表示，LED，LED アレー，有機 EL などが用いられている．

8.2　光　検　出　器

光検出は，1）光起電力効果[†3]，2）光導電効果，3）光電子放出効果：光電効果，4）焦電効果，5）フォトンドラッグ効果などの原理を用いる．**図 8.1** には，このような効果を用いた各種の光センサの波長と応答速度の例を示した，高速応答を必要としないが高感度が必要な光検出器と，高速性が必要な光検出器とでは，材料・構造ともに本質的に異なる．

光電力と電気信号　高速応答が必要な光検波には，半導体の pn 接合を基本にした光検出器が用いられ，光電力の時間的変化を検出電流出力として電気信号に変えて取り出す．電力（光の電界の 2 乗に比例する）が信号電流に変換

[†]　pin photodiode
[†2]　avalanche photodiode
[†3]　photovoltaic effect

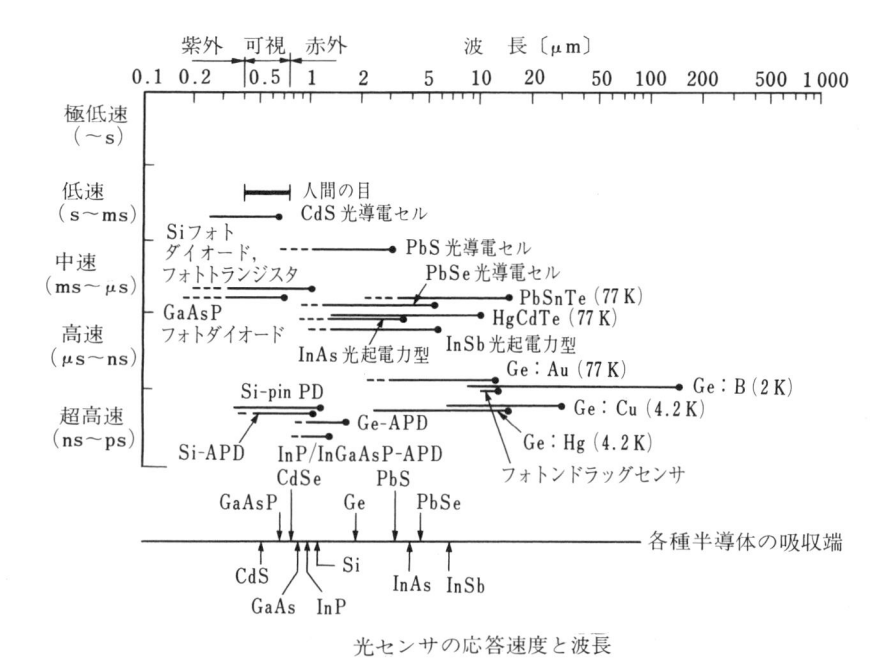

図 8.1 光センサの波長と応答速度（小長井誠による）

されるので2乗検波という．この光検出器には，1）高感度，2）高速応答，3）低雑音，4）外部条件（温度変動など）に対し特性が変化しない，5）高信頼性が必要である．

このような高速応答用の光検出器として，半導体の光検出器である pin フォトダイオード（pin PD）やアバランシェ・フォトダイオード（APD）が用いられる．

8.3 pin フォトダイオード

(a) pin フォトダイオードの動作原理 図 8.2 に pin フォトダイオードの構造の例を示す．これは半導体の p^+, i, n^+ の三領域から成り，p 側に負で n 側に正の電位の逆バイアス電圧を印加する．半導体のエネルギー間隔に相当する間隔波長より短い波長の光波が入射すると，光波は吸収されて光電流を発生

し，この出力電流は回路の抵抗に流れて出力電圧を発生する．

いま，薄層の p^+ 領域を通して光波が入射すると，図 **8.3** に示すように，やや厚い i 領域を中心にして光が吸収されて入射光の強さに比例した電子・ホール対が発生する．この電子・ホール対は i 領域の電界で加速されて，それぞれ，電子は n 側へ，ホールは p 側へ流れ込んで電流となり，入射光の強さに比例した光電流が電極に流れる．

この pin フォトダイオードの応答速度を決める要因は二つある．

1） 先に述べたように，入射光を吸収して i 領域で発生する電子とホールの対を．n または p 領域に速く引き出して多数キャリヤの電流に変える操作の過程である．この領域に加えられた電界がキャリヤを加速して，この過程を速める作用をする．しかし電子・ホール対が i 領域以外で発生すると，こうした電界による加速作用を受けないので応答速度を低下させる．こうした問題を除去するために，p^+ 領域を薄くしてこの領域で吸収を減らし，i 領域を厚くして大部分の光がここで吸収される

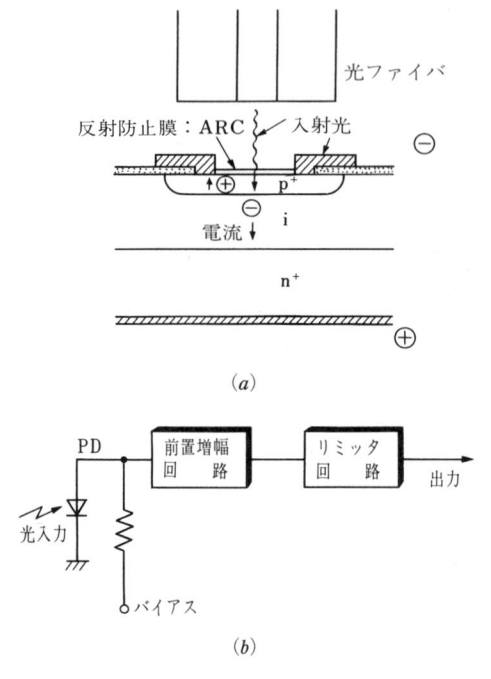

図 **8.2** pin フォトダイオードの構造とバイアス回路

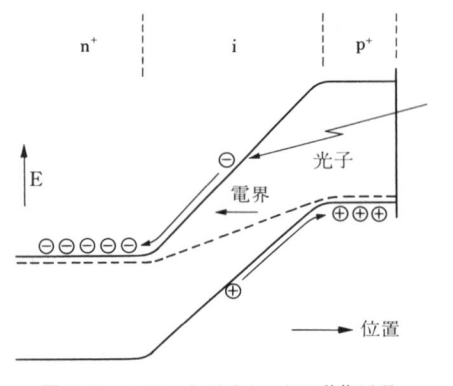

図 **8.3** pin フォトダイオードの動作原理

ようにしている．このようにすると，入射光子が吸収される割合，量子効率 η_q が大きくなり，この値は 70 〜 80 ％ にも達する．

この i 領域を通過する電子の走行時間を τ_t とすると，この効果で制限される応答周波数 f_t は

$$f_t = \frac{1}{2\pi\tau_t}$$

2) 次に，接合容量（静電容量）C と負荷抵抗 R の充放電による CR 積の制限がある．この効果による応答周波数の最大値 f_c は

$$f_c = \frac{1}{2\pi CR} \tag{8.1}$$

となる．接合容量 C は式 (3.23) より求められるが，i 領域の厚さ d が大きな pin 構造では D_j を接合の直径とすれば

$$C = \frac{\varepsilon \pi D_j{}^2}{4d}$$

となる．$D_j = 50$ 〔μm〕，$d = 2$ 〔μm〕の Si では，$\varepsilon_r = 12$（$\varepsilon = \varepsilon_r \varepsilon_0$）であり，$C = 0.1$〔pF〕となる．

負荷抵抗 R の値が大きいほど検波感度が上がるので，高速応答にするには接合容量 C の値を小さくする．そのためには，入射面を小さくして C を制限するのが通常とられる方法である．

このようにして，pin フォトダイオードの最大応答周波数 f_m は次式となる．

$$\begin{aligned}\frac{1}{f_m{}^2} &= \frac{1}{f_c{}^2} + \frac{1}{f_t{}^2} \\ &= (2\pi CR)^2 + (2\pi\tau_t)^2\end{aligned} \tag{8.2}$$

(**b**) **pin フォトダイオードの雑音**　pin フォトダイオードの検波感度は，ダイオードが発生する雑音で制限される．光電力 P_{opt} の光波がフォトダイオードに入射すると，次式で表される光電流 I_p を発生する．

$$I_p = \frac{\eta_q e P_{opt}}{hf} \tag{8.3}$$

したがって，負荷 R に発生する信号電力は $I_p^2 R$ となる．ここで，負荷につながる増幅器の帯域幅を B_a とする．このとき，ダイオードには光が入射していなくても流れる暗電流 I_d がある．この暗電流は，雑音の原因になるので小さいほうがよい．ここで，これらの電流を構成する電子の不均一性に基づくショット雑音電力は，e を電子の電荷とすれば

$$2e(I_p+I_d)B_a R$$

であり，負荷抵抗 R 内の電子の熱振動に基づくジョンソン雑音は，k_B をボルツマン定数，T を絶対温度として

$$4k_B T B_a$$

となる．したがって，光検出器の信号対雑音比（SN 比）はピークの値で

$$\frac{S}{N} = \frac{I_p^2}{2e(I_p+I_d)B_a + \dfrac{4k_B T B_a}{R}} \qquad (8.4)$$

で与えられる．SN 比を上げるには R が大きなほどよい．応答速度が低くて負荷抵抗 R が大きくできる低周波（B_a が小さい）では，上式より暗電流が雑音の主体になる．しかし，高周波では，先に述べた応答速度を高めるために R は小さく制限され，ジョンソン雑音の影響が相対的に増加する．

SN 比は大きいほどよいが．通信が信頼性よく行える SN 比はアナログビデオ伝送で 50 dB 程度である．PCM（パルス符号変調）伝送では 16 dB 程度で，1 個のパルス当りの光子数が 200～300 個に相当する．このため，帯域幅が増大すると単位時間当りのパルス数が増えるので，安定な受信のためにはこの帯域幅にほぼ比例して受信の光電力を増やさなければならない．

8.4 アバランシェ・フォトダイオード（APD）

（a）アバランシェ・フォトダイオードの動作原理 微弱な検出光電流を増倍する作用をもつのがアバランシェ・フォトダイオード（APD）である．

8.4 アバランシェ・フォトダイオード (APD)

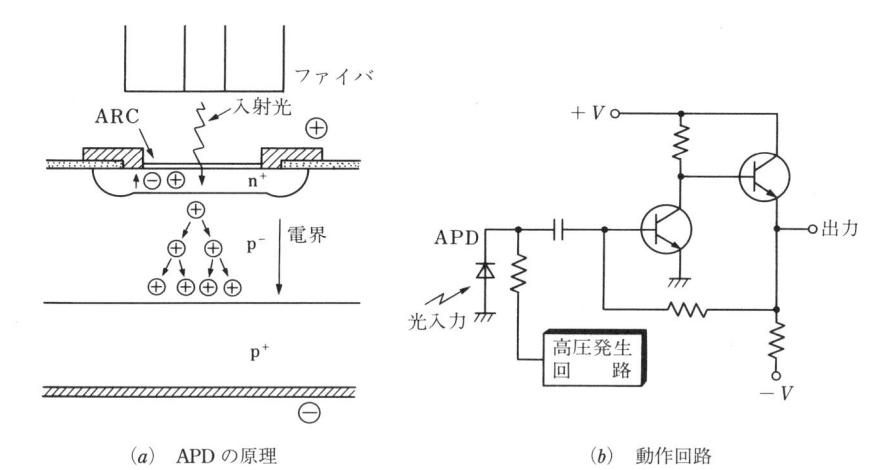

(a) APD の原理

(b) 動作回路

図 8.4 APD の構造とバイアス回路

APD の原理を**図 8.4**(*a*)に示す．不純物濃度を図(*a*)のように，$p^+p^-n^+$ にした場合のエネルギー準位の構造は**図 8.5**(*d*)のようになり，入射光は図(*c*)のように主に p^- 領域で吸収されて電子・ホール対をつくる．

pn 接合には逆バイアスがかけられているため，p^- 領域でつくられた電子は電界でドリフトして増倍領域に達し，この領域に作られた高電界によって加速され，エネルギーを得た電子は格子点と衝突してキャリヤを電離し，アバランシェ（なだれ）効果によって光電流が増倍される．このとき，Si などでは電子の衝突によって主に

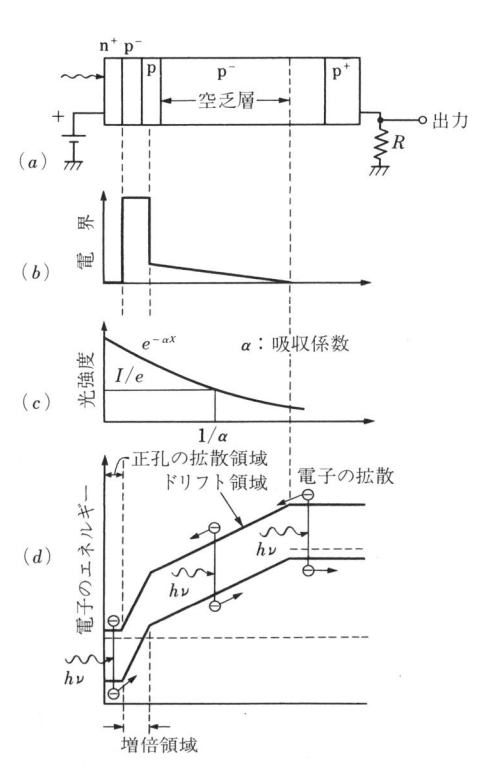

図 8.5 APD の動作原理

電子のみが電離して雑音の少ない増倍作用が行われる．

電流増倍率（または単に増倍率ともいう）M は，逆方向の降伏電圧 V_B，逆バイアス電圧 V によって，近似的に次式で表される．

$$M = \frac{1}{1-\left(\dfrac{V}{V_B}\right)^n} \qquad (n \simeq 3 \sim 6) \tag{8.5}$$

APD の動作は $V<V_B$ の範囲で行われる．V_B を超すとダイオードを破損する．V/V_B に対する増倍率を図 **8.6** に示す．

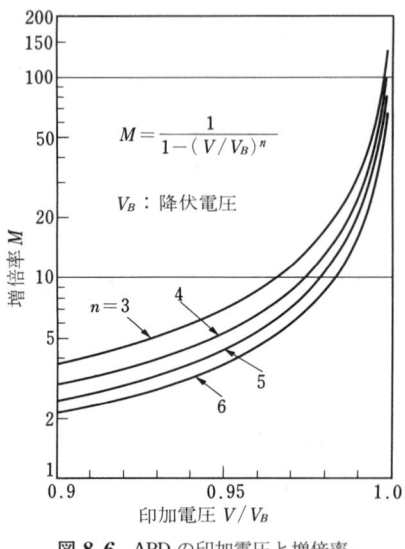

図 8.6 APD の印加電圧と増倍率

普通，$M=5 \sim 100$ 程度で動作させるため，バイアス電圧を安定化させる必要がある．

（b）アバランシェ・フォトダイオードの雑音　　アバランシェ増幅の過程では，光電流の増幅が行われるのと同時に過剰の雑音も発生する．そのため，APD の SN 比はピーク値で

$$\frac{S}{N} = \frac{I_p{}^2 M^2}{2e(I_p+I_d)M^2 F + 2eB_a I_p + 4k_B T \left(\dfrac{B_a}{R_e}\right)} \tag{8.6}$$

として表される．ここで，F は過剰雑音指数（増倍雑音ともいう）といわれ，図 **8.7** のようにアバランシェ増倍の過程で発生する過剰な雑音を示す．

$$F = M\left\{1-(1-k)\frac{(M-1)^2}{M^2}\right\} \tag{8.7}$$

増倍率 M が十分に大きければ

$$F \simeq kM$$

ここで，k は電子のイオン化率 α とホールのイオン化率 β の比（イオン化率

8.4 アバランシェ・フォトダイオード (APD)

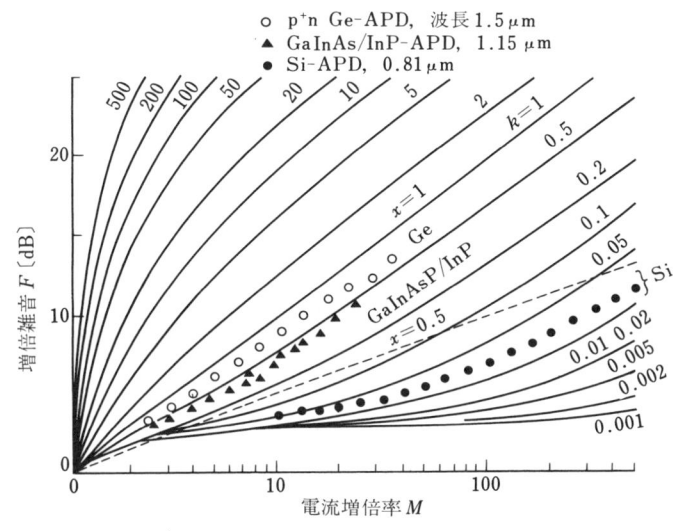

○ p⁺n Ge-APD, 波長 1.5 μm
▲ GaInAs/InP-APD, 1.15 μm
● Si-APD, 0.81 μm

図 8.7 電流増倍率と増倍雑音（高梨裕文による）

比）で，次式で与えられる．

$$k = \frac{\beta}{\alpha} \tag{8.8}$$

$k'=\alpha/\beta<1$ のときには，k を k' で置き換える．**図 8.8** に各種の半導体のキャリヤごとのイオン化率の電界依存性を示す．さて，k が小さいほど F は小さくなり，したがって雑音が小さくなる．この様子をホールがアバランシェ増倍の

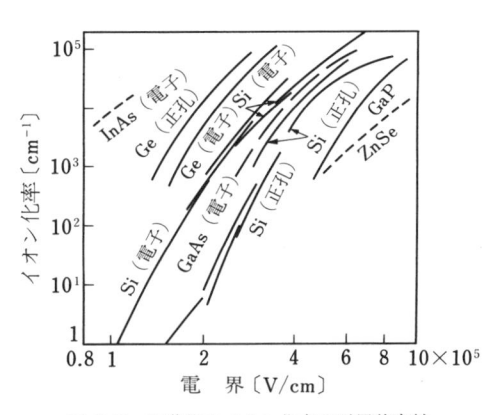

図 8.8 半導体のイオン化率の電界依存性

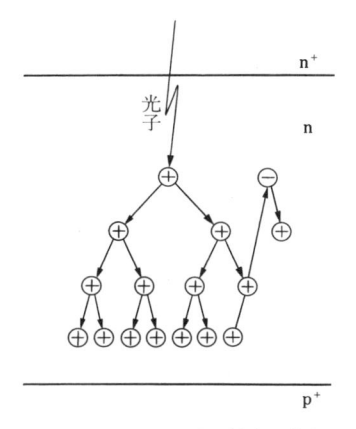

図 8.9 APD における雑音の発生

主役の場合について説明すると，**図8.9**に示すように，ホールとともに発生した電子がさらにホールを誘発し不安定になるからである．代表的な半導体の暗電流やイオン化率比を**表8.1**に示した．既存の物質ではkの値に限りがあり，超格子構造を用いることも考えられている．

表*8.1* 代表的な APD の材料と定数

材　　料	$Ga_x In_{1-x}$ $As_y P_{1-y}$ /InP	$Ga_{0.47} In_{0.53}$ As/InP	$Ga_{0.27} In_{0.73}$ $As_{0.40} P_{0.60}$ /InP	$Hg_{0.3}$ $Cd_{0.7}Te$	$Al_x Ga_{1-x}$ $As_y Sb_{1-y}$ /GaSb	Ge	Si
禁止帯幅 E_g〔eV〕	1.35〜0.75	0.75	0.95	0.92	1.24〜0.73	0.72	1.1
波　長 λ〔μm〕	0.92〜1.67	1.67	1.30	1.35	1.0〜1.7	1.72	1.1
移動度 μ〔cm^2/V$_s$〕 $\genfrac{}{}{0pt}{}{e}{h}$	3 200 〜8 500 70〜180	8 500 180	5 000 80			3 900 1 900	1 300 500
実効質量 m_e/m_o	0.08〜0.04 (λ=0.92 〜1.67μm)	0.034 〜0.041	0.045 〜0.055			0.08	0.19
暗電流 I_d〔nA〕 〔面積:4×10^3μm^2〕	10^{-2}〜4 $\times10^{-1}$	10^{-1}	10^{-2}	60	10^2	10	10^{-4}
イオン化率 $k(\beta/\alpha$ or $\alpha/\beta)$	0.2〜0.3	0.25	0.25	$\beta>\alpha$ 0.03	$\beta>\alpha$ 0.05〜0.5	$\beta>\alpha$ 0.5	0.02
感度 〔A/W〕	0.6〜0.8	0.8	0.6	0.6	(0.6)	0.85	
基板融点 〔℃〕	1 070				712	958	1 412
基板硬度 〔Knoop〕	535				450		1 150

8.5　実際の光検出器

光検出器の波長感度特性は，**図8.10**に示すように0.8〜0.9μm 短波長帯ではSi，1.3〜1.5μm 長波長帯では GaInAs を用いた pin フォトダイオードあるいはアバランシェ・フォトダイオード（APD）が用いられる．受光面の直径は

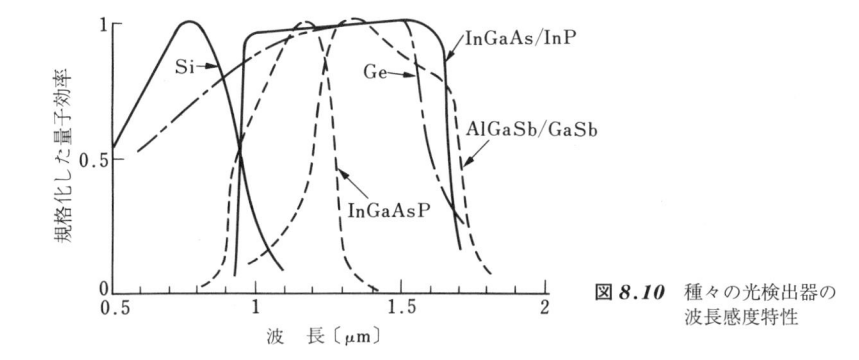

図 8.10 種々の光検出器の波長感度特性

30～100 μm 程度で，光ファイバに直結して用いられる．pin フォトダイオードの量子効率は 90 %，静電容量は pF の程度である．APD では量子効率 50 %，静電容量は pF の程度である．

Si-APD 利得（電流増倍率）M と帯域幅 B の積は

$$MB \fallingdotseq 450 \text{ [GHz]}$$

である．したがって，増倍率を増すと周波数応答が低下する．

アバランシェ増幅による過剰雑音指数 $F(M)$ は，実験的に

$$F(M) = M^x \tag{8.9}$$

で表すと便利である．Si-APD では $x=0.35$ 程度である．

APD では，先に述べたように増倍率を増しすぎると雑音が増加するので，実際の増倍率には図 8.11 に示すように最適値があり，パルスの周波数が増大するほど負荷抵抗 R が小さくなるので相対的に他の雑音が増加し，これに打ち勝つために増倍率を増す．図 8.12 に，実際 APD の最小受信光電力とパルスのビットレートの関係を

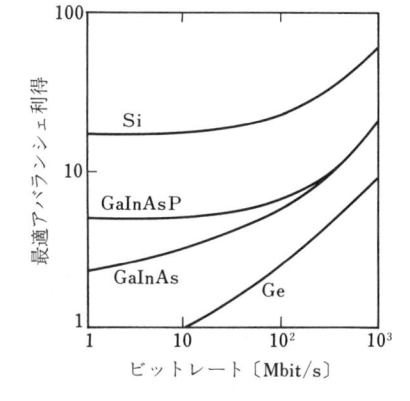

図 8.11 APD の最適増倍率（最適アバランシェ利得）

示す．ここに縦軸の単位〔dBm〕は，1 mW を基準にして表した光電力の大きさを示す．式 (8.5) の関係から Si-APD の最小検出信号は，400 MHz の帯域で $1/10 \sim 2/10\,\mu$W 程度になる．これは1個のパルス当り 200～300 個ほどの光子数があれば検出できることになる．帯域幅が増すと単位時間当りのパルス数が増すので，最小受信光電力は帯域幅とともに増大する．

一方，波長 1～1.7 μm 帯では Si よりも禁止帯幅の小さい材料が必要であり，表 8.1 に示すように InGaAs などが用いられる．Ge-APD は，1.3 μm，1.55 μm 帯にそれぞれ適するような工夫がなされている．これらの応答速度は

$$MB \fallingdotseq 40\;\text{〔GHz〕}$$

で，Si-APD に比べて約 1/10 であるが，GHz 程度では Si に比べて大差はない．暗電流は $I_d=10\,$nA と Si-APD に比べて 10^4 倍も大きく，$k'=1/k=0.5$ も大きく，過剰雑音が大きいので高増倍率は難しい．$Ga_{0.47}In_{0.53}As/InP\text{-}APD$ では，$I_d=0.1\,$nA，$k=0.25$ と Ge に比べて良好な特性をもつ．GaInAs/InP-APD の MB 積は Ge と大差がない．

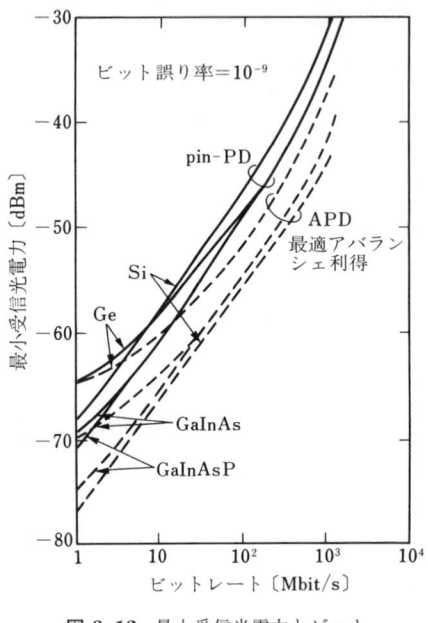

図 8.12 最小受信光電力とビットレートの関係

8.6 撮像デバイス

(a) はじめに 光センサを二次元的に配列して，画像を電気信号に変換するのが撮像デバイスである．撮像デバイスには，真空管を用いた撮像管が

ビデオ信号を取り出すのに用いられてきたが，現在では半導体を用いる固体撮像デバイスが広く用いられている．

光信号を電気信号に変換するには，（1）固体表面からの電子放出や光電子放出を用いた光電効果や，光の吸収による光導電効果などが用いられている．さらに，（2）電子ビーム走査や電荷の転送走査で，二次元情報を時系列の電気信号に変換する．

人間の目の波長感度特性を比視感度曲線といい，**図8.13**のように感度の中心が550 nmで，太陽が放出する光の最大スペクトル波長と一致している．人間が視覚できる400〜700 nm程度の波長帯が，いわゆる可視光帯である．撮像デバイスや表示デバイスの波長特性は，この比視感度曲線に近い波長特性をもたせることが多い．

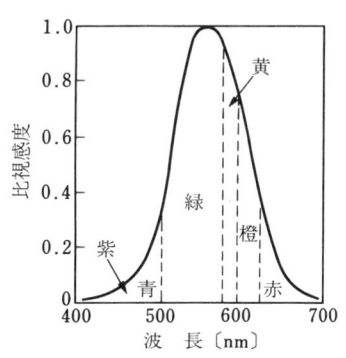

図8.13 比視感度曲線

（b）撮像管 撮像管は1）光電面と，2）光電面上に画像を結像させ，画像の光強度分布に応じて光電面上に発生した電荷や抵抗の変化を検出するのに用いる走査用の電子ビームから成る．検出の方法によって，各種の撮像管がある．

（1）ビジコン ビジコンは，**図8.14**のように真空管の内壁に光導伝面を付け，この表面を電子ビームで走査し，光導伝面に結像した画像を読み出すようにしたものである．光導伝面の壁面上には導伝性のよい膜が付いていて，信号電極として用いる．入射する光強度に応じて光導伝面の抵抗が変わる．光導伝面に電子ビームが当たると電流が信号電極に向かって流れ，光のパターンに応じてできた抵抗の変化に比例して，信号電極に電気信号が発生する．

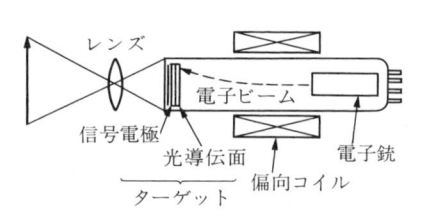

図8.14 ビジコンの構造と動作原理

（2）イメージオルシコン　撮像特性を高感度にしたのがイメージオルシコンで，図 **8.15** のように，より複雑な構成になっている．結像されたパターン状の光が光電面に当たると，光電子が放出される．発生したパターン状の光電子は電界で加速されて二次電子放出面に当たり，これをパターン状に帯電して面の電位をパターンに応じて変える．電位が変化するこの面を電子ビームで走査すると二次電子が発生し，面上の電位に応じてその大きさが変化する．この二次電子は第 1 ダイノードに当たり，多数の二次電子を放出し，この二次電子放出を繰り返して次々と二次電子増倍を行う．このような二次電子増幅部を通過して信号電流が増幅され，最後に陽極から信号として取り出される．イメージオルシコンは撮像感度が高い．

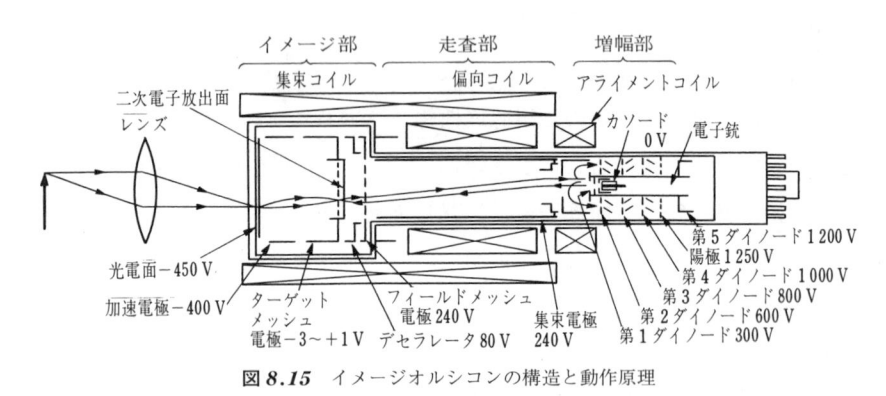

図 **8.15**　イメージオルシコンの構造と動作原理

（c）固体撮像デバイス　CCD[†] の転送機能や MOS 構造[†2] を用いた固体撮像デバイスが広く用いられる．固体撮像デバイスは堅固で小型，感度が高い特徴があり，広く用いられている．

（1）CCD 撮像デバイス　CCD（電荷結合デバイス（charge coupled device：CCD））は，図 **8.16** に示すように一つ一つの画素が半導体基盤と金属電極で構成されており，この画素が一次元アレーとなっていて，このアレーが二次元的に配列されている．図 **8.17** のように，光照射されると Si の表面に電荷

[†]　電荷結合デバイス，charge coupled device
[†2]　metal oxide semiconductor structure

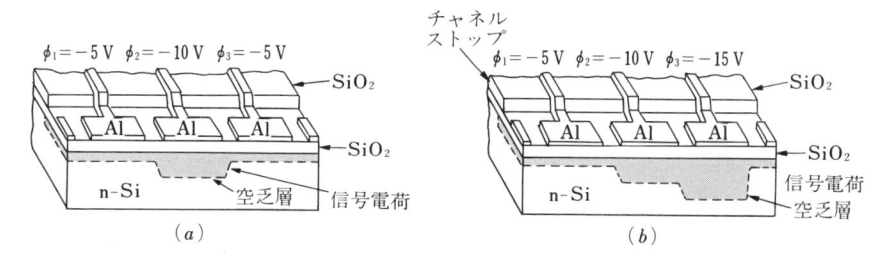

図 8.16 CCD 撮像デバイスの画素の動作原理

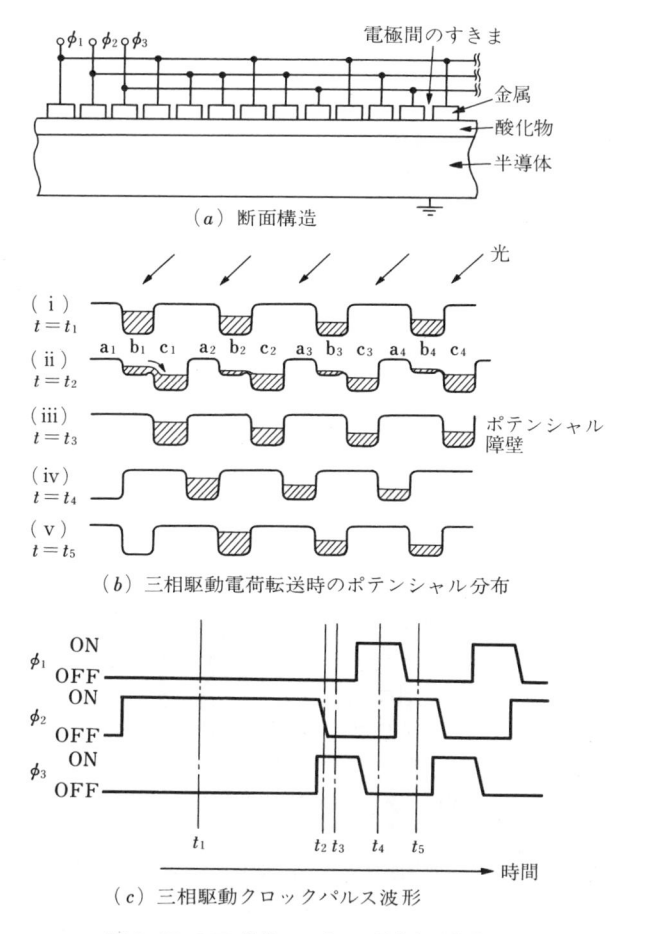

図 8.17 CCD 撮像デバイスの電荷転送機構

が発生する．三つの画素を一組みにして絶縁体（SiO_2）を介した三つの金属電極に三相の電位を加えると，一つの画素に発生した電荷は順次に次の画素に転送され，最後に三相の電位の周期に応じて二次元の画像情報が時系列の出力電流として得られる．

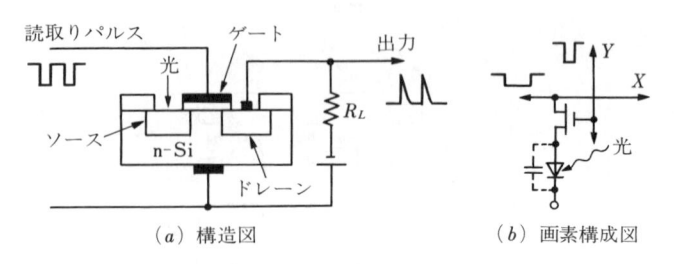

（**2**）**MOS撮像デバイス**　MOS撮像デバイスの画素は，**図8.18**に示すようにFET（電界効果トラジシスタ）の画素から成る．ソースに光が照射されると電荷が発生し，この状態でゲートに読取りパルスが印加されると，ドレーンに電荷が移る．この画素が，**図8.19**のように一次元状に配列され，さらに，**図8.20**のように二次元的に配置されている．別に作られた走査回路で読取りパルス電圧を走査すれば，画像のパターンに応じて空間的に配列された電荷が時系列の出力パルスを作り，ビデオ信号が得られる．

図8.18　MOS撮像デバイスの画素

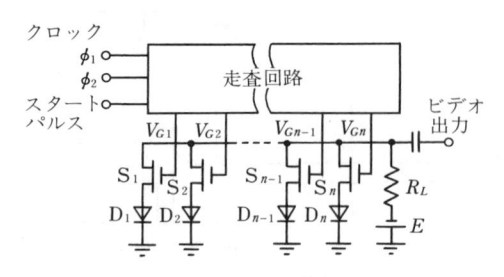

図8.19　一次元MOS撮像デバイス

CCDやMOSのような固体撮像デバイスは，テレビジョン，ディジタルカメラ，携帯電話，ファクシミリ，などへ広く用いられている．

（**d**）**一次元光ダイオードアレー**　受光ダイオードを線状に配列した一次

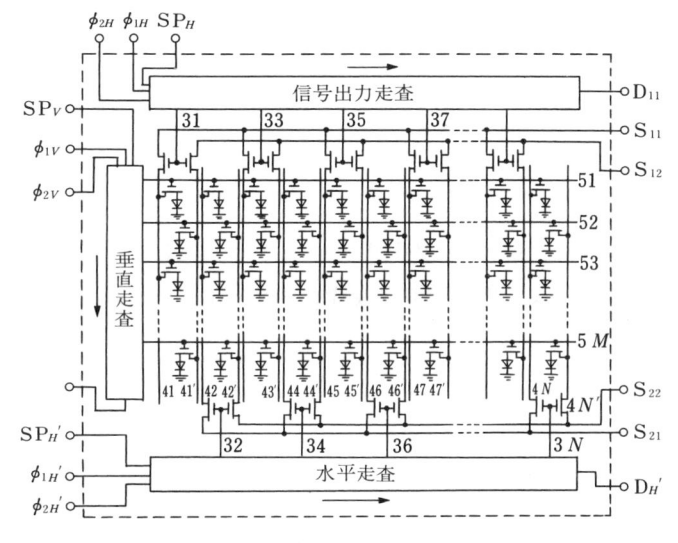

図 8.20 二次元 MOS 撮像デバイス

元光ダイオードアレーは，アレーと直角の方向に走査されるファクシミリなどの画像の検出に用いられる．

8.7 太 陽 電 池

太陽電池は，受光面積の大きな pn 接合の受光ダイオードで，シリコンを用いた一例を**図 8.21** に示す．起電力 V の大きさは，材料のエネルギー幅となる．材料は，シリコン結晶や多結晶・微結晶，アモルファスシリコン，化合物系では InGaAs，GaAs，Cu，In，Ga，Al，Se，S などから成るカルコパイライト系薄膜，Cu_2ZnSnS_4（CZTS）GaTe 系，CdTe-CdS 系，そして有機薄膜など，多種多様である．

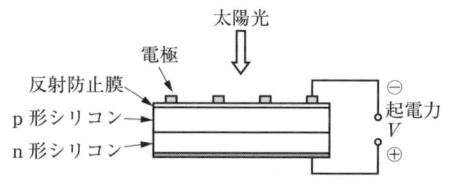

図 8.21 シリコン太陽電池

太陽電池としてのセル効率は，シリコン系で $10 \sim 19\%$ といわれている．太陽電池は太陽光発電の核となるデバイスとして多用されている．

8.8 表示デバイス

(a) はじめに　表示デバイスは用途に応じて多様であり，ブラウン管（陰極線管）が，テレビジョンをはじめとして用いられた[†]．その後，消費電力の少ない液晶表示デバイス[†2]やプラズマ表示[†3]が広く用いられ，有機エレクトロルミネセンス（EL）表示や電子放射ディスプレイが平面ディスプレイ（表示）として開拓されている．輝度の高い発光ダイオード（電圧 3 V，電流 mA 程度），LED アレー，エレクトロルミネセンスパネルなどが，単純化された数字などのパターンの表示に用いられる．効率の高い InGaN LED は照明用や表示用に用いられている．

(b) ブラウン管（CRT）　真空管式のブラウン管は陰極線管（CRT[†4]）ともいわれ，テレビジョン（TV）や波形の計測用などに用いられる．**図8.22**(a) に磁界偏向型ブラウン管の構造と動作原理を示す．陰極から出た電子を電子銃で細い電子ビームに収束し，高電圧で加速して，偏向信号電流が流れるコイルの偏向ヨークにより作られる磁界により偏向されて蛍光面に当たり，パターンを表示する．蛍光面の上には Al の薄膜を塗布してメタルバックとし，表面にたまる電荷を陽極端子に流して電位降下を避け，発光輝度を上げる．陽極端子には 1 万ボルト程度の高電圧を印加する．

ビデオ信号などの比較的低速の信号に対しては，このように偏向角が大きな磁界偏向型の CRT が用いられ，管長を短くしてある．これに対して，高速の波形観測用には，磁界偏向では対応できないので，偏向角は大きくできないが高速応答のできる電界偏向型が用いられる．そのために管長が長くなる．

カラーブラウン管は，図 8.22 のように三つの異なる電子銃から出た電子ビームを，穴の開いたシャドーマスクを通して，赤，青，黄の三つのドット状の

[†]　高柳健次郎 (1926)
[†2]　G.H.Heilmeier (1964)
[†3]　H.G.Slottow, D.L.Bitzer (1966)
[†4]　cathode ray tube

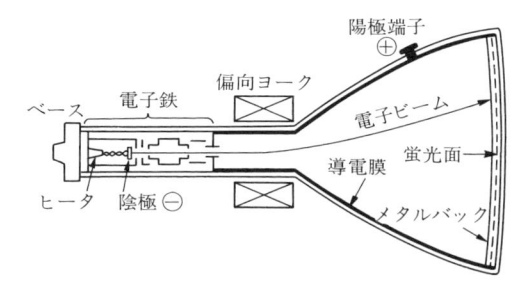

(a) 磁界偏向型ブラウン管の構造と動作原理

(b) シャドーマスク型ブラウン管   (c) トリニトロン型ブラウン管

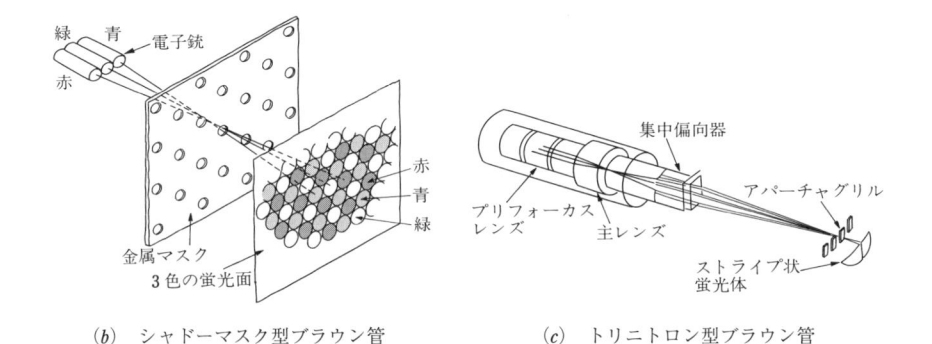

図 8.22 表示用ブラウン管の構造

蛍光体に当てて3色をそれぞれ発色させるシャドーマスク型（図(b)）と，スリット状のマスクを通して帯状の3色の蛍光体に当てるトリニトロン型（図(c)）とがある．

ブラウン管の解像度は種類によって異なる．普通は全画面で500本程度であるが，高分解のブラウン管では1 200本にも達する．参考のために，普通の印刷では，普通が1 000本で，良質なもので2 000〜4 000本に達する．

(c) **液晶表示**（液晶ディスプレイ：LCD；liquid crystal display）　TV用パネルディスプレイやPCを始め，携帯電話や計測機器の電子表示などに，液晶表示が広く用いられている。ネマチック液晶などの液体状の結晶を液晶という．このような液晶に電界を加えると，**図 8.23** のように液晶の配向方向が変えられる．すると，液晶の配向方向に応じてそこを通過する光の偏光方向が変わる．そこで，偏光子を用いて一方向のみに偏光した光を信号電圧を加えた液

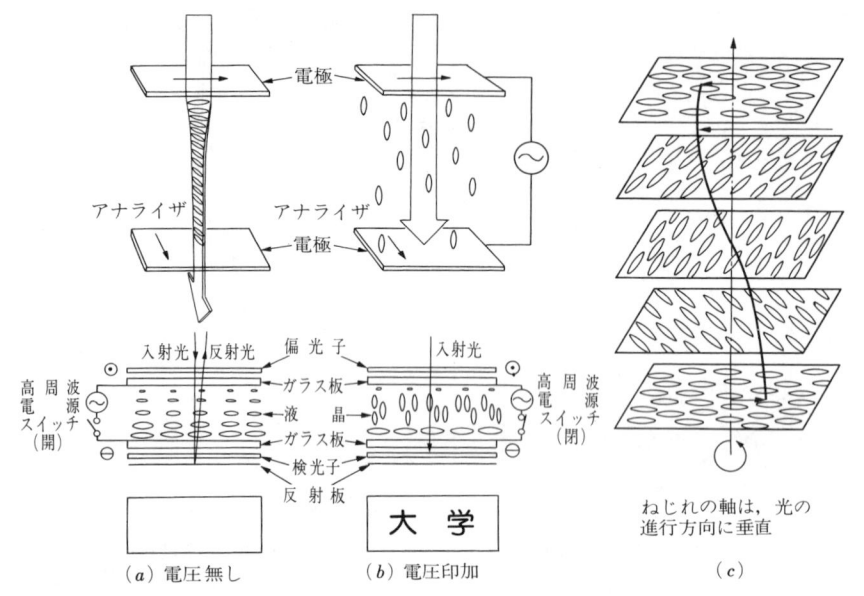

図 8.23 反射型ねじれネマチック方式の液晶表示の構造と動作原理

晶領域を通して光の偏向方向を変え，次に検光子を通すと光強度が変えられる．図は，反射型の液晶表示の例を示している．

図 8.24 は，透過型の液晶表示の原理を示している．発光体から出た光，すなわちバックライトは，導光板で導かれる間に均一に散乱されて導光板が均一に光る．この散乱光のうち，偏光子(ポーラライザ)によって一方向に (筋の方向) に偏光された光の成分のみが通過して液晶に導かれる．液晶は間隔の狭い (数ミクロン程度) 2 枚の透明電極で挟まれており，電圧をかけると液晶の配向方向が変わり，光の偏向方向が変えられる．検光子 (アナライザ) は偏光子と偏向方向が直交している．液晶に電圧を加えないと，検光子と通

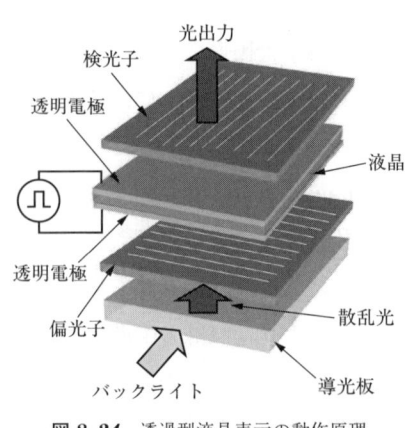

図 8.24 透過型液晶表示の動作原理

過光の方向が直交しているので光は透過しない．しかし，電圧が加えられると光の偏光方向が変わるので，印加電圧によって光は検光子を通過する．

　液晶を挟む透明電極は二次元のモザイク状になっており，各モザイクには画像に応じた電圧が加えられ，光出力はそれに応じて画像を表示する．応答速度はミリ秒程度である．色を変えるには，赤（R），緑（G），青（B），すなわち3原色のRGBのモザイク状のフィルタを挿入し，おのおのの3原色モザイクを組み合わせて欲しい色画素を合成する．

　透過型液晶表示は，TVやPCなどの明るい表示に用いられる．また，腕時計などでは省エネルギーのために反射型液晶が用いられる．

（d）　**プラズマ表示**（**PDP：plasma display panel**）　　画像のモザイクを放電によって表示するのがプラズマディスプレイである．**図8.25**はプラズマ表示（ディスプレイ）パネルの各モザイクの構造を示している．明るくて高速応答するのが特徴である．印加電圧は交流で動作する．

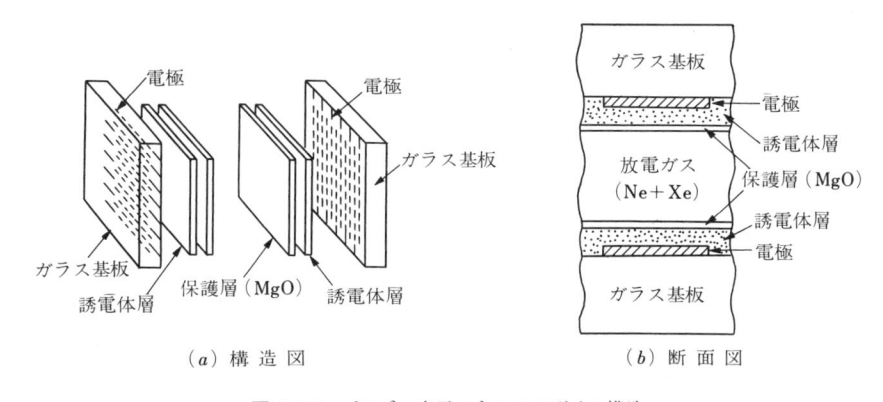

図8.25　プラズマ表示パネルのモザイク構造

（e）　**発光ダイオード表示**（**LED-D**）　　発光源に，二次元的に配置した多数の発光ダイオードを用いるのが発光ダイオード表示である．明るいので太陽光の下での屋外の表示にも用いられる．

（f）　**EL表示**　　半導体，特に蛍光体に電界を印加したときに発光する現象をエレクトロルミネセンス（EL）といい，ZnS中にMnなどを添加させて，

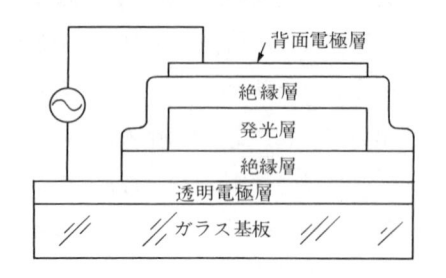

図 8.26 EL 表示

図 **8.26** のように交流電圧（直流の場合もある）を印加すると発光する．

（**g**）　**有機 EL 表示**　　電界発光する有機物質を用いる画像表示が有機 EL 表示（organic electro-luminescence display）で，ジアミン，アントラセン，金属錯体などが用いられる．有機 EL 表示は大画面が容易に得られるので，平面表示用や，曲げられる柔らかい表示装置，そして照明用などに開発されている．

（**h**）　**電子放射表示（FED）**　　微小な突起物の二次元モザイクに電圧をかけて電子を冷陰極電界放射させ，これを加速して蛍光面に当てて蛍光を発生させ，画像表示として用いるのが電子放射表示である．FED は明るい表示という特徴がある．

（**i**）　**投影装置（プロジェクタ）**　　スクリーンに画像を投影する場合に投影装置（プロジェクタ）が用いられる．白色電球を光源とする投影機では，白色光をフィルタで赤，緑，青色（RGB）に分光し，おのおのの色を液晶の二次元スイッチや微小反射鏡の二次元アレーなどで強さを変調して模様付けをし，拡大表示する．

（**j**）　**レーザ表示**　　赤，緑，青色光を出す 3 種のレーザ光を偏向・変調して表示面の後方から投影し，良質な色調の画像を表示する．投影型の表示装置は，色表現が豊かな大型表示装置として用いられている．4 種の異なる色光を用いる質の高い表示もある．

（**k**）　**バーチャルディスプレー**　　眼鏡の表面に加工をして，スクリーン面上への実像表示なしに，眼鏡からじかに像情報を網膜に与える結像操作を行う表示方法を，バーチャルディスプレーという．究極的な表示装置である．

(*l*) **照明用発光ダイオード**　　InGaN/InN などの図 *6.4* に示す発光ダイオードは電力効率が高く，蛍光灯のそれを上回るものがあり，また寿命も長い．照明用の発光ダイオードは，電球が果たしてきた家庭の照明分野に広く使われている．発光ダイオードでは，発光ダイオードの背面に向かう光が，背面に設けられた反射鏡やフォトニック結晶などの反射体で反射されて活性層で再吸収させることで，発光面からの光出射効率を高めている．発光効率は蛍光灯のそれに匹敵する．

有機 EL 表示も，大面積発光の利点を生かして照明に使われている．

演習問題

8.1　接合容量が 0.1 pF の pin フォトダイオードで 100 MHz で変調された光を受光する場合に，負荷抵抗 R は最大何 Ω まで大きくできるか．

8.2　1 Mbit/s の PCM 信号を検出するのに最低の光信号（波長 1 μm）が -75 dBm 必要であるとすれば，1 個のパルス当り何個の光子が必要か．

8.3　APD の電流増倍率が制限されるのはなぜか．

8.4　通信用の光検出器と撮像デバイスが機能上で本質的に違うのはどこか．

8.5　撮像デバイスを機能させるのに必要な三つの主要機能について述べよ．

9. 光線路と光コンポーネント

> 「故きを温ねて新しきを知る.」
> （論語：諸橋訳）

9.1 光ファイバ

(a) はじめに 光ファイバは1930年に細い溶融石英単体の線，芯（コア）のみでできたファイバとして現れたが，1955年にはこれを改良して，今日用いられている型の屈折率が大きな芯を屈折率の小さなクラッドで包んだファイバが出現した．

しかし，当時のガラスファイバの損失は数千 dB/km 程度で大変に大きく，特殊な用途を除いては実用性が阻まれていた．1966年になり，不純物を除去すれば低損失になる可能性が C.Kao（高[†]）によって示され，1970年になって石英管の内壁に中心部を蒸着させる CVD[†2]（化学蒸気堆積）の方法が開発された．これにより短波長帯において損失が 20 dB/km で当時の光ファイバの損失の十分の一ほどに低損失化され[†3]，そして1974年に MCVD 法[†4]が，1977年に VAD 法（vertual axis doposition）[†5]が開発され，これがその後の極低損失光ファイバ発展の契機になった．

その間に，誘電体導波の解析に始まって，ビーム導波路の一連の解析や多モード光ファイバの等速性の解析，集束光ファイバの開発などがなされた．そして，1976年には $1.3\,\mu m$ の長波長帯において $0.47\,dB/km$ の画期的に低損失な

[†] K. C. Kao and G. A. Hockham (1966)
[†2] chemical vapor deposition
[†3] F. P. Kapron, D. B. Keck and R. D. Maurer (1970)
[†4] J. B. Machesney and P. B. O'Cornner, et al. (1972)
[†5] T. Izawa, S. Kobayashi, S. Sudo and F. Hanawa (1977)

光ファイバが，また，1979年には1.55 μmで0.2 dB/kmの極低損失光ファイバが開発された．現在では最低損失は1.3 μmで0.27 dB/km，1.55 μmで0.16 dB/kmと報告されている．このようにして，光ファイバは通信や光エレクトロニクスにおける重要な伝送線路として多用されるに至った．光ファイバには，溶融石英のシリカを材料とする低損失光ファイバ，プラスチック光ファイバ，あるいは遠赤外用のふっ化ガラスやカルコゲナイドガラスなどがある．

(*b*) **群速度とその分散**

(*1*) **位相速度**　　進行方向に伝搬定数βで進む光波の電界は

$$E = A \exp\{j(\omega t - \beta z)\} \tag{9.1}$$

となる．この光波の位相が伝搬する速さ，位相速度v_pは，**図9.1**(*a*)のように，時刻がt_1よりt_2に進んだときに，位置がz_1よりz_2に進行したとして，このときに波の位相が変化しないという条件から求められる（演習問題9.5参照）．すなわち次式で与えられる．

$$v_p = \frac{\omega}{\beta} \tag{9.2}$$

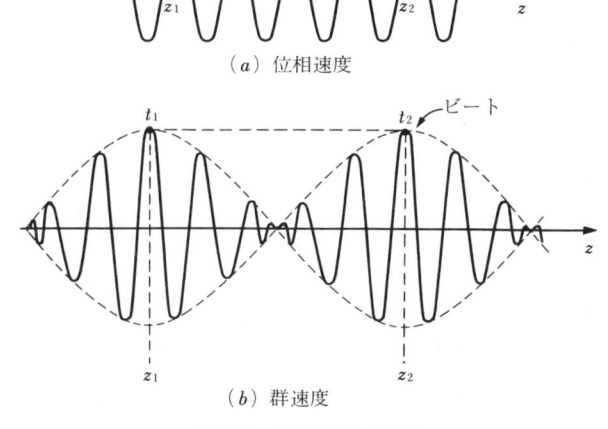

(*a*) 位相速度

(*b*) 群速度

図9.1　位相速度と群速度

(2) 群速度　次にエネルギーの伝わる速さ，群速度 v_g は光波に乗せられた信号を運ぶエネルギーの伝搬速度であり，伝送路の伝送特性を求めるのに用いられる．ここで，簡単のために ω_1 と ω_2 のビートが伝わる様子について考えよう．この場合は，図 9.1(b) で表されるように二つの周波数が異なる波のビートとする．この包絡線の振幅が大きくなっているところはその部分のエネルギーも大きい．したがって，包絡線の進行はエネルギーの伝搬を表す．この包絡線が進行する速度は（演習問題 9.6 参照）

$$v_g = \frac{1}{\dfrac{d\beta}{d\omega}} \qquad (9.3)$$

となる．この群速度 v_g は光速より大きくなることはない．群速度の大きさは，一般には位相速度の大きさとは異なる．しかし，真空中では群速度と位相速度は一致する．

このように，波の伝搬は位相とエネルギーの二つの形態で表される．

(c) 群速度と群遅延時間の分散　群速度も位相速度も伝搬モードの差によって異なる．光波に光源のスペクトルの広がり $\Delta\lambda$ や，信号の側波帯によるスペクトル幅があったり（式 (6.60)），伝搬モードが異なると群速度に広がりや差ができる．これを群速度の分散という．光波のスペクトルの広がりによるものを色分散，またはクロマチック分散という．モードの差による広がりをモード分散という．これらの分散により，光が距離 L を伝わる時間に広がり，または差ができる．これを群遅延時間の分散ともいう．

光波のスペクトル広がり $\Delta\lambda$ によって，群速度が広がる大きさは

$$\delta v_g = \left(\frac{dv_g}{d\lambda}\right)\Delta\lambda$$

となる．

光ファイバ通信では，群速度 v_g の波長分散は，光ファイバのコアの等価屈折率が波長により異なるために発生する．すなわち，一つはコアの屈折率 n_1 自

身の屈折率分散, あるいは材料分散と呼ばれる $d^2n_1/d\lambda^2$ (演習問題 **9.7** 参照) による. 二つ目は, コアの構造パラメータが波長によって異なる構造分散 $d^2(Vh)/dV^2$ による. ここに規格化周波数 V は式 (**5.15**) で与えられる構造パラメータで, b は光ファイバの半径 a のコアが一様な場合には $h=1-a^2(k^2-\beta^2)/V^2$ となる (文献(68)). なおこの b を用いて, Δ を比屈折率差として, 色分散 τ_c は次式で与えられる.

$$\tau_c \simeq \left(\frac{L}{v_g^2}\right)\delta v_g = AL\left(\frac{\Delta\lambda}{\lambda}\right) \qquad (9.4)$$
$$A = -\left(\frac{\lambda^2}{c}\right)\frac{d^2n_1}{d\lambda^2} + \frac{n_1^2\Delta}{c}\frac{Vd^2(Vh)}{dV^2}$$

一方, モード分散 τ_m は次式となる.

$$\tau_m = \frac{L}{v_g(\text{モード } m)} - \frac{L}{v_g(\text{モード } o)} \qquad (9.5)$$

単色性分散とモード分散が混在する場合の群遅延時間の分散 τ は, 上記両者の2乗平均となり, 次式で表される.

$$\tau = \sqrt{\tau_c^2 + \tau_m^2} \qquad (9.6)$$

この関係を用いると, 長さ L の光ファイバの伝送帯域幅 B は, 次式で与えられる.

$$B = \left|\frac{1}{\tau}\right| \qquad (9.7)$$

(**d**)　**光ファイバの特性**

(**1**)　**光ファイバの種類**　　光ファイバは**図 9.2** に示すように, コアの直径 $2a$ の大きな多モードファイバ (MM ファイバ) と, $2a$ の小さな単一モードファイバ (SM ファイバ, モノモードファイバともいう) とがある.

多モードファイバは, さらにコアの屈折率が一様な階段屈折率型ファイバ(ス

テップインデックス（SI）ファイバ）と，屈折率が中心より半径の2乗で減少して分布する分布屈折率型（GI）ファイバとがある．

単一モードファイバは，伝搬モードが一つで，第5章の式 (5.20) で述べたように，動作波長 λ，コアの屈折率 n_1 と比屈折率差 Δ が与えられると，次の単一モード条件を満足する小さな半径 a をもつ構造になっている．

$$\frac{2\pi\sqrt{2\Delta}n_1 a}{\lambda} \leq 2.4 \quad (9.8)$$

通信用の光ファイバはクラッドの直径が125 μm で，コア直径は MM 型で 50 μm（$\Delta=1\%$）程度であり，SM 型では 8～9 μm（波長 1.3 μm 用の場合，$\Delta=0.3\%$）程度である．

シリカを材料とする単一モードファイバの損失，屈折率の波長分散による色分散と波長の関係を図9.3に示す．

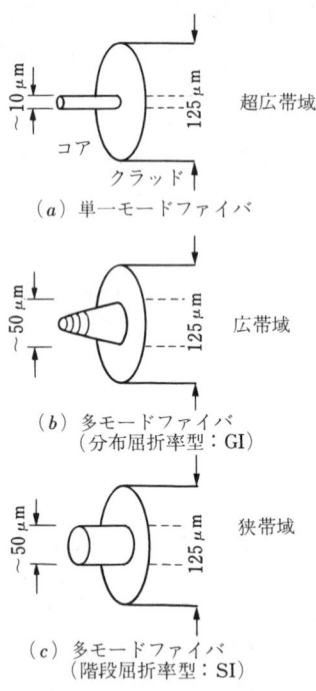

図 9.2 代表的な光ファイバ

(a) 単一モードファイバ
(b) 多モードファイバ（分布屈折率型：GI）
(c) 多モードファイバ（階段屈折率型：SI）

(2) 光ファイバの伝送帯域幅　多モードファイバのうち，SI 型光ファイバの伝送帯域幅 B は，式 (9.6) で述べた群遅延時間の分散のうちでモード分散 τ_m が主な制限要因となる．したがって，B は τ_m の逆数になる．伝送帯域幅 B は比屈折率差 Δ に反比例し，長さ L につき式 (9.7)，(5.17) より

$$B = \frac{1}{\Delta n_1 L} \quad (9.9)$$

である．

屈折率分布に著しく依存する GI 型光ファイバでは，理想的な場合には，コア内の屈折率分布のためにモードの速度差が SI 型に比べて $\Delta/2$ 程度減少する．このため，GI 型の伝送帯域幅は SI 型に比べて次式のように増加する．

$$B \simeq \frac{2}{\Delta^2 n_1 L} \quad (9.10)$$

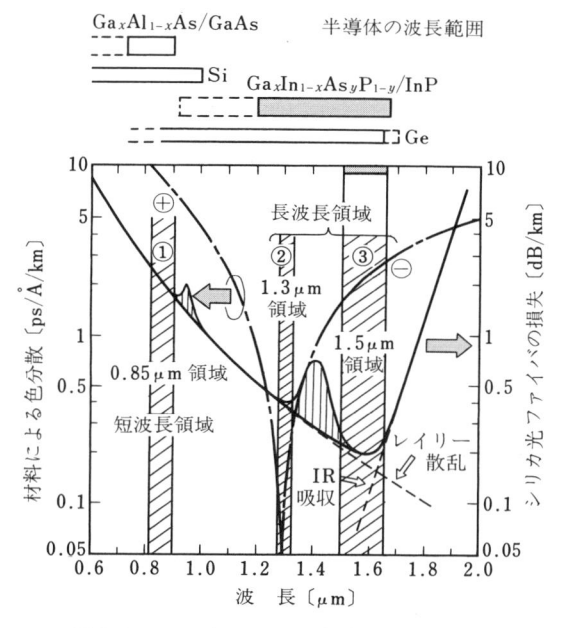

figure 9.3 シリカ光ファイバの損失,色分散と波長

通常の GI 型の光ファイバでは,製作上の制限から屈折率分布が理想的な分布からはずれる.このために,伝送帯域幅は普通,数百 MHz·km 程度である.

また,光源のスペクトル幅がモードの跳びやスペクトルの広がりが支配的な場合には,単一モードファイバの伝送帯域幅 B は,式 (9.7) で与えられるように光源のスペクトル幅で制限される.通常の光ファイバでは材料分散の効果が大きいが,図 9.3 のように波長 1.3 μm 帯では材料分散がなく,光源の波長幅が大きくても伝送帯域を大きくできる.

動的単一モードレーザ (DSM) のように光源のスペクトル幅が狭く,その出力光を外部変調する場合には,変調の側帯波 $2B$ が実質的なスペクトル幅となり,式 (6.60) から

$$\Delta\lambda = \frac{\lambda}{f}\Delta f = \frac{\lambda}{f}2B$$

となる.したがって,式 (9.7),式 (9.4) を用いて,伝送帯域幅 B は次式で与

えられる．

$$B^2 L = \frac{c}{2\lambda A} \qquad (9.11)$$

コアの屈折率分布を三角形などに制御するとコアの構造分散の項が大きくなり，材料分散の項を打ち消して，零分散波長を損失が少ない 1.5 μm 帯へ移すことができる．このような光ファイバを分散シフトファイバといい，長距離回線に用いられる．しかし，分散が零になると，コアの光非線形効果で波長間に結合が起こって雑音が増すので，完全に零にして用いることは少なく，むしろ 1.5 μm 帯の広い波長帯にわたって材料分散を小さく広げる，分散マネージッドファイバなどが使われる．

また，分散による帯域制限の効果は，逆の分散特性をもったファイバや光回路を使って分散補償する．このように分散補償すれば，式 (*9.11*) の制限は少なくなる．そこで，光ファイバの損失で減少した光強度を光増幅で補うことにすれば，式 (*9.11*) 左辺の（帯域）^{2} × 距離積；$B^2 L$ の上限は，実質的に数百倍にも伸長される．

さらに，現実には一つの波長が担える伝送帯域幅 B は，変調器を駆動するトランジスタの周波数上限で制限される．したがって，異なる波長をキャリヤとする波長多重通信（WDM）や高密度波長多重（D-WDM）が用いられる．さらに，位相変調方式などが加わって実質的な伝送帯域が向上している．しかし，分散シフトファイバなどでは付加的な損失増加の代償を払っている．そのために変調方式の改良（OFDM：orthogonal frequency division multiplexing）によって，通常のクラッド形単一モードファイバを用いる工夫もなされている．

このように，光ファイバの伝送帯域幅は種類によって異なり，SI，GI および SM ファイバの順に，ほぼ 100 倍程度ずつ順次増加する．

普通の光ファイバを伝わるレーザ光の偏波方向は，伝搬につれて急速に変化する．これを防ぐために偏波方向が変わらない単一偏波ファイバ（偏波保存ファイバともいう）もあり，受信回路や計測などの特殊な用途に用いられる．

シリカなどの酸化ガラスを用いた可視光から近赤外用の光ファイバ以外に

も，ふっ化ガラスや硫化ガラス，あるいは KRS-5 などの遠赤外用窓材でできた遠赤外用ファイバもある．また，径が大きくでき，取り扱いやすいプラスチック光ファイバもある．**図 9.4** に有機材料 PMMA を主な材料にして作られた，プラスチック光ファイバの損失の波長特性を示す（低損失波長帯は 0.57 μm 程度）．

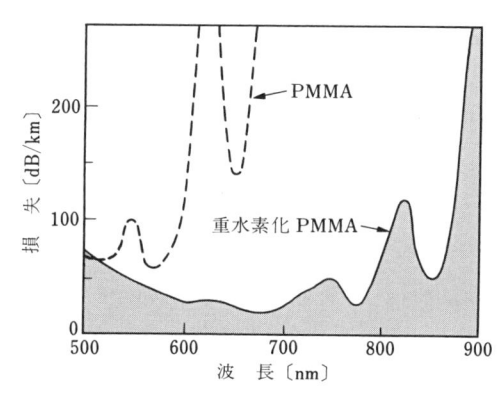

図 9.4 PMMA を主な材料にして作られたプラスチック光ファイバの損失の波長特性（茨城 NTT 電気通信研究所による）

（e） **分布屈折率レンズ** 第 5 章で述べたレンズ状媒質は，ガラスロッドの外側からイオン交換により重いイオンを熱拡散で抜き出し，これに代わって軽いイオンを拡散させて作られる．屈折率が 2 乗分布の口径の大きい光ファイバを軸方向に短く切ってレンズとして使用するものを分布屈折率レンズといい，両端面が平面であるにもかかわらず短焦点のレンズとなる．

図 9.5 は分布屈折率レンズ中の光線の軌跡を示す．光線は軸を中心にして正弦波状の軌跡を描く．太い光ビームは中心に焦点を結ぶ．

（f） **誘電体と屈折率**
各種の誘電体の屈折率が**表 9.1** にまとめられている．ガラスの屈折率は一般に重い

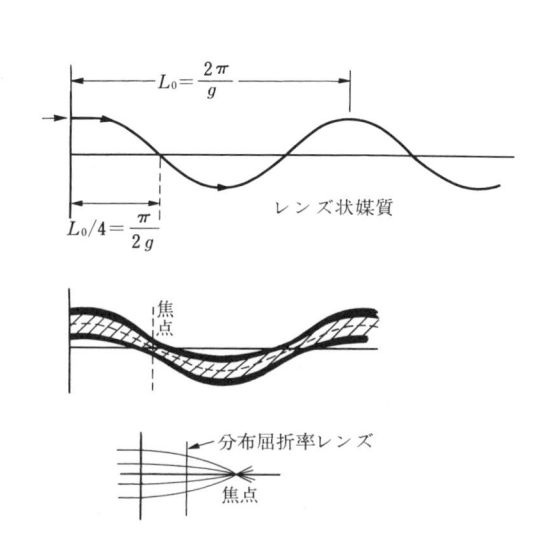

$L_0 = \dfrac{2\pi}{g}$

$L_0/4 = \dfrac{\pi}{2g}$

図 9.5 分布屈折率レンズ中の光線の軌跡

表 9.1 各種の誘電体の屈折率

基板		導波路		製作法
材料	屈折率	材料	屈折率	
SiO$_2$	1.46	7059 ガラス As$_2$S$_3$ silicon oxynitride	1.53～1.62 2.45 1.46～2.0	スパッタリング 真空蒸着法 CVD
7059 ガラス	1.53～1.62	BaO-rich 7059 ガラス Nb$_2$O$_5$	* 2.1～2.3	スパッタリング スパッタリング
7440 ガラス		7059 ガラス	1.53～1.62	スパッタリング
パイレックスガラス	1.47	7059 ガラス	1.53～1.62	スパッタリング
スライドガラス	1.51～1.52	VTMS ZnS イオン交換ガラス ポリスチレン 7059 ガラス Ta$_2$O$_5$	1.53 2.3 ** 1.59 1.53～1.62 2.2	プラズマ付着 真空蒸着法 イオン交換法 ディップコート スパッタリング スパッタリング
LiNbO$_3$	n_e=2.220 n_0=2.286	Ti, H$^+$ 拡散	**	イオン交換法
鉄ガーネット結晶	1.8～2.3	YIG GGG	2.3 1.9	LPE LPE

* BaO 量に依存
** ドーパント濃度に依存

イオンが含まれるとその分だけ大きくなる．

9.2 光ファイバと光デバイスの結合

　レーザダイオード（LD）や発光ダイオード（LED）などの光源と光ファイバとは，光の損失が少ないように接続される．

　レーザの発光部は，普通のストライプ構造の場合，およそ 0.3 μm×2 μm 程度でほぼ点光源になる．特にヘテロ構造の膜厚方向は波長に比べて小さな部分で発光するため，光の指向性は式（5.47）からもわかるように数十度以上にも広がる．一方，それと直交したストライプ方向では，幅が 2 μm 程度あるため，広がり角は 20 度前後となる．したがって，このような光源を光ファイバに結合するには，短焦点のレンズで集光する．

9.2 光ファイバと光デバイスの結合

図 **9.6** には, LD と光ファイバとの結合方法の二, 三の例を示す. 図 (*a*) は分布屈折率レンズで収束するもので, 結合度は数十 %, 膜厚方向のみを収束する二次元平板状の分布屈折率レンズも用いられている. 図 (*b*) は球レンズ (直径 300 μm 程度) により収束する方法である. 図 (*c*) はファイバ端面を球状に加工しレンズ作用をもたせたものである.

なお, 屈折率が n で直径が d の球レンズの先端からの焦点の位置 l は

$$l = d\frac{n}{2(n-1)} \qquad (9.12)$$

となる.

レーザに出力導波路を付けて, テーパによってスポットサイズを拡大して光ファイバとの接続を容易にするものもある.

図 **9.7** は LED と光ファイバとの結合の様子を表す. 第 **6** 章に述べたように, この場合の結合効率 (結合係数) は, ファイバの比屈折率差 Δ に比例し

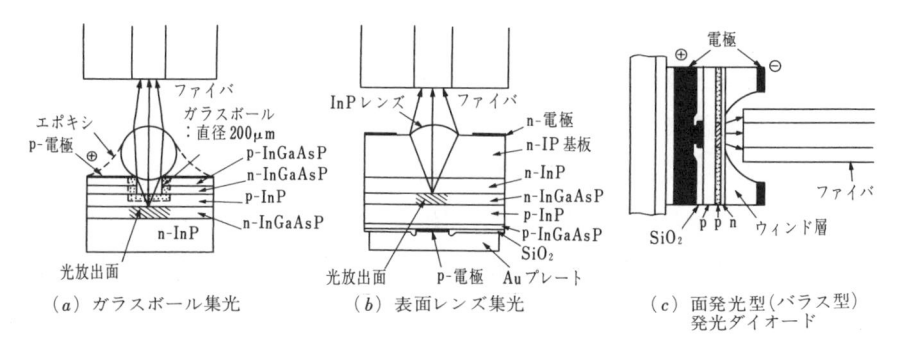

(a) 分布屈折率ファイバレンズを用いる結合

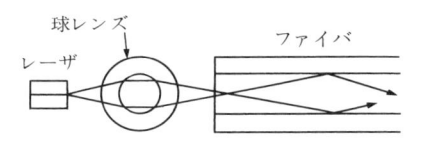

(b) 球レンズを用いる結合

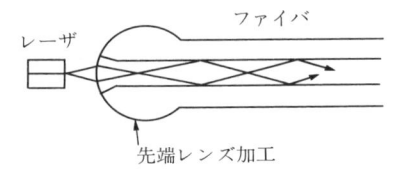

(c) ファイバ端をレンズに加工する方式

図 **9.6** LD と光ファイバとの結合

(a) ガラスボール集光

(b) 表面レンズ集光

(c) 面発光型 (バラス型) 発光ダイオード

図 **9.7** LED と光ファイバとの結合

(式 6.2)

$$\eta_c \simeq n^2 \Delta \tag{9.13}$$

となり，数%以下である．

9.3 光回路素子

(a) 光分岐・結合器 光を二つの方向に分ける光部品を光分岐という．これには，図 9.8(a) に示す方向性結合器の原理を用いる．ハーフミラーによってファイバ①から入射した光はファイバ②と③に分けられる．一方，②からきた光は①と④に分岐される．

また，図 (b) は N 本のファイバからの光を，N' 本のファイバに等分に結合し配分させる光スターカプラを示す．

(a) 方向性結合器　　　　(b) 光スターカプラ

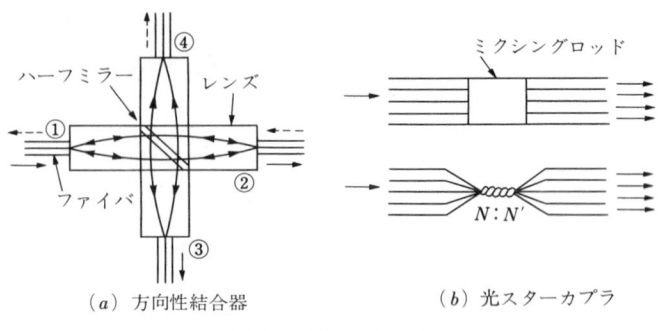

図 9.8 光　分　岐

(b) 光分波・合波器 干渉膜フィルタやグレーティング（回折格子）あるいはアレー導波路（AWG：arrey wave guide）を組み合わせて，波長によって光を分け，それぞれが異なる出口から出射させるものを光分波器という．この光分波器で，光の方向を逆にすれば，電磁波の可逆の原理によって，多くの入口から入るそれぞれ異なる波長の光を一つにまとめる合波器として機能する．

異なった多数の波長を用いる波長多重伝送方式では，別々の光源から来る波

長の異なった光を1本のファイバに導入するために,合波器や,波長の異なる光波を分離する目的で光分波器が用いられる.

図9.9には2種類の光分波器の構成例を示す.図(a)は,$\lambda/(4n)$の異なる薄膜多重層を用いた干渉膜フィルタを利用する方式で,誘電体多層膜コーティングによる波長選択性の反射膜を用いて分岐する.図(b)は回折格子を用いるもので,回折格子の反射角が波長に依存する波長分散性を利用する.**図9.10**はシリカ板を用いたAWGによる分波の例を示す.半導体レーザの波長が温度により変化しても透過率が変化しないように通過域が平らな特性をもち,他の波長とは分離される.通過波長を安定化させるには回路の温度制御が行われている.

(**c**) **光スイッチ** 複数個のレーザからの光を切り換えて1本のファイバ

(a) 干渉膜フィルタを用いる光分波器の構成例

(b) 回折格子を用いる光分波器の構成例

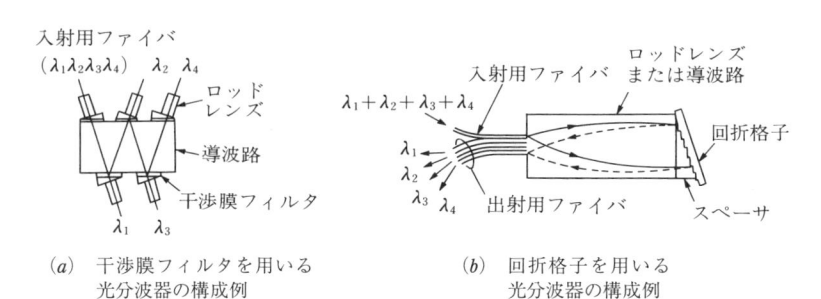

図9.9 光 分 波 器

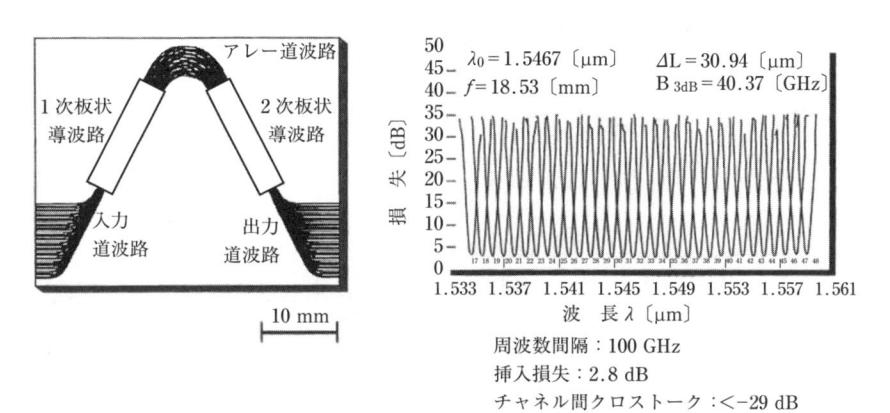

周波数間隔:100 GHz
挿入損失:2.8 dB
チャネル間クロストーク:<-29 dB

図9.10 64チャネル光分波器の分波特性(高橋らによる(NTT提供))

に通したり，多数のファイバを互いに切り換えたりする目的で光スイッチが用いられる．**図 9.11** は可動ファイバによる機械的な光スイッチの例を示す．動作時間は数 ms である．可動プリズムによる方式もある．また，光導波路型のスイッチは，後述の変調器と同じ原理で電気的に高速で動作する．

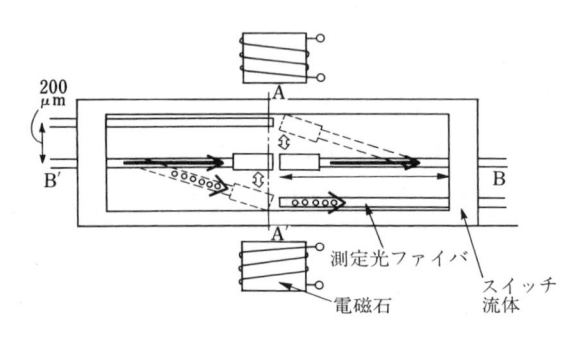

図 9.11 光スイッチの例

(**d**) **光アイソレータ** **図 9.12** のように，YIG（イットリウム・アイアン・ガーネット）（長波長帯）や重フリントガラス（短波長帯）などの磁気光学

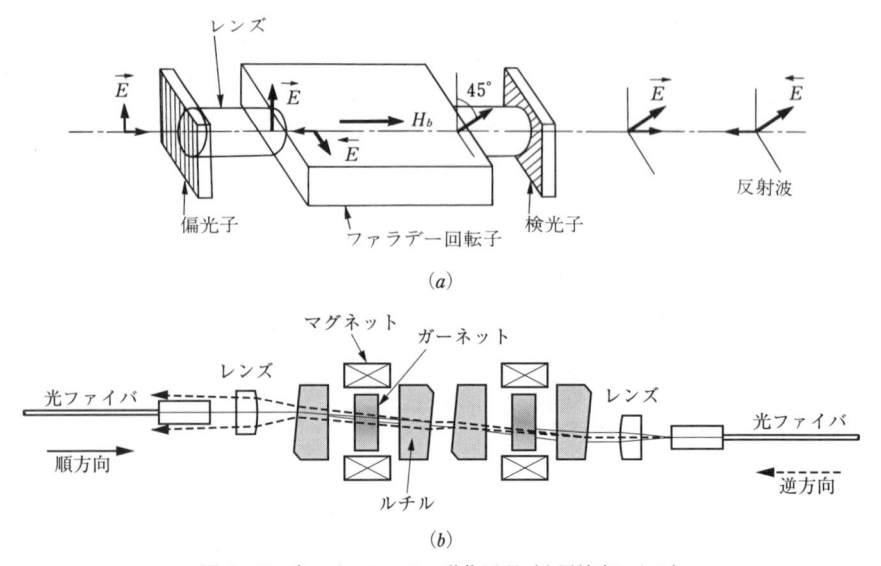

図 9.12 光アイソレータの動作原理（土屋治彦による）

9.3 光回路素子

結晶に直流磁界を加え，偏光プリズムと組み合わせた，一方向にのみ伝搬する特性をもつ光アイソレータが用いられている．

磁束密度 B [T] が進行方向に加えられた長さ l [mm] の磁気光学材料では，ファラデー効果により光波の偏波面が α 度だけ回転する．

$$\alpha = V_B l B \tag{9.14}$$

ここに，V_B はヴェルデ定数で，可視光用の重フリントガラスでは 1.8°/mmT，長波長用の YIG では 200°/mmT で，Bi を混入した YIG ではさらに大きくて 3 000°/mmT にも達する．

図 (a) のように，レーザ光の偏波方向と同じ向きの偏光子〔次の (g) で述べる偏光プリズム〕を通った光波の電界は磁気光学材料（ファラデー回転子）中で 45 度回転し，45 度回転して置かれた偏光プリズム（これを検光子と呼ぶ）を通過して外へ出る．しかし，反対方向に進む光波は，さらに 45 度回転して偏光子の方向と直交する偏波になり，偏光子で妨げられて通過できない．このように，光波は一方向にのみ通過する．図 (b) は光ファイバ間に挿入される光アイソレータの例である．

このような一方向性の回路部品はアイソレータと呼ばれ，必ず非可逆な磁気光学効果が用いられる．可逆な電気光学効果では一方向性素子は得られない．すなわち，電気光学材料でも偏波面は 45 度だけ回転させられる．しかし，電気光学効果素子では，反射波の偏波面が入射波のそれと同じ方向に回転するので偏光子を通過して双方向性になり，アイソレータとしては機能しない．

3 端子素子のトランジスタとは異なり，レーザは 2 端子素子である．レーザからの光が反射によって再びレーザに戻されると，発振が不安定になり，雑音の増加を伴うので，このような効果を除去して安定に動作させるのに光アイソレータが用いられる．

アイソレータの性能は，挿入損失と逆方向遮断率などによって評価される．挿入損失を支配する主なものはファラデー回転子の吸収損失である．光アイソレータでは 45 度だけ偏波面を回転するだけの長さがあればよいので，この長

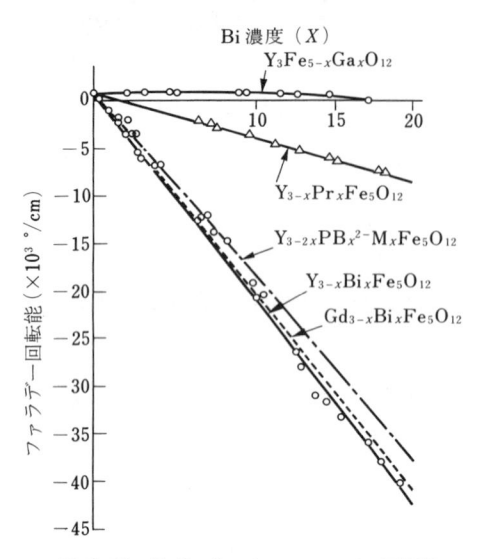

図9.13 鉄ガーネットのファラデー回転能
（奥田，腰塚による）

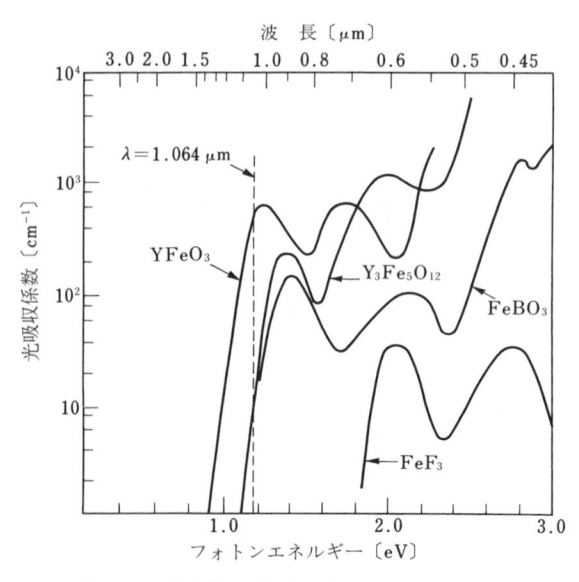

図9.14 代表的な磁気光学結晶の損失の波長特性
（奥田，腰塚による）

さに対する損失が材料のよさを決める指標の一つとなる．**図9.13**に鉄ガーネットのファラデー回転能を示す．また，**図9.14**に希土類ガーネットの損失の波長特性を示す．

光アイソレータでは，波長1.3 μmにおいて挿入損失0.8 dB，逆方向遮断率20 dB以上が得られている．

(e) 偏光子，検光子 偏光子は特定の偏波方向の光のみを通す素子で，有機物や，9.4節に述べる異方性結晶（表9.3）を用いて作られる．検光子は偏光子と同じものであるが，偏光面が回転した光の通過や阻止に用いるときに，この呼び名を意図的に用いる．

(f) $\lambda/4$ 板
異方性結晶を用いて作られ，偏波の方向によって90度光の位相を遅らせる．このため，直線偏光の光は$\lambda/4$板を通すと円偏光になり，円偏波

の光を通すと直線偏光にできる．

（g）偏光プリズム 図9.15のように，9.4節で述べる異方性結晶を斜めに切って張り合わせたプリズムを偏光プリズムという．偏波面の方向によって屈折率が異なり，斜めの面で偏波方向によって全反射が起こったり起こらなかったりするので，偏光の方向によって光の光路が変えられる．

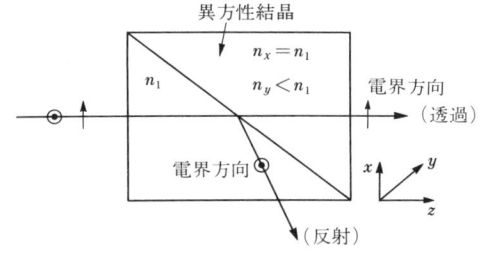

図9.15 偏光プリズム

9.4 光変調器，光スイッチ，光偏向器

遠距離通信では，半導体レーザの直接変調で発生する動的スペクトル広がりをさけるために，外部変調が用いられる．また，高速の直接変調ができない場合や，直接変調が困難なガスレーザや固体レーザなど，あるいは特殊な変調には電気光学効果または音響光学効果などを用いた外部変調の方法が用いられる．

（a）電気光学結晶 電気光学効果を示す結晶に電界を印加すると，結晶内の分子が偏移し屈折率が変化する．この変化には方向性があり，異方性となる．結晶には光学軸があり，この軸と垂直な方向に二軸をとり，これらを主軸とする．このとき，結晶の誘電率は次のような誘電率テンソルで表される．

$$\varepsilon = \begin{bmatrix} \varepsilon_{xx} & 0 & 0 \\ 0 & \varepsilon_{yy} & 0 \\ 0 & 0 & \varepsilon_{zz} \end{bmatrix} \quad (9.15)$$

対角要素がすべて等しい材料を等方性の材料といい，半導体などの普通の材料はこれに相当する．対角要素のうち，二つの要素が異なる材料を一軸性結晶，三つすべて異なるものを二軸性結晶という．ここで，軸のいずれかの方向に印加電界 E_k を加えると，誘電率テンソルは次式のように $\delta\varepsilon$ だけ変化する．

$$\delta\varepsilon = \begin{bmatrix} \delta\varepsilon_{xx} & \delta\varepsilon_{xy} & \delta\varepsilon_{xz} \\ \delta\varepsilon_{yx} & \delta\varepsilon_{yy} & \delta\varepsilon_{yz} \\ \delta\varepsilon_{zx} & \delta\varepsilon_{zy} & \delta\varepsilon_{zz} \end{bmatrix} \tag{9.16}$$

損失がないと，$\delta\varepsilon_{ij}$は実数で，非対角要素は対角軸を中心にして対称になり，$\delta\varepsilon_{ij}=\delta\varepsilon_{ji}$となる．

結晶の屈折率変化は，印加電界の1次に比例するPockels効果と，2次に比例するKerr効果などがある．ここでは，光変調に用いられる1次の電気光学効果のみをとり上げるので

$$\delta\varepsilon_{ij} = \varepsilon_{ii}\sum_k \gamma_{ijk}E_k \tag{9.17}$$

ここに，$\gamma_{ijk}=\gamma_{iij}$ $(j=k)$は，j方向に印加した電界E_jにより，i方向の誘電率が変化する大きさを表し，1次電気光学係数という．その表し方はサブスクリプト（サフィックス）が3個あって，そのうちのいくつかは対称性から等しくなるので，次の略号を用いる．

$$\begin{aligned} m &= xx = 1, & m &= yy = 2, \\ m &= zz = 3, & m &= yz = zy = 4, \\ m &= xz = zx = 5, & m &= xy = yx = 6 \end{aligned} \tag{9.18}$$

この記号を用いると，γ_{iij}はγ_{mj}（jは$x=1$，$y=2$，$z=3$）で表され，これをPockels定数という．このPockels定数を用いて屈折率変化δn_{ij}を表せば

$$\delta n_{ij} = \frac{n_{jj}}{2}\sum_j \gamma_{mj}E_j \tag{9.19}$$

となる．ここに，δn_{ij}はj方向に印加した電界E_jによりi方向に偏波した光波に対する屈折率変化を表す．図**9.16**は，δn_{xy}を例にして光の電界の方向と印加電界の方向を表す．表**9.2**に各種の材料のPockels定数γ_{mj}を表す．また，参考までに表**9.3**に複屈折を示す一軸性結晶と二軸性結晶の例を示す．

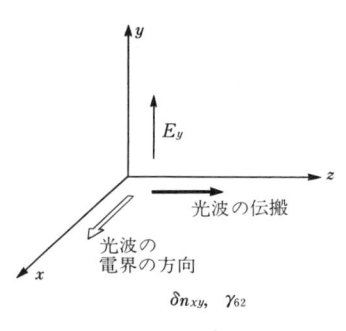

図 **9.16** Pockels効果

表 9.2 Pockels 定数

	n_e	n_0	1次電気工学係数 γ_{mj} $[\times 10^{-12}\text{m/V}]$	波長 $[\mu\text{m}]$	対称性
KH_2PO_4 (KDP)	1.47	1.51	$\gamma_{41}(T)=8.6$	0.546	42 m
			$\gamma_{63}(T)=10.5$		
			$\gamma_{63}(S)=-9.7$	0.546	42 m
$\text{NH}_4\text{H}_2\text{PO}_4$ (ADP)	1.48	1.53	$\gamma_{41}(T)=24.5$		
			$\gamma_{63}(T)=-8.5$		
			$\gamma_{63}(S)=5.5$	0.546	43 m
CuCl		2.16	$\gamma_{41}(T)=6.1$	0.546	43 m
ZnSe		2.66	$\gamma_{41}(T)=2.0$	0.546	3 m
LiNbO_3	2.200	2.286	$\gamma_{13}(S)=8.6$		
			$\gamma_{33}(S)=30.8$		
			$\gamma_{31}(S)=\gamma_{42}=28$		
			$\gamma_{22}(S)=3.4$		
			$\gamma_{22}(T)=7$	0.9	43 m
GaAs		3.60		1.25	
		3.42	$\gamma_{41}(T)=0.27\sim 1.2$		
			$(\lambda=1\sim 1.8\,\mu\text{m})$		
Inp		3.32	$\gamma_{41}(T)=1.45$	1.0	43 m
			$(\lambda=1.06)$		

　実際には材料に大きな電界を印加すると絶縁破壊が起こるので，一定の大きさ以上の電界は印加できない．この値は，例えば $10^6\,\text{V/cm}$ 程度である．このために，電気光学効果で変えられる屈折率の最大値は，LiNbO_3 のような誘電体材料で 0.2 % 程度，半導体で 0.03 % 程度である．超格子構造にすると電気光学効果が顕著になり 1 % 程度まで変えられる．第 *3* 章で述べた半導体のキャリヤ注入効果は応答速度がキャリヤの寿命時間で決まるので遅いが，1 % 程度まで変えられる．温度差を与えて屈折率を変えることもある．

（*b*）　**バルク型の光変調器**　　電気光学結晶の一種，一軸性結晶中を通る光波は，偏波面の方向によって屈折率が異なるので，常光線，異常光線に分かれ，それぞれ異なった速度で進む．このとき結晶に電圧を印加すると，これらの二種の光波の位相が変わり，そのときの位相差を利用して強度変調を行う．電気光学効果そのものは極めて速い応答をするが，現実面では電気回路の *CR* 積の制限を受けることが多い．

表9.3 異方性結晶

(a) 一軸性結晶 (20℃)

物質	屈折率 n	
	常光線	異常光線
ウルツ鉱 (ZnS)	2.356	2.378
金紅石 (ルチル, TiO_2)	2.616	2.903
鋼玉 (サファイヤ, Al_2O_3)	1.768	1.760
氷 (0℃)	1.309	1.313
赤鉄鉱 (Fe_2O_3) (670.8 nm)	2.940	3.220
チリ硝石 ($NaNO_3$)	1.5854	1.3369
電気石	1.669	1.638
硫化カドミウム	2.506	2.529
りん酸二水素カリウム (KDP)	1.5095	1.4684
りん酸二水素アンモニウム (ADP)	1.5242	1.4787
KD_2PO_4 (DKDP)	1.51	1.47
KH_4AsO_4 (KDA)	1.57	1.47
PbH_2AsO_4 (RDA)	1.56	1.52
$BaTiO_2$	2.41	2.36
$K_3Li_2Nb_3O_{15}$ (KLN)	2.277	2.163
$Sr_{5.75}Ba_{0.25}Nb_2O_6$ (SBN)	2.3117	2.2987
$Sr_{0.5}Ba_{0.5}Nb_2O_6$ (SBN)	2.3123	2.3144
$KTa_{0.45}Nb_{0.35}O_3$ (KTN)	2.318	2.277

(b) 二軸性結晶 (20℃)

物質	屈折率		
	n_1	n_2	n_3
霰石 ($CaCO_3$)	1.6862	1.6810	1.5309
雲母	1.5993	1.5944	1.5612
輝安鉱 (スチブナイト, Sb_2S_3)	4.460	4.303	3.194
せっこう ($CaSO_4 \cdot 2H_2O$)	1.5298	1.5228	1.5208
硝石 (KNO_3)	1.5064	1.5056	1.3346

　実際の光変調器の原理的な構成は，**図9.17**に示すように，偏光子を通った直線偏波の入射光を，45°軸を傾けた変調用の結晶を通して位相差を作り，楕円偏波にする．そして，直交する偏光面の検光子を通せば，これを通過した光波は強度変化を受け，変調される．

　この方法によって100％変調するのに必要な印加電圧 V_π（半波長電圧）は

$$V_\pi = \frac{\lambda}{n_0^2 \gamma_{33} - n_e^2 \gamma_{13}} \cdot \frac{d}{l} \qquad (9.20)$$

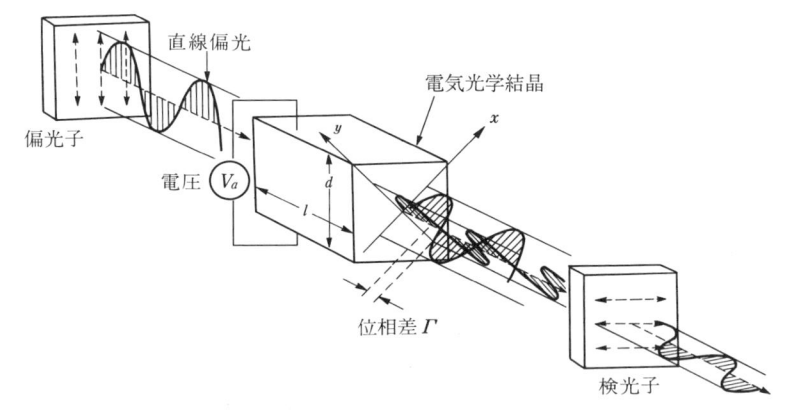

9.4 光変調器，光スイッチ，光偏向器　195

図 9.17 バルク型光変調器の動作原理

で与えられる．ここに，λ は波長，n_o, n_e はそれぞれ偏波面が x, y 軸方向の常光，異常光に対する屈折率，γ_{33}, γ_{13} は結晶の Pockels 定数，d と l は結晶の厚さと長さである．

結晶には $LiNbO_3$, $LiTaO_3$, $Ba_2NaNb_5O_{15}$ あるいは半導体の GaInAsP/InP, GaAlAs/GaAs, Si などが用いられる．

（ c ）**導波路型光変調器**　導波路型の光変調器は，**図 9.18** に示すように，狭い導波路に光が閉じ込められているので，バルク型のように光波が広がる回折現象がなく，狭い間隔の電極間に印加電界を加えるので印加電圧が小さくできる特徴があり，性能の高い高速の変調器として用いられている．

（ 1 ）**方向性結合器型光変調器**　図 9.18 (a) のような方向性結合器型の光変調器では，二つの導波路に電圧を逆向

(a) 方向性結合型

(b) マッハツェンダー型

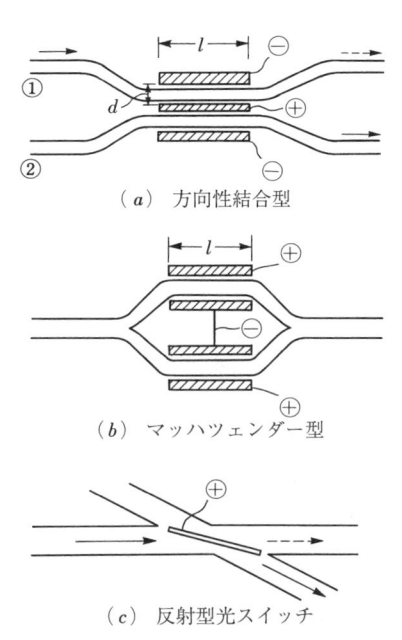

(c) 反射型光スイッチ

図 9.18　導波路型光変調器の動作原理

きに印加して結合度を変えて，① の導波路より ① または ② の導波路に光をスイッチする．適切な長さの方向性結合器は二つの導波路の伝搬定数が一致したときに，① の導波路より ② の導波路に光が結合する．しかし，電圧を加えて両導波路間を伝わる光波の位相差を π にすると，両導波路間の結合がなくなり，光は ① の導波路から出力される．図のように電界を逆向きに印加すると屈折率が変わり，位相差が π になったときに 100 % の強度変調が行われる．このために必要な印加電圧は

$$V_\pi = \frac{\lambda}{2\,n^3 \gamma_{mj}} \frac{d}{l} \tag{9.21}$$

となる．$LiTaO_3$ や $LiNbO_3$ の表面に拡散型の導波路を作ったもの，あるいは，GaInAsP/InP や GaAlAs/GaAs の二重ヘテロ構造，あるいは Si/SiO_2 などの導波路が用いられる．印加電圧は数 V 程度で，数十 GHz の帯域をもつ．

(2) マッハツェンダー型光変調器 図 9.18 (b) のように，光導波路を Y 分岐で二つに分け，それぞれの導波路の屈折率を逆方向に変えて，二つの導波路を通る光波の位相を π だけ変化させて，再び Y 分岐で合流させる．このようにすると，二つの波は出力部の Y 分岐で打ち消し合って反射され出力には出ない．このようにして光波が変調される．

(3) 反射型光スイッチ 図 9.18 (c) のような二つの導波路の交さ部分に電界を印加して屈折率を変え，屈折率が変化する部分の線と導波路の中心との角を，式 (5.6) を満足するような全反射の臨界角以下に設定しておくと，この部分で光が全反射されて光スイッチになる．

(d) 光偏向器 超音波や電圧を電気光学結晶に加えて通過する光を偏向する．1〜2 度の偏向角である．もちろん，回転鏡を用いると，スピードは遅いが数十度の偏向ができる．

9.5 光集積回路

光集積回路（PICs：photonic integrated circuits）は，光デバイスと光回路とを

一体集積させるもので，一体化により光機能を高め，またバッチプロセスの導入ができるので，光デバイスの低コスト化につながる．すでに示した図 9.10 は受動型の PICs の一例であり，温度を変えて微細な波長同調を行っている．

図 9.19 は，能動型 PICs の初期に提案した概念の一案（1977 年）を示した．

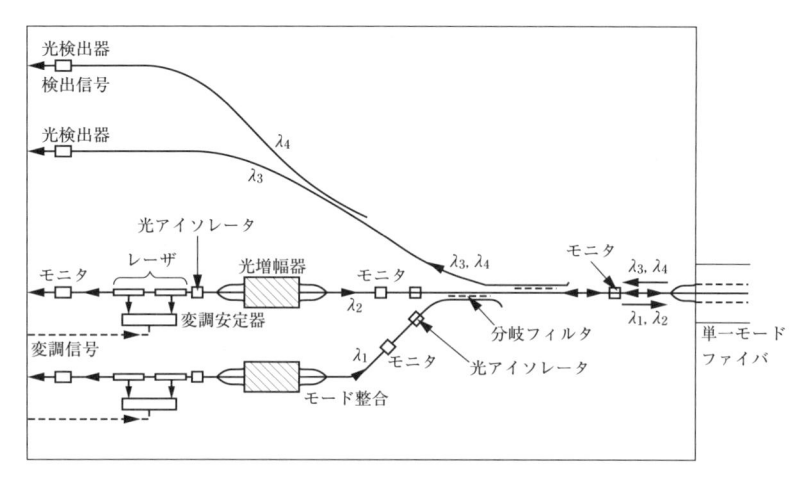

図 9.19 能動光集積回路提案時の概念（1977）

図 9.20 は，光を出す活性導波路と損失が少ない出力導波路（受動導波路）とを一体集積した，各種の集積レーザの例を示す．これらの集積レーザは，両導波路間の損失がより少なく，また，材料プロセスに優れた構造が生み出されてきた．

6.7 節に述べた動的単一モードレーザ（DSM）は，こうした集積レーザの進歩と共に進展した．図 (g) の連続光導波路結合型では導波路の側溝の深さを変え，結晶成長の過程でそれぞれの量子薄膜の厚さが変わり，レーザ部分に比べて受動導波路の部分の量子薄膜を薄くしてエネルギー幅を高めた，損失の少ない活性導波路が連続につながるようにしてある．

図 9.21 は，吸収型の光変調器と単一モードレーザとを BJB 構造で一体集積した，外部変調付き半導体レーザ（EML：externally modulated laser）の例を示す．すなわち，この変調部分では，透明な半導体導波路に電圧を加えて半導

(a) ITG　　（1975）

(b) TPC　　（1975）

(c) DIC　　（1975）

(d) LOC　　（1975）

(e) BJB　　（1981）

(f) BIG　　（1985）

(g) 連続光導波路結合型(1977)

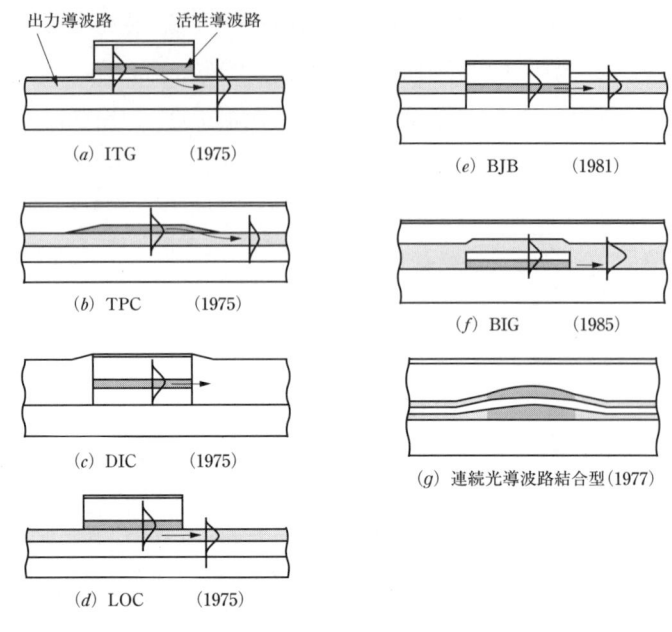

図 9.20 活性導波路と出力導波路（受動導波路）を一体集積した各種の集積レーザ

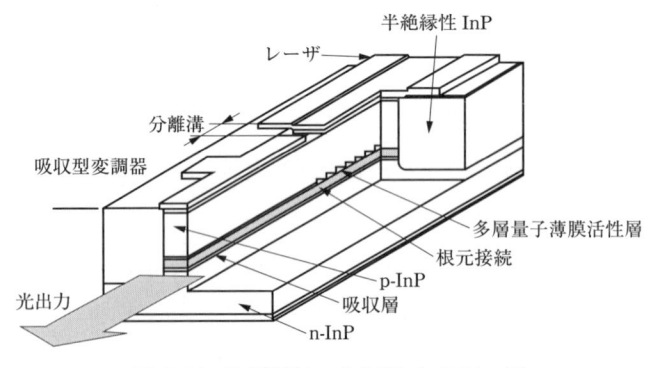

図 9.21 光変調器を一体集積した EML の例

体の吸収端のエネルギー幅を変えることで光吸収の量を変え，吸収型光変調器として働かせている．

　図 9.22 は，8 組の半導体レーザからなる光波長変換アレーとアレー型光格子ルータからなる PICs の例を示す．図 9.19 と比較すると，進展の度合いがか

9.5 光集積回路   199

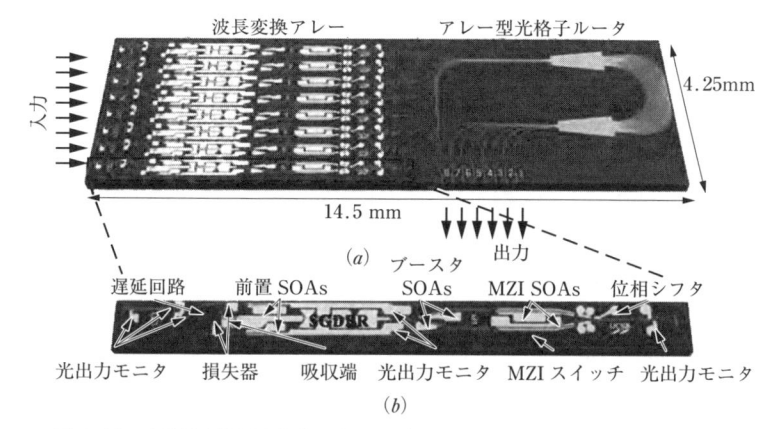

図中ラベル（a）：波長変換アレー、アレー型光格子ルータ、入力、4.25mm、14.5 mm、出力
図中ラベル（b）：遅延回路、前置SOAs、ブースタSOAs、MZI SOAs、位相シフタ、光出力モニタ、損失器、吸収端、光出力モニタ、MZIスイッチ、光出力モニタ

図 9.22　光波長変換用光集積回路の例（D. J. Blumenthal による（文献（71）））

いま見える．

　PICs の大きさは，集積する光機能素子の大きさや，光導波路の光放射損失が許容される曲率半径に依存する（式 (**5.30**)）．この曲がりによる放射損失は，光導波路のコアとクラッドの間の屈折率差が大きいほど小さい．図 **9.10** に示したようなシリカ光導波路を用いる分波・合波回路などの受動光集積回路では，数 cm 角の大きさであったが，単純な PICs では数 mm 角となり，さらに，シリコンをコアとしてシリカでクラッドするシリコン PICs やフォトニック結晶を用いる PICs では，導波路の曲率半径が数 μm 角となり，PICs の微小化や高密度化が図られている．

　また，図 **9.23** は，VCSEL（垂直共振器面発光レーザ）による二次元アレーレーザの概念図を示している．これらの集積化によってフォトニクス技術が著しく高性能化される．

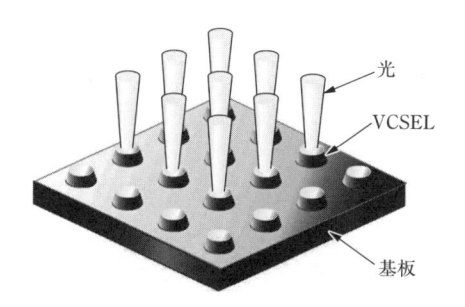

図 9.23　アレー VCSEL の概念図

演習問題

9.1 単一モードファイバに比べて多モードファイバの伝送帯域が小さいのはなぜか.

9.2 図 9.3 を用いて,スペクトル幅が 0.1 nm の波長 1.5 μm の光源を用いた場合,長さ 100 km のシリカ光ファイバの伝送帯域幅を求めよ.

9.3 光ファイバ伝送用 LED の実効効率が 2〜3% 以上にはできない理由を述べよ.

9.4 厚さ 1 μm の GaAs を材料とする方向性結合型の光変調器を印加電圧 10 V で動作させるには,結合部の長さ l はいくら必要か.

9.5 式 (9.2) を証明せよ.

9.6 式 (9.3) を証明せよ.

9.7 式 (9.4) を証明せよ.

10. 光デバイスの応用

> 「学びて思わざれば即ち罔し，
> 思いて学ばざれば即ち殆うし．」
> (論語：諸橋訳)

10.1 はじめに

　光エレクトロニクスは表 *1.1* に示すような光のもつ諸特徴が用いられており，ここでは光デバイスの特徴が活用されるとともに，光デバイスの特性改良に要求される原動力にもなっているおもな応用について，それがどのように使われているかを知っておくことが大切である．光デバイスによって初めて拓かれる光エレクトロニクスの応用分野について，そのうちの主なものについて述べよう．

10.2 光 通 信

　光ファイバ通信は，陸上の幹線通信網，海底ケーブル網，そして，家庭への接続網（FTTH：fiber to the home）や地域ネットワーク（LAN），そして電子機器間接続などへと発達して，情報通信の社会基盤となってインターネットや携帯電話の発展を支えている．

　(*a*)　**超高速長距離光ファイバ通信**　　光ファイバが最低損失になる長波長帯（1.5 μm）を中心にして，陸上の遠距離通信では 1987 年頃から，そして，大陸横断海底ケーブルでは 1992 年頃から，異なる多数の波長を用いる波長多重（WDM：wavelength division multiplexing）通信システムが商用展開された．これらの超高速長距離光ファイバ通信では，波長が安定で調整が容易な動的単一

モードレーザ（DSM レーザ）が光源に用いられ，LiNbO$_3$ などの光学結晶を用いる平面導波路光変調器で PCM の高速変調が行われた．

2005 年頃より光ファイバによる通信は，有効帯域幅が 1.5 μm 帯で 100 nm（20 THz）以上の波長帯にわたって行われている．まず，高速トランジスタによる数十 GHz の変調が行われる．ついで，数十から数百波の異なる波長を用いる高密度波長多重（D-WDM：dense WDM）通信によって，上記の有効波長帯を活用し，光源には波長可変レーザが多用されている．長距離通信システムは，数十 km の間隔で光増幅により光ファイバの損失を補い，また，分散シフト光ファイバの光分散遅延を補償している．こうして電気信号に戻すことなく，1 万 km 以上の長距離伝送が行われ，大陸間の大洋横断光ケーブルシステムが構成されている．変調方式も強度変調から**位相変調**に発展して，光システムの超高速化・大容量化が図られている．半導体レーザ，光ファイバ，分波器や合波器，平面光変調器などの光回路，高速電子回路，光検出器の高速化，変調方式など，さまざまな技術発展が光システムの展開を支えている．

光ファイバ伝送の性能指数は「伝送容量」×「伝送距離（電気信号に戻すことなく伝送される距離）」で表されるが，この性能は過去 30 年間にじつに 1 億倍に増加し，社会の情報基盤に発展した．インターネットの展開は，半導体レーザが中核の一つとして用いられている光ファイバ通信の発展なしには果たしえなかったであろう．

（*b*）**近距離光ファイバ通信**　　都市エリアネットワーク（MAN），地域ネットワーク（LAN）や家庭用光ファイバ通信（FTTH），電子装置間のインターコネクトなどの近距離光通信では，1.5 μm 波長帯以外にも，光ファイバの損失は大きいものの光源の温度特性に優れているため，1.3 μm 長波長帯や低コストの 0.85 μm 短波長帯も用いられている．この領域では，DSM レーザ光源の直接変調が盛んに用いられている．LAN では，アナログ変調も用いられている．移動体内通信や計算機内などの電子機器内の光接続や，電子デバイス間のインターコネクトへの適用もなされている．

レーザ光源のほか発光ダイオードも光源に用いられ，口径の大きな多モード

ファイバやプラスチックファイバも使用されている．

（**c**）　**空間光通信**　　屋内や屋外の短距離では空間伝送がある．損失のない宇宙空間では，指向性の鋭さを生かす試みもなされている．

（**d**）　**量 子 通 信**　　光子の「もつれ現象」を生かした安全性の高い通信が期待されている．1個の光子を用いる量子通信は，途中で盗聴されれば容易に判明するので，通信内容の漏洩を避ける安全通信のために開拓されている．量子演算などへの展開も期待されている．

10.3 光情報記録・再生

（**a**）　**光ディスク記録**　　レーザ光の集光性のよさを用いた光ディスク装置（CD）やデジタル・ビデオディスク装置（DVD），そしてブルーレイ・ディスク装置（BD）など，高密度情報記録の媒体として用いられている．

情報の記録にはレーザ光を強く集光し，直径 $0.4 \sim 1\,\mu m$ 程度の穴の列，ビットによって記録を行っている．集光限界は波長寸法程度である．記録密度は波長の2乗に反比例するので，波長 $0.78\,\mu m$ や $0.65\,\mu m$ 程度から $0.405\,\mu m$ 程度の短波長半導体レーザが用いられる．

再生は，スパイラル状に配列して記録されたトラック状のビットを検出して読み出す．このためにトラッキングサーボ制御や自動焦点制御が行われ，加えて，記録や読み出しには高度の符号化技術が用いられている．

光ディスク装置は固定型，追記型および書換え型の三つの種類がある．

光ディスク装置の応用は，音響やビデオ信号の再生用，文書画像ファイル，あるいは電子計算機用の大容量記憶装置にも及び，多層記録では 100 Gbit もの大容量の記憶が可能になっている．

（**b**）　**電子コピー**　　文書の記録に用いられるハードコピー・スキャナには光電効果が用いられて，極めて広範囲に用いられている．その光源用にもランプとともに LED や半導体レーザが用いられる．

10.4 像情報の入出力

視覚情報は人間の情報摂取のために不可欠なものであり，書物や印刷物に加えて，テレビジョンのように実時間で撮像・表示できる装置が加わって内容が加速的に増加している．大画面液晶パネル表示は大きな産業に発展した．また電子計算機の入出力，そしてディジタルカメラや携帯電話などの各種の表示装置が普及して，光エレクトロニクスが身近に用いられている．

また，各種のモニタ用 LED の発展が大きい．

10.5 光情報処理

多端子の接続や空間処理に有利な光の特徴を生かした画像処理，光コンピューティングやニューロコンピュータへの研究がある．

ホログラフィ技術はパターンの照合，LSI パターンの検査などに用いられている．

電子写真とレーザ走査とを組み合わせた高速ノンインパクト・レーザプリンタは，高速で高画質・高品位の電子計算機やワードプロセッサ，ファクシミリなどに用いられ，またレーザ走査による読取り装置は，商品認識の POS 端末や物品の自動仕分けシステムあるいは OCR（光学式文字読取り装置）などに用いられている．

10.6 光計測と医療への応用

各種レーザと発光素子，検出器の信頼性向上に伴って，種々の光計測応用が展開されている．用いられている特徴は，レーザ光の指向性の鋭さ，波長の同調性，干渉性，高い周波数とドップラー効果，周波数安定性，集光性，無接触検知性などである．

LSI のパターン作成には，波長の短いエキシマレーザが用いられている．

10.6 光計測と医療への応用

変調光を用いた測距は測定精度が高く（数十 km で誤差 1 cm），測量に応用された三角測量に代わる直接距離測定へと移行しており，土木建築への応用も大きい．高出力レーザレーダ方式や，量子カスケードレーザ，可変波長の半導体レーザ（PbSnTe）で被測定分子の振動数へ同調する方式は，大気汚染監視システム，地殻変動計測などにも応用されている．

また，フェムト秒，アト秒の超短パルス光による物理計測や材料計測が高度化している．高度の原子時計や地殻変動計測など，計測の多様化は大きい．一定の波長間隔で光を発生させるコムジェネレータの活用も期待されている．

また，生産自動化のための計測制御システムや，電力線制御への応用，あるいはホログラフィによる各種検査技術などが開発されている．

分解能の高い光ファイバ・ジャイロスコープや，温度，高圧，電流，温圧などの測定方法としても開発が進められている．

さらに，X線レーザやテラヘルツ帯の開拓など，波長の拡大も進んでいる．

光エレクトロニクスは医療用にも広く応用されている．X線診断技術の改良において，透過型体軸断層撮影装置は人体頭部の横断面をX線の細いビームで機械的に走査撮像するもので，医学関係者に絶大な影響を与えた．

レーザメスは文字どおりレーザ光を集光して焼切り，メスとして使用するもので，出血が少ない利点がある．最近の遠赤外用ファイバの開発は，CO_2 レーザを光源として，取り扱いやすいレーザメスの実用化を早めている．レーザを癌治療や癌検査に応用する研究では実効をあげ始めている．レーザ光を眼底へ集光して網膜剝離を直す眼底治療にも大きな成果を収めている．また，いわゆるファイバオプティクスは，胃カメラ，大腸カメラなど，マイクロ治療法として用いられて，内視鏡技術は今日の医療に欠かせない存在となっている．蛍光測定などの技術は，細胞観察などには不可欠である．

このファイバオプティクスは，単に医療用のみならず，閉空間の検査などに用いられて実効をあげており，また，ネオンサインに代わる省エネルギー型の広告表示装置としても用いられている．

10.7 光電力応用

　レーザ光を集光して得られる高エネルギー密度を利用する材料切削加工や溶接は，マイクロ加工技術として多用され，金属や固体などの堅い材料にとどまらず，服地の裁断などへも応用されて機械工学の工作の自由度を増している．LSI生産用のマスクの修正や，光照射の結晶成長（光CVD）やLSI作成における三次元結晶の成長など，IC・半導体製造プロセスへの応用もある．一般的な加工用として効率が高い大出力炭酸ガスレーザや，YAGレーザ，エキシマレーザ，半導体レーザなどが用いられている．フェムト秒などの超短パルスレーザ光は，加工ひずみの少ない微細加工技術として注目されている．

　光サイリスタは電力制御に広く用いられている．

　電力変換効率の高い発光ダイオードによる照明や表示は，長寿命性とともに，広範な展開をしている。

　太陽電池を用いる太陽光発電は，環境問題に対する意識変化の中で，大きな発展をしている．

　これらの用途に加えて，レーザ励起を用いる同位体分離法による重水製造，^{235}Uの分離や濃縮などへの応用研究が進められている．慣性核融合の研究にも高出力レーザが用いられている．

付録

昭和49年度電子通信学会全国大会

1200

分布反射器とこれを用いた レーザ共振回路の一般解析

末松 安晴　林 健二
(東京工業大学・工学部)

はしがき　分布帰還形(D.F.B.)のレーザは、将来の集積レーザの一つの形と考えられている。すでに、D.F.B.レーザの解析結果が報告されているが、二つの軸方向姿態の発振などの問題点があり[1]、必ずしも十分に性質が理解されていない。ここでは、分布反射器の性質を解析的に検討し、これを共振回路に応用する方法を提案し、分布反射器付共振回路の一般的解析を行った。

分布反射器の反射係数の解析　計算モデルとして図1のように膜厚が周期的に変化する機構を考え、$z=0$における電界の反射係数Rを求める。基本結合方程式は、

$$-\frac{\partial}{\partial z}A^+(z)+\left(\frac{\alpha}{2}-j\delta\right)A^+(z) = jKA^-(z) \cdots (1)$$

$$\frac{\partial}{\partial z}A^-(z)+\left(\frac{\alpha}{2}-j\delta\right)A^-(z) = -jKA^+(z) \cdots (2)$$

となり[1]、$A^+(z)$は正のz方向へ進む電界の複素振幅、$A^-(z)$は逆方向のものである。αは電力損失定数、δは発振周波数とπ/Λとの差$\delta=\beta-\pi/\Lambda=\beta-\beta_0$(一次回折反射)、$K$は結合定数である。式(1),(2)の解は

$$A^+(z) = a_1^+ e^{\gamma z} + a_2^+ e^{-\gamma z} \cdots (3)$$

$$A^-(z) = a_1^- e^{\gamma z} + a_2^- e^{-\gamma z} \cdots (4)$$

となる。$\gamma^2 = K^2 + (\alpha/2+j\delta)^2$　まず$\alpha=0$として損失を考えない。$z=0$とLにおける境界条件から、電界の反射として

$$R = \frac{A^+(0)}{A^+(0)} = -\frac{a_1^- + a_2^-}{a_1^+ + a_2^+} = \frac{-jK}{\gamma \coth(\gamma L) + j\delta} = |R|e^{j\varphi} \cdots (5)$$

が得られる。ここに、$\gamma^2 = K^2 - \delta^2$

$$|R|^2 = \frac{(KL)^2}{(\gamma L)^2 \coth^2(\gamma L) + (\delta L)^2}\quad(電力反射率)\cdots (6)$$

$$\varphi = -\frac{\pi}{2} - \tan^{-1}\left\{\frac{\delta L}{\gamma L}\tanh(\gamma L)\right\} \cdots (7)$$

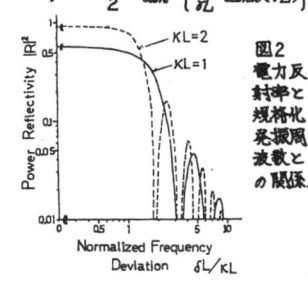

$KL=1,2$とした場合について、$|R|^2$のグラフを示す。(図2) 次に損失を考慮した時の$\delta L=0$における電力反射率$|R|^2$は、

$$|R|^2 = \left[\frac{1}{\{\gamma L \coth(\gamma L)\}/KL + (\alpha L/2KL)}\right]^2 \cdots (8)$$

$$\gamma^2 = K^2 + (\alpha^2/4)$$

$\alpha L/KL$をパラメータとした$|R|^2$とKLの関係を示す。(図3)

共振条件　図4のように長さL_1, L_2の分布反射器を両側におき、その間に長さℓの活性領域が存在する構造を考えよう。

図1 分布反射器

図4 共振回路

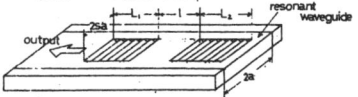

この時、共振条件は、$\varphi_1 + \varphi_2 + 2\beta\ell = 2m\pi \cdots (9)$
となる。$L_2 = 2L_1, 2\beta\ell = 2M\pi + \varphi_0, \varphi_0 = \pi,$
$\ell = L_1, m-M = p$とおけば、式(9)は式(7)より、

$$2\delta L_1 - 2p\pi - \tan^{-1}\{\delta L_1 \cdot \tanh(\gamma L_1)/(\gamma L_1)\}$$
$$-\tan^{-1}\{\{\delta L_1 \cdot \tanh(2\gamma L_1)\}/(\gamma L_1)\} = 0 \cdots (10)$$

$KL_1 = 1$の場合について、上の共振条件を満たすδL_1は軸モード $p=0$ で $\delta L_1 = 0, 1.22$
$p = 1$ で $\delta L_1 = 2$
となる。上述のδL_1における電力反射率はそれぞれ$58\%, 45\%, 0.4\%$である。ポンピングレベルを加減して、反射率50%以上が発振するようにすれば、軸方向単一姿態発振が$\varphi_0 = \pi$で可能になる。横姿態は分布反射器の幅を図4で約$s = 1/2$にとると、横姿態差による損失差が大きく、単一基本姿態となる。

むすび　分布反射器を純然たる反射器と考えて、反射係数の一般解法を示し、これを応用して、D.F.B.レーザでも軸方向単一姿態発振が得られることと、分布反射器の幅で横方向単一基本姿態が得られることを示した。

謝辞　本研究は文部省科学研究費の補助を受けた。

文献　1) H. Kogelnik
C.V. Shank "Coupled-Wave Theory of Distributed Feedback Lasers" J. Appl. Phys. 43 2327 (1972)

図2 電力反射率と規格化発振周波数との関係

図3 電力反射率と結合パラメータとの関係

1203

40759

文　献

(1)　末松安晴, 伊賀健一：光ファイバ通信入門, オーム社（昭 51）
(2)　西澤潤一：オプトエレクトロニクス, 共立出版（昭 52）
(3)　野田健一編著：〔新版〕光ファイバ伝送, 電子通信学会（昭 53）
(4)　大越孝敬：光エレクトロニクス（通大シリーズ）, コロナ社（昭 57）
(5)　桜庭一郎：オプトエレクトロニクス入門, 森北出版（昭 58）
(6)　末田　正：光エレクトロニクス, 昭晃堂（昭 60）
(7)　稲場文男監修：〔新版〕レーザ入門, 電子通信学会（昭 53）
(8)　霜田光一：レーザー物理入門, 岩波書店（昭 58）
(9)　田幸敏治, 大井みさほ：レーザー入門, 共立出版（昭 60）
(10)　末松安晴編著：半導体レーザと光集積回路, オーム社（昭 59）
(11)　西原　浩, 春名正光, 栖原敏明：光集積回路, オーム社（昭 60）
(12)　米津宏雄：光通信素子工学―発光・受光素子―, 工学図書（昭 58）
(13)　末松安晴, 片岡照栄, 岸野克巳, 国分康夫, 鈴木忠治, 石井　治, 米沢　進：マイクロエレクトロニクス素子 II, 岩波書店（昭 60）
(14)　高橋　清：センサ技術入門, 工業調査会（昭 53）
(15)　大越孝敬, 岡本勝就, 保立和夫：光ファイバ, オーム社（昭 58）
(16)　藤井陽一：光・量子エレクトロニクス, 共立出版（昭 53）
(17)　湯川秀樹, 井上　健：量子力学, 岩波書店（昭 30）
(18)　古川静二郎：半導体デバイス（通大シリーズ）, コロナ社（昭 57）
(19)　柳井久義編：光通信ハンドブック, 朝倉書店（昭 57）
(20)　久保田広, 浮田祐吉, 會田軍太夫編：光学技術ハンドブック, 朝倉書店（昭 43）
(21)　森谷太郎, 成瀬　省, 功力雅長, 田代　仁：ガラス工学ハンドブック, 朝倉書店（昭 38）
(22)　末松安晴：OPTICAL DEVICES & FIBERS 光通信技術―1982, Japan Annual Review in ELECTRONICS, COMPUTERS & TELECOMMUNICATIONS, JARECT, Ohmsya/North-Holland（1982）
(23)　末松安晴編：OPTICAL DEVICES & FIBERS 光通信技術―1983, Japan Annual

Review in ELECTRONICS, COMPUTERS & TELECOMMUNICATIONS, JARECT, **5**, Ohmsya/North-Holland（1983）
- (24) 重井芳治：光通信システム, 昭晃堂（昭58）
- (25) 平山　博, 福富秀雄, 加藤義規, 岩橋栄治, 島田潤一：光通信要覧, 科学新聞社（昭59）
- (26) 末松安晴編：OPTICAL DEVICES & FIBERS 光エレクトロニクス―1984, Japan Annual Review in ELECTRONICS, COMPUTERS & TELECOMMUNICATIONS, JARECT, **11**, Ohmsya/North-Holland（1984）
- (27) 末松安晴編：OPTICAL DEVICES & FIBERS 光エレクトロニクス―1985/1986, Japan Annual Review in ELECTRONICS, COMPUTERS & TELECOMMUNICATIONS, JARECT, **17**, Ohmsya/North-Holland（1985）
- (28) 久間和生, 布下正宏：光ファイバセンサー, 情報調査会（昭61）
- (29) 木内雄二, 長谷川伸監修, テレビジョン学会編：固体撮像デバイス, 昭晃堂（昭61）
- (30) 島田禎晋, 村田　浩：光ファイバケーブル, オーム社（昭62）
- (31) 伊賀健一：レーザ光学の基礎, オーム社（昭62）
- (32) 末松安晴編：光ファイバ応用技術集成, 日経技術図書（昭62）
- (33) 末松安晴, 高橋　清, 武者利光編：量子効果ハンドブック, 森北出版（昭58）
- (34) 早水良定：光機器の光学Ⅰ, 日本オプトメカトロニクス協会（昭63）
- (35) 石原　聡：光コンピュータ, 岩波書店（昭64）
- (36) 大越孝敬, 菊池和朗：コヒーレント光通信, オーム社（昭64）
- (37) 稲田浩一監修：光ファイバ通信導入実践ガイド, 電気書院（昭64）
- (38) 山田　実：光通信工学, 培風館（昭65）
- (39) 福井俊夫, 安井　至, 植月正雄：光学材料ハンドブック, リアライズ社（平4）
- (40) 小林峻介編：電子ディスプレイ, コロナ社（平4）
- (41) 石尾秀樹監修, 中川清司, 中沢正隆, 相田一夫, 萩本和男：光増幅器とその応用, オーム社（平4）
- (42) 光エレクトロニクス辞典編集委員会編：光エレクトロニクス事典, 産業調査会（平4）
- (43) 左貝潤一, 杉村　陽：光エレクトロニクス, 朝倉書店（平5）
- (44) 大津元一：現代光科学Ⅰ, 朝倉書店（平6）
- (45) Y. Suematsu and A. R. Adams, Co-Ed：Handbook of Semiconductor Laser and Photonic Integrated Circuits, Ohmusya, Ltd./Chapman & Fall（1994）
- (46) 池上徹彦監修, 土屋靖彦ほか著：半導体フォトニクス工学, コロナ社（平7）
- (47) 小西良弘監修, 山本晃也：光ファイバ通信技術, 日刊工業新聞（平7）
- (48) 谷　千束：ディスプレイ先端技術, 共立出版（平10）
- (49) 齋藤富士郎：超高速光デバイス, 共立出版（平10）
- (50) 大津元一：光エレクトロニクスの基礎, 裳華房（平11）

(51) 伊賀健一，小山二三夫：面発光レーザの基礎と応用，共立出版（平11）
(52) 国分泰雄：光波工学，共立出版（平11）
(53) 小林功郎：光集積デバイス，共立出版（平11）
(54) 池上徹彦，松倉浩司：光エレクトロニクスと産業，共立出版（平12）
(55) 日本材料学会：光エレクトロニクス，中央印刷（平12）
(56) 映像情報メディア学会編：電子情報ディスプレーハンドブック，培風館（平13）
(57) 広田　修：量子科学の基礎，森北出版（平14）
(58) 編集委員会編：光情報通信技術ハンドブック，コロナ社（平15）
(59) 小林峻介編著：電子ディスプレー，電子情報通信学会（平4）
(60) 黒川隆志：光機能デバイス，共立出版（平16）
(61) レーザ学会編：レーザハンドブック，オーム社（平17）
(62) 編集委員会編：光科学研究の最前線，強光子場科学研究懇談会（平17）
(63) 末松安晴，小林功郎：フォトニクス，オーム社（平19）
(64) 越智成之：イメージセンサのすべて，工業出版（平20）
(65) Y. Suematsu and K. Iga : Semiconductor Lasers in Photonics, Journal of Lightwave Technology, **26**, 9, pp.1132～1144 (2008)
(66) Y. Suematsu and K. Huruya : Theoretical Spontaneous Emission Factor of Injection Lasers, Trans. IECE of Japan, **E60**, 9, pp.467～472 (1977)
(67) 末松安晴，林　健二：分布反射器とこれを用いたレーザ共振回路の一般解析，昭和49年度電子通信学会全国大会，1200, p.1203（昭49）（英文名：Y. Suematsu and K. Hayashi : General Analysis of Distributed Bragg Reflector and Laser Resonator Using It, *National Convention of IECE*, 1200, p. 1203 (1974)（付録参照）．
(68) W. A. Gambling, H. Matsumura and C. M. Ragdale : Electron. Lett., **15**, 15, pp. 474～476 (1979)
(69) Paul Crump, Mike Grimshaw, Jun Wang, Weimin Dong, Shiguo Zhang, Suhit Das, Jason Farmer and Mark DeVito, Lei S. Meng and Jason K. Brasseur : IEEE Xplore (2009)
(70) K. Takaki, N. Iwai, K. Hirata, S. Imai, H Shimizu, T. Kageyama, Y. Kawakita, N. Tsukui and A. Kasukawa : ISLC 2008, PD Paper, The 21st IEEE Semiconductor Laser Conference, Italy, Sorrent (2008)
(71) Steven C. Nicholes, Milan L. Mašanović, Biljana Jevremović, Erica Lively, Larry A. Coldren and Daniel J. Blumenthal : Private Communication (2009)
(72) W. A. Gambling, H. Matsumura and C. M. Radale : Electronics Lett., **15**, 15, pp. 474～476 (1979)
(73) M. Asada and Y. Suematsu : IEEE J. Quantum Electronics, QE-21 (5), pp. 434～442 (1985)

演習問題解答

2.1 141.2

2.2 $\langle A \rangle = \langle \Psi | A | \Psi \rangle = \langle \Psi | I A I | \Psi \rangle$
$= \sum_{l,m} \langle \Psi | \Psi_l \rangle \langle \Psi_l | A | \Psi_m \rangle \langle \Psi_m | \Psi \rangle = \sum_{l,m} \langle \Psi_m | \Psi \rangle \langle \Psi | \Psi_l \rangle \langle \Psi_l | A | \Psi_m \rangle$
$= \sum_m \langle \Psi_m | \Psi \rangle \langle \Psi | A | \Psi_m \rangle = \sum_m \{ |\Psi \rangle \langle \Psi | A \}_{mm}$
$= \mathrm{Tr} \{ |\Psi \rangle \langle \Psi | A \}$

2.3 41.4 meV

3.1 1.311×10^{-14} **3.2** 10 ns

3.3 $\delta n = 1.45 \times 10^{-3}$, $\delta n/n = 0.04\ \%$, $\delta \alpha_{ab} = 0.967\ \mathrm{cm}^{-1}$

4.3 式 (*4.21*) の導出；

式 (*4.19*) より

$\langle R \rangle = \sum_n p_n \langle \Psi_n | R | \Psi_n \rangle = \sum_n p_n \langle \Psi_n | IRI | \Psi_n \rangle$
$= \sum_{l,m,n} p_n \langle \Psi_n | \Phi_l \rangle \langle \Phi_l | R | \Phi_m \rangle \langle \Phi_m | \Psi_n \rangle$
$= \sum_{l,m,n} p_n \langle \Phi_m | \Psi_n \rangle \langle \Psi_n | \Phi_l \rangle \langle \Phi_l | R | \Phi_m \rangle$
$= \sum_{l,m} \langle \Phi_m | (\sum_n p_n | \Psi_n \rangle \langle \Psi_n |) | \Phi_l \rangle \langle \Phi_l | R | \Phi_m \rangle = \sum_m (\rho \sum_l |\Phi_l \rangle \langle \Phi_l | R)_{mm}$
$= \sum_m (\rho R)_{mm} = \mathrm{Tr}(\rho R)$
$= \mathrm{Tr}(\rho I R) = \sum_{n,l} (\rho_{nl} R_{ln})$

となり，式 (*4.21*) が得られる．

4.4 式 (*4.25*) の導出；

式 (*4.20*) を時間微分して，式 (*2.24*) および式 (*2.25*) を用いれば

$j\hbar \dfrac{\partial \rho}{\partial t} = j\hbar \sum_n p_n \left(\dfrac{\partial |\Psi_n \rangle}{\partial t} \langle \Psi_n | + |\Psi_n \rangle \dfrac{\partial \langle \Psi_n |}{\partial t} \right)$
$= -\sum_n p_n (\mathrm{H} |\Psi_n \rangle \langle \Psi_n | - |\Psi_n \rangle \langle \Psi_n | \mathrm{H})$

$$= -[\mathrm{H}\{\sum_n p_n |\Psi_n\rangle\langle\Psi_n|\} - \{\sum_n p_n |\Psi_n\rangle\langle\Psi_n|\}\mathrm{H}]$$

$$= -(\mathrm{H}\rho - \rho\mathrm{H}) = -[\mathrm{H}, \rho]$$

となり，式 (*4.25*) が得られる．

4.5 式 (*4.26*) より

$$(\partial \rho_{ll}/\partial t) = (j/\hbar)\{(\mathrm{H}\rho)_{ll} - (\rho\mathrm{H})_{ll}\} - [緩和項]_{ll}$$

$(\mathrm{H}\rho)_{ll}$ の H と ρ の間に $\sum_p |\Psi_p\rangle\langle\Psi_p| = I$ の関係を挿入して整理すると，式 (*4.28*) が得られる．

4.6
$$\frac{\partial \rho_{cv}}{\partial t} = \frac{j}{\hbar}(\mathrm{H}_{cv}\rho_{vv} - \rho_{cc}\mathrm{H}_{cv} + \mathrm{H}_{cc}\rho_{cv} - \mathrm{H}_{vv}\rho_{cv}) - \frac{\rho_{cv}}{\tau_{in}}$$

$$= j\omega_{cv}\rho_{cv} - \frac{j}{\hbar}RE(\rho_{cc} - \rho_{vv}) - \frac{\rho_{cv}}{\tau_{in}}$$

上の2式で，c と v を交換すれば，新たに ρ_{vv}, ρ_{vc} が得られる．ω_{cv} は光の角周波数であるから，ρ_{cv} は時間的には大変速い光の周波数で振動する．これに対して，$N_b(\rho_{cc} - \rho_{vv})$ は注入された電子の密度であり，時間的にはキャリヤの寿命時間程度でしか変化しない．そこで，ρ_{cc} などの時間的な変化項は，ρ_{cv} のそれに比べて無視する．

一方，光の電界 E を式 (*4.39*) とすれば，上式は

$$\rho_{cv} = \int_{-\infty}^{t} \exp\left\{\left(j\omega_{cv} - \frac{1}{\tau_{in}}\right)t\right\}\exp\left\{\left(j\omega_{cv} + \frac{1}{\tau_{in}}\right)t_1\right\}\frac{j}{\hbar}RE(\rho_{cc} - \rho_{vv})dt_1$$

$$= \frac{j}{2\hbar}\left\{RE_s\frac{\exp(j\omega t)}{j(\omega_{cv}+\omega)+\frac{1}{\tau_{in}}} + RE_s\frac{\exp(-j\omega t)}{j(\omega_{cv}-\omega)+\frac{1}{\tau_{in}}}\right\} \times (\rho_{cc} - \rho_{vv})$$

$$\cdots\cdots\cdots(a)$$

となる．ここで，$\omega \simeq \omega_{cv}$ と仮定すれば，上式の括弧内の第1項は無視できるので，式 (*4.40*) が得られる（ただし $\gamma_{cv} = 1/\tau_{in}$）．

4.7 $P_l = N_b R(\rho_{cv} + \rho_{vc})$

$$= \frac{jN_b R^2 E_s}{2\hbar}\left\{\frac{\exp(j\omega t)}{-j(\omega_{cv}-\omega)+\frac{1}{\tau_{in}}} - \frac{\exp(-j\omega t)}{j(\omega_{cv}-\omega)+\frac{1}{\tau_{in}}}\right\} \times (\rho_{cc} - \rho_{vv})$$

より，式 (*4.42*) が得られる（ただし $\gamma_{cv} = 1/\tau_{in}$）．

4.8 $\chi_l = \chi_{l,re} - j\chi_{l,im}$

$$= \frac{R^2}{\varepsilon_0 \hbar}\frac{(\omega - \omega_{cv}) + j\frac{1}{\tau_{in}}}{(\omega - \omega_{cv})^2 + \frac{1}{\tau_{in}^2}} \times N_b(\rho_{cc} - \rho_{vv})$$

$$\chi_{l,re} = \sum_{c,v} \frac{\dfrac{R^2(\omega-\omega_{cv})}{\varepsilon_0 \hbar}}{(\omega-\omega_{cv})^2 + \dfrac{1}{\tau_{in}^2}} \times N_b(\rho_{cc}-\rho_{vv})$$

$$\chi_{l,im} = -\sum_{c,v} \frac{\dfrac{R^2}{\varepsilon_0 \hbar \tau_{in}}}{(\omega-\omega_{cv})^2 + \dfrac{1}{\tau_{in}^2}} \times N_b(\rho_{cc}-\rho_{vv})$$

より，式 (*4.46*) が得られる.

5.1 $\theta_c = 0.141$ [rad] $= 8.07°$, $\theta_{max} = 0.214$ [rad] $= 12.3°$
5.2 9個   **5.3** 3.58 μm
5.4 フレネル反射；ガラス；4 %，GaAs；31.9 %
5.5 7 mm   **5.7** $\Delta = 0.22$ %
5.8

M.5.1 波動方程式

図 *M5.1* のように二次元的な板状のコア（芯）をもった誘導体導波路について考えよう．光は z 軸の方向に伝搬し，コアに垂直な方向を y 軸，板に沿う x 方向は一様で光波に変化はないものとする．また，コアの屈折率を n_1，クラッドの屈折率を n_2 とし，媒質には損失がないものとする．

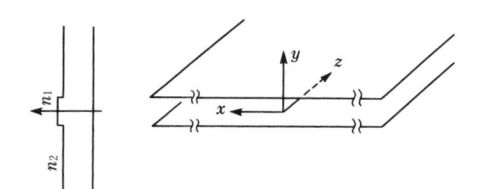

図 *M5.1* 板状誘電体光導波路の座標

(*1*) マスクウェルの方程式 式(*4.1*), (*4.2*) のマクスウェルの方程式において，E を電界，D を電束密度，H を磁界，B を磁束密度とし，各領域内では媒質は一様で等方とし，屈折率を n として誘電率 $\varepsilon = n^2 \varepsilon_0$ と表す．光波帯では，磁気光学効果的な効果は小さくて境界条件を変えるほど大きくはないので，透磁率 μ は近似的に $\mu = \mu_0$ として真空の値を用いる．その代わりに，磁気光学効果的な効果は屈折率 n に含ませて表すのが普通である．上式で，損失がないので $i=0$ とする．このようにして

$$D = \varepsilon E \qquad (M5.1)$$
$$B = \mu H \qquad (M5.2)$$

となる.

(2) 板状導波路の波動方程式 式 (4.1), および式 (4.2) を連立させて TE モードの波動方程式を求める. 式 $(M5.1)$ と $(M5.2)$ および $i=0$ の助けを借り, さらに, 各界成分は角周波数 ω のフーリエ成分について考えて, $\partial/\partial t = j\omega$ とする.

$$\frac{\partial E_z}{\partial y} - \frac{\partial E_y}{\partial z} = -j\omega\mu H_x, \quad \frac{\partial E_x}{\partial z} - \frac{\partial E_z}{\partial x} = -j\omega\mu H_y, \quad \frac{\partial E_y}{\partial x} - \frac{\partial E_x}{\partial y} = -j\omega\mu H_z$$

$$\frac{\partial H_z}{\partial y} - \frac{\partial H_y}{\partial z} = j\omega\varepsilon E_x, \quad \frac{\partial H_x}{\partial z} - \frac{\partial H_z}{\partial x} = j\omega\varepsilon E_y, \quad \frac{\partial H_y}{\partial x} - \frac{\partial H_x}{\partial y} = j\omega\varepsilon E_z$$

ここで, x 軸方向には一様で変化がないので $\partial/\partial x = 0$ となり, 上式は

$$\frac{\partial E_z}{\partial y} - \frac{\partial E_y}{\partial z} = -j\omega\mu H_x, \quad \frac{\partial E_x}{\partial z} = -j\omega\mu H_y, \quad -\frac{\partial E_x}{\partial y} = -j\omega\mu H_z$$

$$\frac{\partial H_z}{\partial y} - \frac{\partial H_y}{\partial z} = j\omega\varepsilon E_x, \quad \frac{\partial H_x}{\partial z} = j\omega\varepsilon E_y, \quad -\frac{\partial H_x}{\partial y} = j\omega\varepsilon E_z$$

さらに, TE モードのみを考えることにすれば, $E_z = E_y = 0$ となるので

$$0 = -j\omega\mu H_x \qquad (M5.3)$$

$$\frac{\partial E_x}{\partial z} = -j\omega\mu H_y \qquad (M5.4)$$

$$\frac{\partial E_x}{\partial y} = -j\omega\mu H_z \qquad (M5.5)$$

$$\frac{\partial H_z}{\partial y} - \frac{\partial H_y}{\partial z} = j\omega\varepsilon E_x \qquad (M5.6)$$

$$\frac{\partial H_x}{\partial z} = 0 \qquad (M5.7)$$

$$\frac{\partial H_x}{\partial y} = 0 \qquad (M5.8)$$

となる.

式 $(M5.8)$ より, $H_x = 0$ となり, 式 $(M5.6)$ に式 $(M5.4)$ と式 $(M5.5)$ を代入し, $k_0 = \sqrt{\varepsilon_0 \mu_0}\, \omega$ を用いれば, 式 $(M5.9)$ が得られる.

$$\frac{\partial^2 E_x}{\partial y^2} + (n_i^2 k_0 - \beta^2) E_x = 0 \qquad (M5.9)$$

ここに, n_i は領域 i の屈折率, β は z 方向の伝搬定数で $\partial/\partial z = -j\beta$ となる.

先に求めた E_x を用いることにより, 式 $(M5.4)$, $(M5.5)$ より, H_y, H_z が次のように得られる.

$$H_y = \frac{j}{\omega\mu} \frac{\partial E_x}{\partial z} \qquad (M5.10)$$

$$H_z = -\frac{j}{\omega\mu} \frac{\partial E_x}{\partial y} \qquad (M5.11)$$

M.5.2 特性方程式

(**1**) モード関数　E_x を具体的に求めよう．式 (M5.9) において，i を1または2とすることにより，各領域1，2の波動方程式が次のように与えられる．

$$\frac{d^2E_x}{dy^2} + (n_1{}^2 k_0{}^2 - \beta^2)E_x = 0 \qquad |y| \leq \frac{d}{2}$$
（コア）

$$\frac{d^2E_x}{dy^2} - (\beta^2 - n_2{}^2 k_0{}^2)E_x = 0 \qquad |y| \geq \frac{d}{2} \qquad (M5.12)$$
（クラッド）

以後の検討からわかるように，β が次の関係にあれば，光波はコアを中心にして閉じ込められ，安定に軸方向に伝搬する．

$$n_2 k_0 < \beta < n_1 k_0 \qquad (M5.13)$$

そこで

$$\gamma^2 = n_1{}^2 k_0{}^2 - \beta^2 \qquad (M5.14)$$
$$\kappa^2 = \beta^2 - n_2{}^2 k_0{}^2 \qquad (M5.15)$$

と置く．式 (M5.12) は2次の常係数微分方程式であり，その解は，コア内では $\cos(\gamma y)$ および $\sin(\gamma y)$ である．これに対して，クラッド部では指数関数 $\exp(-\kappa|y|)$ で減少するか，または $\exp(\kappa|y|)$ で増大する関数である．しかし，解は無限遠方では収束しなければいけないので，増大する項は零にする．このようにして，式 (M5.12) の解は図 **M5.2** のように，界分布がコアの中心，$y=0$ に対して，対称 (even) になるか，反対称 (odd) になるかにより，次の二つの場合が与えられる．

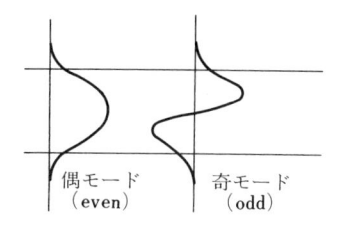

図 **M5.2**　誘電体導波路の界分布

$$E_{x1} = A_1 \cos(\gamma y) : \text{even} \qquad \left(|y| < \frac{d}{2}\right)$$

$$E_{x2} = A_2 \exp\left\{-\kappa\left(|y| - \frac{d}{2}\right)\right\} \qquad \left(|y| > \frac{d}{2}\right) \qquad (M5.16)$$

$$E_{x1} = A_3 \sin(\gamma y) : \text{odd} \qquad \left(|y| < \frac{d}{2}\right)$$

$$E_{x2} = A_4 \exp\left\{-\kappa\left(|y| - \frac{d}{2}\right)\right\} \qquad \left(|y| > \frac{d}{2}\right) \qquad (M5.17)$$

ここに，$A_1 \sim A_4$ は積分定数で，界の振幅を表し，これらの大きさは次の特性方程式から β を求めて，最終的に決定される．

他の界成分は式 (M5.10)，(M5.11)，(M5.16)，(M5.17) より

$$H_{z1} = jA_1 \frac{\gamma}{\omega\mu} \sin(\gamma y) \qquad \left(|y| < \frac{d}{2}\right)$$

$$H_{z2} = jA_2 \frac{\kappa}{\omega\mu} \exp\left\{-\kappa\left(|y|-\frac{d}{2}\right)\right\} \qquad \left(|y|>\frac{d}{2}\right) \qquad (M5.18)$$

$$H_{z1} = -jA_3 \frac{\gamma}{\omega\mu} \cos(\gamma y) \qquad \left(|y|<\frac{d}{2}\right)$$

$$H_{z2} = jA_4 \frac{\kappa}{\omega\mu} \exp\left\{-\kappa\left(|y|-\frac{d}{2}\right)\right\} \qquad \left(|y|<\frac{d}{2}\right) \qquad (M5.19)$$

(**2**) **TE モードの特性方程式**　さて，$|x|=d/2$ のコアとクラッドの境界面では，両側の電界 E_x と磁界 H_z がそれぞれ連続である，という境界条件が成り立たなければならない．すなわち

$$E_{x1}\left(y=\frac{d}{2}\right) = E_{x2} \qquad \left(y=\frac{d}{2}\right) \qquad (M5.20)$$

$$H_{z1}\left(y=\frac{d}{2}\right) = H_{z2} \qquad \left(y=\frac{d}{2}\right) \qquad (M5.21)$$

となる．上2式を辺々相除すると

$$\tan\frac{\gamma d}{2} = \frac{\frac{\kappa d}{2}}{\frac{\gamma d}{2}} : \text{even}, \quad -\cot\frac{\gamma d}{2} = \frac{\frac{\gamma d}{2}}{\frac{\kappa d}{2}} : \text{odd} \qquad (M5.22)$$

が得られる．これを「特性方程式」，または「固有方程式」という．特性方程式を解いて伝搬定数を求める．まず，式 (M5.14)，(M5.16) より

$$\kappa^2 + \gamma^2 = (n_1^2 - n_2^2)k_0^2 = \frac{V^2}{\left(\frac{d}{2}\right)^2} \qquad (M5.23)$$

となり，式 (M5.22) と組み合わせ，さらに

$$X = \frac{\gamma d}{2} \qquad (M5.24)$$

とすれば，特性方程式は次式のように簡潔な関係になる．

$$\tan X = \frac{\kappa}{\gamma} = \frac{\sqrt{V^2-X^2}}{X} : \text{even} \qquad (M5.25)$$

$$-\cot X = \frac{\sqrt{V^2-X^2}}{X} : \text{odd} \qquad (M5.26)$$

この方程式から X, γ が求められる．そして，この γ より伝搬定数 β が求められる．

(**3**) **伝搬モード**　図 **M5.3** は縦軸が特性方程式の左辺と右辺で，横軸は X の関数で示してある．二つの曲線の交点が特性方程式の根の分布を示す．根は離散的にしか存在しないことを示している．X の小さな値から，モード番号を0(基本モード)，1，2，$\cdots$，m とつける．すなわち，TE_0, TE_1, TE_2, $\cdots$, TE_m というようにする．

V が $\pi/2$ 以下，すなわち

$$V \leq \frac{\pi}{2} \qquad (M5.27)$$

なら根は一つで，単一モード（TE$_0$ または TM$_0$ のみ）となることを示す．V が $\pi/2$ 以上

$$V \geqq \frac{\pi}{2}$$

であれば複数個の根があり，多モード導波路（TE$_0$, TE$_1$, ⋯, TE$_m$）になることを示している．

最高次のモード番号は

$$M \leqq \frac{V}{\pi/2} \qquad (M5.28)$$

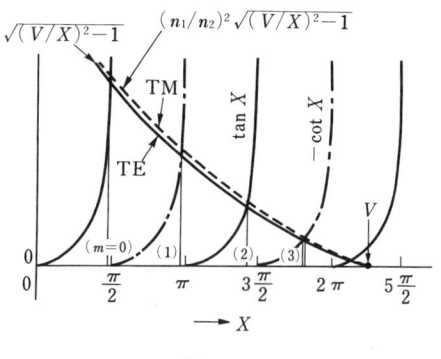

図 M5.3

となる．この式で表せる最高次モード以上のモードは，伝搬できないカットオフになる．そして，$\beta < n_2 k_0$ では，導波されない放射モードとなる．これらの結果は 5.2 節で求めた光線近似の考察結果と一致する．

（**4**）**TM モードの特性方程式**　これまでは，TE モードについて取り扱ってきたが，TM モードについても同様にして解析ができる．このときは，TE モードに比べると異なり，電束密度と磁界に関する境界条件から，次のような TM モードの特性方程式が得られる．

$$\tan X = \left(\frac{n_1}{n_2}\right)^2 \frac{\kappa}{\gamma} = \left(\frac{n_1}{n_2}\right)^2 \frac{\sqrt{V^2 - X^2}}{X} : \text{even}$$

$$-\cot X = \frac{\left(\frac{n_1}{n_2}\right)^2 \kappa}{\gamma} : \text{odd} \qquad (M5.29)$$

TE モードに比べて，1 に近い $(n_1/n_2)^2$ の項だけ異なる．図 M5.3 の示すように，TM モードの根は TE よりやや大きい．

（**5**）**伝 搬 定 数**　このようにして，γ が求まれば，β は

$$\beta = \sqrt{n_1^2 k_0^2 - \gamma^2} \qquad (M5.30)$$

として与えられる．

（**6**）**TE モードの界分布**　この β を用いることにより，式 (M5.20), (M5.21) によって，式 (M5.16), (M5.17) の定数 A_1, A_4 などが決まるので，E_0 を新たに界の振幅を表す定数とすれば，界分布が次式のように最終的に決定される．

$$E_{x1} = E_0 \cos(\gamma y) \qquad \left(|y| < \frac{d}{2}\right)$$

$$E_{x2} = E_0 \cos\frac{\gamma d}{2} \times \exp\left\{-\kappa\left(|y| - \frac{d}{2}\right)\right\} \qquad \left(|y| > \frac{d}{2}\right)$$

$$E_{x1} = E_0 \sin(\gamma y) \qquad \left(|y| < \frac{d}{2}\right)$$

$$E_{x2} = E_0 \frac{x}{|x|} \sin\frac{\gamma d}{2} \times \exp\left\{-\kappa\left(|y|-\frac{d}{2}\right)\right\} \qquad \left(|y| > \frac{d}{2}\right) \quad (M5.31)$$

$$H_{z1} = jE_0 \frac{\gamma}{\omega\mu} \sin(\gamma y) \qquad \left(|y| < \frac{d}{2}\right)$$

$$H_{z2} = jE_0 \frac{\gamma}{\omega\mu} \sin\frac{\gamma d}{2} \times \exp\left\{-\kappa\left(|y|-\frac{d}{2}\right)\right\} \qquad \left(|y| > \frac{d}{2}\right)$$

$$H_{z1} = -jE_0 \frac{\gamma}{\omega\mu} \cos(ry) \qquad \left(|y| < \frac{d}{2}\right)$$

$$H_{z2} = \frac{jE_0 x}{|x|} \frac{\gamma}{\omega\mu} \cos\frac{d\gamma}{2} \times \exp\left\{-\kappa\left(|y|-\frac{d}{2}\right)\right\} \qquad \left(|y| > \frac{d}{2}\right) \quad (M5.32)$$

さらに，式 (M5.10) を用いれば

$$H_{y1} = -E_0 \frac{\beta}{\omega\mu} \cos(\gamma y) \qquad \left(|y| < \frac{d}{2}\right)$$

$$H_{y2} = -E_0 \frac{\beta}{\omega\mu} \cos\frac{\gamma d}{2} \times \exp\left\{-\kappa\left(|y|-\frac{d}{2}\right)\right\} \qquad \left(|y| > \frac{d}{2}\right)$$

$$H_{y1} = -E_0 \frac{\beta}{\omega\mu} \sin(\gamma y) \qquad \left(|y| < \frac{d}{2}\right)$$

$$H_{y2} = -E_0 \frac{x}{|x|} \frac{\beta}{\omega\mu} \sin\frac{d\gamma}{2} \times \exp\left\{-\kappa\left(|y|-\frac{d}{2}\right)\right\} \qquad \left(|y| > \frac{d}{2}\right) \quad (M5.33)$$

となり，TE モードのすべての界分布が求められる．

E_x と H_y は波動インピーダンス ($\beta/\omega\mu$) だけの大きさの違いを除いて，分布そのものは同じである．

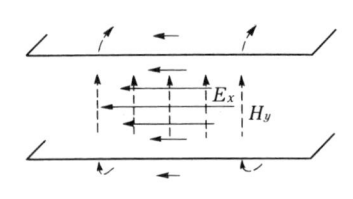

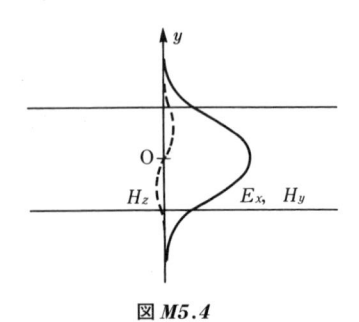

$$\frac{E_x}{H_y} = \frac{\beta}{\omega\mu} \qquad (M5.34)$$

しかし，軸方向成分 H_z の大きさは垂直成分 H_y に比べて

$$\left|\frac{H_z}{H_y}\right| = \frac{\gamma}{\beta} = \sqrt{2\Delta} \qquad (M5.35)$$

であり，かなり小さな値になり，主な界成分は進行方向に直角な成分になる．界の分布は図 **M5.4** のようになる．

図 **M5.4**

5.9 本文の式 (4.6)，(5.32) から，

$$\frac{d^2}{dz^2}E + \beta^2 E + k_0 \beta \Delta n \{\exp(j2\beta_B z) + \exp(-j2\beta_B z)\}E = j2\beta\alpha E \qquad (M5.36)$$

本文の式 (5.34) を用いて, E_f と E_r との2次微分の項, そして Δn^2 の項, ならびに1次微分と Δn の積の項を無視すると,

$$\beta^2 - \beta_B{}^2 = (\beta + \beta_B)(\beta - \beta_B) \simeq 2\beta(\beta - \beta_B) = 2\beta\delta\beta \quad (M5.37)$$

を用いて,

$$-j2\beta \frac{dE_f}{dz}e^{-j\beta_B z} + j2\beta \frac{dE_r}{dz}e^{j\beta_B z} + 2\beta\kappa(e^{j2\beta_B z}+e^{-j2\beta_B z})e^{j\beta_B z}E_r + 2\beta\kappa(e^{j2\beta_B z}$$
$$+e^{-j2\beta_B z})e^{-j\beta_B z}E_f + 2\beta(\delta\beta - j\alpha)\{E_f(z)e^{-j\beta_B z} + E_r(z)e^{j\beta_B z}\} = 0 \quad (M5.38)$$

上式から

$$-j\frac{dE_f}{dz} + j\frac{dE_r}{dz}e^{j2\beta_B z} + \kappa(e^{j4\beta_B z}+1)E_r + \kappa(e^{j2\beta_B z}+e^{-j2\beta_B z})E_f$$
$$+ (\delta\beta - j\alpha)\{E_f(z) + E_r(z)e^{j2\beta_B z}\} = 0 \quad (M5.39)$$

ここで, $E_f(z)$ の変化を求めることにする. $E_f(z)$ は, 式(5.34)に示すように, 軸方向 z に関してゆるやかな変化項である. したがって, z 方向にゆっくり変化する項のみが E_f に寄与するので, 軸方向に急速に変化する光波は無視して, 本文の式(5.35)が次式のように求められる.

$$\frac{dE_f(z)}{dz} + (\alpha + j\delta\beta)E_f(z) = -j\kappa E_r(z) \quad (M5.40), \ (5.35)$$

同様にして,

$$\frac{dE_r(z)}{dz} - (\alpha + j\delta\beta)E_r(z) = j\kappa E_f \quad (M5.41), \ (5.36)$$

が得られる.

さて, 式 $(M5.40)$ を z で微分し, 式 $(M5.36)$ を用いて $E_r(z)$ の項を消去すると, $E_f(z)$ に関する次の基本方程式が得られる.

$$\frac{d^2 E_f(z)}{dz^2} - \gamma^2 E_f(z) = 0 \quad (M5.42)$$

この関係は $E_r(z)$ についても同様に成り立つ. したがって, $E_f(z)$ と $E_r(z)$ は, 一般に, 次式のように表される.

$$E_f(z) = E_f{}^f e^{-\gamma z} + E_f{}^r e^{\gamma z} \quad (M5.43)$$
$$E_r(z) = E_r{}^f e^{-\gamma z} + E_r{}^r e^{\gamma z} \quad (M5.44)$$

上式で, $z=0$ における入射電界を $E_f(0)$, 分布反射器の終端の $z=L_B$ では反射がないとすれば $E_r(L_B)=0$ となる. そして, 式$(M5.43)$, $(M5.44)$ を, 式$(M5.40)$, $(M5.41)$ に代入すれば, 入射波 $E_f(0)$ に対して, $E_f{}^f$, $E_f{}^r$, $E_r{}^f$, $E_r{}^r$ が次のように求められる.

$$E_f{}^r = E_f(0) - E_f{}^f \quad (M5.45)$$
$$E_r{}^r = -e^{-2\gamma L_B} E_r{}^f \quad (M5.46)$$

式 $(M5.41)$ から,

$$[-\{\gamma+(\alpha+j\delta\beta)\}E_r{}^f - j\kappa E_f{}^f]e^{-\gamma z} + [\{\gamma-(\alpha+j\delta\beta)\}E_r{}^r - j\kappa E_f{}^r]e^{\gamma z} = 0 \tag{M5.47}$$

式 $(M5.45)$, $(M5.46)$ を上式に代入して整理すると,

$$[\{-\gamma+(\alpha+j\delta\beta)\}E_f{}^f + j\kappa E_r{}^f]e^{-\gamma z} + [\{\gamma+(\alpha+j\delta\beta)\}E_f{}^r + j\kappa E_r{}^r]e^{\gamma z} = 0 \tag{M5.48}$$

$$E_r{}^f = \frac{-j\kappa}{(1+e^{-2\gamma L_B})\gamma + (\alpha+j\delta\beta)(1-e^{-2\gamma L_B})} E_f(0) \tag{M5.49}$$

となる. こうして, 反射波の入力点における電界 $E_r(0)$ は

$$E_r(0) = E_r{}^f - e^{-2\gamma L_B} E_r{}^f = (1-e^{-2\gamma L_B}) E_r{}^f \tag{M5.50}$$

となり, これに式 $(M5.49)$ を代入すると

$$E_r(0) = \frac{-j\kappa(e^{\gamma L_B} - e^{-\gamma L_B})}{(e^{\gamma L_B}+e^{-\gamma L_B})\gamma + (\alpha+j\delta\beta)(e^{\gamma L_B}-e^{-\gamma L_B})} E_f(0)$$

$$E_r(0) = \frac{-j\kappa \tanh(\gamma L_B)}{\gamma + (\alpha+j\delta\beta)\tanh(\gamma L_B)} E_f(0) \tag{M5.51}$$

ここで, 問題の DBR の電界反射係数 r は

$$r = \frac{E_r(0)}{E_f(0)} \tag{M5.52}$$

なので, 本文の式 (5.39) が求められる.

6.4 5 mm **6.6** 5.5×10^{-5}

6.7 主モード 0 でのみ発振していると仮定し, 主モードの光子密度は著しく大きいとする. 副モード 1 は発振していないので, その電力は著しく小さい. そこで, 主モード 0 については, 本文の式 (6.40), (6.41) から, 自然放出光効果を無視して,

$$0 = \{G_0^{(1)} - G_{S,0(0)}^{(3)} S_0\} S_0 - \frac{S_0}{\tau_{p,0}} \tag{M6.1}$$

$$0 = \frac{I}{eV_a} - \{G_0^{(1)} - G_{S,0(0)}^{(3)} S_0\} S_0 - \frac{N}{\tau_s} \tag{M6.2}$$

式 $(M6.1)$ から,

$$\frac{1}{\tau_{p,0}} = \{G_0^{(1)} - G_{S,0(0)}^{(3)} S_0\} \tag{M6.3}$$

となり, 式 $(M6.2)$, 本文の式 (6.46) から,

$$N_{th} = N_g + \frac{1}{\xi a \tau_{p,0}} \tag{M6.4}$$

$$I_{th} = \frac{eV_a}{\tau_s} N_{th} \tag{M6.5}$$

を用いて, 主モード 0 の光子密度 S_0 は,

副モード1については，本文の式(**6.40**)から，

$$0 = \{G_1^{(1)} - G_{S,1(0)}^{(3)} S_0\} S_1 - \frac{S_1}{\tau_{p,1}} + C_S \frac{N_{th}}{\tau_s} \quad (M6.7)$$

$$\frac{1}{S_1} = \frac{\tau_s}{C_S N_{th}} \left[\frac{1}{\tau_{p,1}} - \{G_1^{(1)} - G_{S,1(0)}^{(3)} S_0\} \right] \quad (M6.8)$$

$$S_0 = \frac{\tau_{p,0}(I - I_{th})}{e} \quad (M6.6)$$

ここで，本文の式(**6.6b**)，(**6.16**)を参考にして，モード0の光出力 P_0 は，

$$P_0 = \hbar \omega S_0 \frac{V_a}{\tau_{out,0}} \quad (M6.9)$$

ここで，

$$\frac{1}{\tau_{out,0}} = \frac{c}{n_{eq}} \frac{1}{l} \ln \frac{1}{r_{f,0}} \quad (M6.10)$$

また，$r_{f,0}$ は損失と利得がないとした出力側のDBRの主モード0の電界反射係数で，l は共振器の等価的な長さである．同様にして，

$$\frac{1}{\tau_{out,1}} = \frac{c}{n_{eq}} \frac{1}{l} \ln \frac{1}{r_{f,1}} \quad (M6.11)$$

これらの関係より，本文の式(**6.57**)

$$\frac{P_0}{P_1} = \frac{S_0/\tau_{out,0}}{S_1/\tau_{out,1}} = \frac{1}{C_S} \frac{\ln(1/r_{1,0})}{\ln(1/r_{1,1})} \left[\frac{\Delta \alpha_m}{\alpha_0} \right] \left(\frac{I}{I_{th}} - 1 \right) \quad (M6.12)$$

が求められる．ここに，α_0 は，波長 λ_{B0} における主モード0の共振器損失である．l を二つのDBR反射鏡の等価長と中間領域長の和とすれば，

$$\alpha_0 = \frac{n_{eq}}{2c} \frac{1}{\tau_{p,0}}$$

$$\alpha_0 = \frac{1}{2} \left\{ 2\alpha + \frac{1}{l} \ln \frac{1}{r_{f,0}} + \frac{1}{l} \ln \frac{1}{r_{r,0}} \right\} \quad (M6.13)$$

となる．ここで，波長 λ_{g1} の副モード1の共振器損失 α_1 も，出力側と反対側の利得と損失を無視した電界反射率をそれぞれ $r_{f,1}$, $r_{r,1}$ とすると，同様にして，式(**M6.13**)でサフィックス0を1で置き換え，次式ように表される．

$$\alpha_1 = \frac{n_{eq}}{2c} \frac{1}{\tau_{p,1}}$$

$$\alpha_1 = \frac{1}{2} \left\{ 2\alpha + \frac{1}{l} \ln \frac{1}{r_{f,1}} + \frac{1}{l} \ln \frac{1}{r_{r,1}} \right\} \quad (M6.14)$$

これらの共振器損失を用いると，相対的な副モードと主モードの共振器損失差は，

$$\frac{\Delta \alpha_m}{\alpha_0} = \tau_{p,0} \left(\frac{1}{\tau_{p,1}} - G_1^{(1)} + \frac{4}{3} G_0^{(1)} - \frac{4}{3} \frac{1}{\tau_{p,0}} \right) \quad (M6.15)$$

$$= \frac{\alpha_1 - g_1^{(1)} + \frac{4}{3} g_0^{(1)} - \frac{4}{3} \alpha_0}{\alpha_0} \quad (M6.16)$$

ここで，$g_0^{(1)}$ は主モード 0 の一次利得，α_0 は飽和利得，α_1 は副モード 1 の飽和利得である．主モードのみが発振しているので $g_0^{(1)}$ はほぼ α_0 と等しく，主モード 0 に対する $g_0^{(1)}$ と α_0 はほぼ等しいので

$$g_0^{(1)} \sim \alpha_0 \qquad (M6.17)$$

となり，

$$\frac{\Delta \alpha_m}{\alpha_0} = \frac{\alpha_1 - g_1^{(1)}}{\alpha_0} \qquad (M6.18)$$

ここで，図 6.21 に関して述べたように，動作温度の端では，副モード 1 の一次利得が主モードのそれより大きくなる．その比を x として，

$$x = g_1^{(1)}/g_0^{(1)} \sim g_1^{(1)}/\alpha_0 \qquad (M6.19)$$

と置けば，本文の式 (6.57) が次式のように求められる．

$$\frac{\Delta \alpha_m}{\alpha_0} \sim \frac{\alpha_1 - x\alpha_0}{\alpha_0} \qquad (M6.20),\ (6.58)$$

なお，P_0/P_1 の比は，上式から，副モードの共振器損失を増せば幾らでも大きくできるように考えられるが，実際はそのようにはならない．P_0/P_1 の上限は，共振器の大きさによる．すなわち，P_0/P_1 の大きさの上限は，式 (M6.12) から，次式のように求められる．

$$\frac{P_0}{P_1} \leq \frac{2\eta_d}{C_s}\left(\frac{I}{I_{th}} - 1\right) \qquad (M6.21)$$

7.4 $f_c = \dfrac{1}{2\pi Cr} = 6.4 \,[\text{GHz}]$

この f_c より大きな f_m をもたせるためには，$I/I_{th} \geq 1.73$

8.1 $R < 16\,[\text{k}\Omega]$　　**8.2** 159 個

9.2 $(\lambda/c)(d^2n/d\lambda^2) = 15\,[\text{ps/nm/km}]$ とすれば，約 $B = 7\,[\text{GHz}]$

9.4 $l = 2.8\,[\text{mm}]$

9.5 位相速度の導出

進行方向に伝搬定数 β で進む光波の電界は

$$E = A \exp\{j(\omega t - \beta z)\} \qquad (M9.1)$$

となる．位相の進行する速さ v_p は，図 9.1(a) のように，時間が t_1 より t_2 に進んだときに，位置が z_1 より z_2 に進行したとして，このときに波の位相が変化しないという条件から求められる．すなわち

$$\omega t_1 - \beta_1 z_2 = \omega t_2 - \beta z_2$$

これを書き直して，波の速さ v_p は位置の経過を時刻の経過で割ったものであることから

$$v_p = \frac{z_2-z_1}{t_2-t_1} = \frac{\omega}{\beta} \qquad (M9.2)$$

となる．

9.6 群速度の導出

次にエネルギーの伝わる速さ，群速度を求める．簡単のために ω_1 と ω_2 のビートが伝わる様子について考えよう．これを式で表せば

$$A\cos(\omega_1 t - \beta_1 z) + A\cos(\omega_2 t - \beta_2 z)$$
$$= A2\cos\left\{(\omega_2-\omega_1)\frac{t}{2}-(\beta_2-\beta_1)\frac{z}{2}\right\} \times \cos\left\{(\omega_2+\omega_1)\frac{t}{2}-(\beta_2+\beta_1)\frac{z}{2}\right\}$$

ここに，$\omega_1 = \omega - \delta\omega$, $\omega_2 = \omega + \delta\omega$ で二つの角周波数が極めて接近しているとする．このとき，$\omega_2-\omega_1 \simeq 2\delta\omega$, $\beta_2-\beta_1 \simeq 2\delta\beta$, $\omega_2+\omega_1 \simeq 2\omega$, $\beta_2+\beta_1 \simeq 2\beta$ となり，
上式は

$$A\cos(\delta\omega t - \delta\beta z)\cos(\omega t - \beta z) \qquad (M9.3)$$

となる．これは，図 **9.1**(*b*)で表されるように，二つの周波数の異なる波のビートになる．この式で

$$\cos(\delta\omega t - \delta\beta z)$$

の項は波の包絡線を示し，包絡線が大きくなっているところはその部分のエネルギーも大きい．したがって，包絡線の進行はエネルギーの伝搬を表す．この包絡線の項の伝搬は

$$\delta\omega t_1 - \delta\beta_1 z_2 = \delta\omega t_2 - \delta\beta z_2$$

となり，この包絡線が進行する速度は

$$v_g = \frac{z_2-z_1}{t_2-t_1} = \frac{1}{\delta\beta/\delta\omega} = \frac{1}{d\beta/d\omega} \qquad (M9.4)$$

となる．

9.7 $\tau_c = \dfrac{L}{v_g} - \dfrac{L}{v_g+\delta v_g} \simeq \left(\dfrac{L}{v_g{}^2}\right)\delta v_g = \dfrac{L}{v_g{}^2}\dfrac{dv_g}{d\lambda}\Delta\lambda$

屈折率の波長依存性のみを考えた遅延時間の色分散は

$$\tau_c = -\left(\frac{\lambda}{c}\right)\left(\frac{d^2 n}{d\lambda^2}\right)\Delta\lambda L$$

となり式 (9.4) が得られる．

索　引

〔A〕

アバランシェ・フォトダイオード　154, 158
アイデンティティオペレータ　17
アインシュタインの関係　24
アナライザ　172
暗電流　162
APD　154, 158
アレー導波路　186
αパラメータ　111
Arイオンレーザ　137
AWG　186

〔B〕

バックライト　172
バルク型光変調器　193
バルク状材料　49
微分量子効率　106
微分抵抗　37, 117
ボルツマン定数, 分布　23
分　極　46, 48
　――率　48, 60
分布ブラッグ反射器　84
分布反射器　84
分布反射器レーザ　121
分布屈折率型（GI）ファイバ　180
分布屈折率レンズ　77, 183
分散補償　182
分子ビームエピタキシアル成長技術　45
ブラベクトル　15
ブラッグ波長　84
ブラウン管　170
ブルーレイ・ディスク装置　203
ブリュスター角　82
物質波　9

物質の分極　57
物理変数　18

〔C〕

CCD撮像デバイス　153, 166
CD　203
CVD　176

〔D〕

大容量記憶装置　203
DBR　84, 121
デバイス効率　107
伝導帯　19
電界　48
電荷結合デバイス　166
電荷中性の原理　25
電気光学結晶　191
電気双極子　22, 23
電気双極子モーメント　53, 56
伝搬定数　74
電力変換効率　134
電流密度　48
電流増倍率　160
電　子　24
　――放射表示　174
　――コピー　203
　――の質量　57
　――の有効質量　57
　――の寿命　26
　――遷移　20
　――親和力　32
電束密度　48
伝送帯域幅　181
デジタル・ビデオディスク装置　203
ド・ブロイの物質波　11
ドップラー効果　204
ドリフト　159
導電率　27, 48

導波モード　75
導波路型光変調器　195
導光板　172
動的波長シフト　112, 128, 149
動的単一モードレーザ　100, 118, 181, 201
同調機能　119
DRレーザ　121
DSM　100
　――レーザ　99, 118
DVD　203
D-WDM　202

〔E〕

エキシマレーザ　137
液相エピタキシアル成長技術　45
液　晶　172
　――ディスプレイ　171
　――表示　171
EL表示　173
EML　128, 197
エネルギー閉じ込め係数　77
エネルギー準位　20
遠赤外領域　132
演算子　17
エピタキシアル成長技術　43, 45
エレクトロルミネセンス　173

〔F〕

ファブリ・ペロ型半導体レーザ　114
ファブリ・ペロ共振器　100
ファイバオプティクス　205
ファラデー効果　188
フェルミ分布関数　30
フォノン　21
フォトニック結晶　88
フォトニック結晶レーザ　134

フォトニクス	2	偏波保存ファイバ	139, 182	印加電圧	35
フォトンリサイクリング	96	ヘテロ接合	32	インターコネクト	202
FTTH	202	非発光遷移	20, 25	イオン化率	161
		非可逆	189	色分散	179
〔G〕		光アイソレータ	133, 188	位相変調	139, 202
外部変調付き半導体レーザ		光分岐	186	位相シフト	127
	128, 197	光分波器	186	——分布反射共振器	120
外部量子効率	107	光分散遅延	202	——DFB レーザ	119, 126
Γ遷移	39	光ディスク記録	203	位相速度	177
ガラスレーザ	137	光ディスク装置	203	位相条件	108
原子時計	205	光導波路	69	板状誘電体導波路	72
GI 型光ファイバ	180	光エレクトロニクス	1	一次元光ダイオードアレー	168
合波器	187	光ファイバ	176	一軸性結晶	191
群速度	178	——の性能指数	202	イットリウム・アイアン・	
群遅延時間	178	——増幅器	133	ガーネット	188
グーズ・ヘンシェン・シフト		——・ジャイロスコープ	205		
	76	光半導体	46	〔K〕	
		光偏向器	196	価電子帯	19, 24, 33
〔H〕		光メーザ	2	化学レーザ	135
波動方程式	49	光再利用	96	化合物半導体	37, 38
波動関数	12	光スイッチ	188	階段屈折率型ファイバ	179
波動光学	69	光スターカプラ	186	開口数 NA	72
波動・粒子の2面性	8	光集積回路	196	回折格子	187
発光遷移	25	光遮培器	138	確率密度	14
発光ダイオード	93	光閉じ込め係数	113	拡散電位	31
——表示	173	光誘電体導波路	69	拡散方程式	35
発光領域	31	光増幅	202	拡散係数	62
ハミルトン演算子	13	——器	132	拡散抵抗	117
半導体光増幅器	133	比屈折率差	71	拡散長	35
半導体レーザ	92	比視感度曲線	165	間隔波長	20
半波長電圧	194	ひずみ量子構造	67	間隔角周波数	21
反射型光スイッチ	196	ホログラフィ技術	204	間接遷移	21
反射率	82	ホール	24	干渉膜フィルタ	187
発振波長	109	方向性結合器型光変調器	195	緩和現象	54
発振しきい値	106	放射角	90	緩和項	54
発振条件	108	放射性再結合	20	緩和振動周波数	144
波長可変レーザ	122, 202	不確定性原理	11	緩和時間	27, 61
波長感度特性	162	負荷抵抗	157	カルコゲナイドガラス	177
波長制御	124	副モード抑圧比	126	活性導波路	197
波長多重伝送方式	186	浮遊容量	117	過剰雑音指数	163
He-Cd レーザ	137	不純物濃度	31, 43	検光子	172, 190
平面導波路光変調器	201			結晶の不完全性	26
He-Ne ガスレーザ	135	〔I〕		ケットベクトル	15
偏光プリズム	191	移動度	27	結合係数	95, 96
偏光子	172, 190	イメージオルシコン	166	結合器	88

規格化導波路幅	75	LCD	171	PDP	173
規格化周波数	75	LD	92, 98	PICs	196
気相エピタキシアル成長技術	45	LED	93	pin フォトダイオード	154
期待値	17, 52	LiNbO$_3$	193	PMMA	183
コ　ア	69	LPE	45	pn ヘテロ接合	33
コヒーレンス	133			Pockels 定数	192
コムジェネレータ	205	〔**M**〕		ポンピング	23
混　晶	37	マッハツェンダー型光変調器	196	ポーラライザ	172
固体撮像デバイス	165	マイクロディスクレーザ	134	POS 端末	204
高密度波長多重	202	マイクロ加工技術	206	プランクの定数	8
光量子仮設	9	マイクロ治療法	205	プラスチック光ファイバ	183
光線近似	69	マクスウェルの方程式	8, 48	プラズマ	43
光　子	63	マトリックス要素	18, 55	――表示	173
格子間隔	38	MBE	45		
格子欠陥	26	密度行列	52, 55	〔**Q**〕	
格子整合	38, 43	――の運動方程式	53	Q スイッチ	137
光子寿命時間	51, 103	モード番号	74		
構造分散	179	モード分散	179	〔**R**〕	
固有エネルギー	14	モード整合	81	ラマン光増幅器	133
固有熱抵抗	31	モード跳躍	116	励起用半導体レーザ	133
固有状態ベクトル	16	モード次数	74	冷陰極電界放射	174
k 選択則	63	MOS 撮像デバイス	168	レンズ状媒質	77
矩形導波路	79	MOVPE	45	レート方程式	63
クラッド	74	MQW	126	レーザ	2, 136
クラマス・クロニヒの関係	61			――ダイオード	92, 98
クロネッカーの δ	15	〔**N**〕		――表示	174
屈折率	48	内視鏡技術	205	――メス	205
――分散	179	ネマチック液晶	171	――作用	48
――型導波路	117	熱抵抗	31	――走査	204
空乏層	32	Ⅱ～Ⅵ族	37	RGB	173
空間光通信	203	二軸性結晶	191	臨界角	71
キャリヤ密度	31	入射角	71	利得導波路型	117
キャリヤの拡散効果	145			利得係数	49
キャリヤの寿命時間	20	〔**O**〕		リッジ導波路	80
キャリヤ漏洩	36	OFDM	182	ルビーレーザ	135
共振状現象	145	音響光学効果	191	ループ共振器	119
共振状周波数	144	音　子	21	量子カスケードレーザ	131, 205
許容される導波路曲がり	83	オペレータ	17	量子ドット(箱)構造	66
吸　収	23, 40	オプトエレクトロニクス	2	量子演算	203
――型光変調器	198	オージェ効果	25	量子薄膜	66, 68
――係数	43			量子井戸構造	65
		〔**P**〕		量子仮説	8, 9
〔**L**〕		パルス変調	147, 158	量子力学	8
LAN	202	PCM	158	量子細線	66
				量子通信	203

[S]

サファイア	135
最大変調周波数	144
再結合時間	20, 24
III～V族の化合物半導体	37
酸化ガラス	182
撮像管	165
静電容量	33
整合条件	81
正規直交関数	15
跡	18
セル効率	169
SI型光ファイバ	180
仕事関数	32
色素レーザ	138
芯	69
信号対雑音比	158
振幅変調	139
シリカ	180
——光導波路	197
自然放出	20, 65
——係数	110
——寿命時間	24
SMSR	126
SN比	158
SOA	133
測距	205
損失係数	49
存在確率	14
走行時間	157
垂直共振器面発光レーザ	99, 129
スキャナ	203
スネルの法則	70
スペクトル幅	110
スポットサイズ	81
ステップインデックス(SI)ファイバ	180
ショット雑音電力	158
照明	97
——用発光ダイオード	175
シュレディンガーの波動方程式	13, 16
出射角	89

出力導波路	197
周波数変調	139
集光	90

[T]

大気汚染監視システム	205
太陽電池	154, 169, 206
太陽光発電	169, 206
多モードファイバ	179
単一偏波ファイバ	182
単一光子レーザ	129
単一モード動作	124
単一モードファイバ	179
単一モードレーザ	99
単一モード条件	76
短共振器	119
短パルス光	205
炭酸ガスレーザ	135
単色性分散	179
多層量子薄膜	126
多重共振器	119
TEモード	76
テラヘルツ帯	205
地域ネットワーク	202
TMモード	76
投影装置	174
等位相面	82
透過フィルタ	85
透過器	85
等価屈折率	78, 79
透明電極	172
透明な「窓」	7
透磁率	48
直交関係	14
直接遷移	21
長波長レーザ	135
長波長帯	176
超高速長距離光通信	201
注入電流密度	35
注入型レーザ	98
注入キャリヤ	43
中和条件	31

[U]

運動量	10

[V]

VAD法	176
VCSEL	100, 119, 129, 199
ヴェルデ定数	188
VPE	45

[X]

X遷移	39
X線レーザ	138

[Y]

YAGレーザ	137
YIG	188
$\lambda/4$板	190
$\lambda/4$位相シフト分布反射器型レーザ	120, 126
誘電率テンソル	191
誘電体導波路	69
誘電体多層膜コーティング	187
誘導放出	23
——の係数	60
有機EL表示	174
有機金属蒸気成長技術	45
有効質量	27

[Z]

材料分散	179
雑音	148, 157, 160
全反射	71
磁界	48
実効屈折率	109
磁束密度	48
増倍率	160
増幅係数	62
ジョンソン雑音	158
状態ベクトル	16
状態密度	63
受動導波路	197
受光ダイオード	154
受光角	71
重フリントガラス	188

―――執筆者略歴―――

- 昭和 30 年　東京工業大学理工学部電気工学コース卒業
- 昭和 35 年　東京工業大学大学院理工学研究科博士課程修了，工学博士
- 昭和 36 年　東京工業大学助教授(理工学部)
- 昭和 48 年　東京工業大学教授(工学部電子物理工学科)，(量子電子工学講座担当)
- 平成 元年　東京工業大学長
- 平成 5 年　東京工業大学名誉教授
- 平成 6 年　日本学術振興会監事
- 平成 7 年　産業技術融合領域研究所長
- 平成 9 年　高知工科大学学長
- 平成 13 年　国立情報学研究所長
- 平成 17 年　国立情報学研究所顧問
- 平成 21 年　高知工科大学顧問
- 平成 22 年　高柳記念電子科学技術振興財団理事長
- 　　　　　　現在に至る

新版　光デバイス
Optical Devices (New Edition)

© 社団法人　電子情報通信学会　2011

昭和 61 年 4 月 25 日　初版第 1 刷発行
平成 19 年 6 月 20 日　初版第 13 刷発行
平成 23 年 7 月 20 日　新版第 1 刷発行

検 印 省 略

編　者	（社）電子情報通信学会
執筆者	末_{すえ} 松_{まつ} 安_{やす} 晴_{はる}
発行者	牛 来 真 也

112-0011　東京都文京区千石 4-46-10
発行所　株式会社　コロナ社
CORONA PUBLISHING CO., LTD.
Tokyo Japan　　Printed in Japan

振替 00140-8-14844　電話 (03) 3941-3131 (代)

ホームページ http://www.coronasha.co.jp

ISBN 978-4-339-00159-4　印刷：三美印刷(株) / 製本：牧製本印刷

本書のコピー，スキャン，デジタル化等の無断複製・転載は著作権法上での例外を除き禁じられております。購入者以外の第三者による本書の電子データ化及び電子書籍化は，いかなる場合も認めておりません。

落丁・乱丁本はお取替えいたします